JN303951

環境と開発のための
グローバル秩序

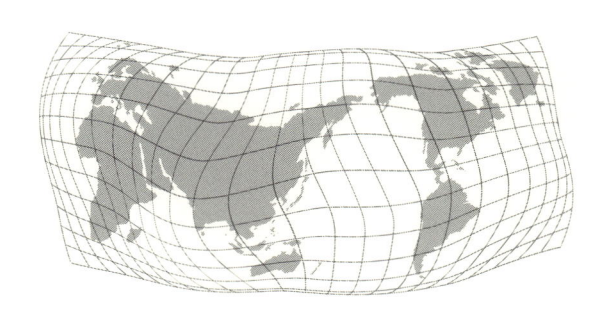

毛利勝彦【編著】

東信堂

はじめに

　本書は、地球環境と持続可能な開発をめぐるグローバル社会秩序の現状と課題をフォローアップするため、ヨハネスブルグ・サミット（持続可能な開発に関する世界サミット）5周年であった2007年に国際基督教大学で開催した連続講義をまとめたものである。とりわけ、2008年に日本がホストするG8サミットとアフリカ開発会議に向けて、日本と世界の多様な主体による地球環境と持続可能な開発ガバナンスの行方を展望する。

　2008年は、京都議定書第1約束期間（2008～2012年）の開始年であり、排出量取引や共同実施などの京都メカニズムが本格的に実施される。また、ミレニアム開発目標達成（多くのターゲットが2015年までの達成を目指している）のための中間地点でもある。横浜で開催されるアフリカ開発会議にはアフリカ諸国首脳が招聘され、北京ではオリンピックが開催されるなど新興国に関わる動きも注目される。アメリカでは大統領選挙が予定されている。さらに、国連によれば2008年は世界における都市人口が地方人口を超える転換点となる。世界人権宣言採択から60周年でもある。

　これらの国際的なイベントはグローバルな秩序形成の通過点に過ぎないが、点が線となり、線が面となり、面が立体となり、歴史となる。そうした歴史的流れの中で、環境と開発は紛争や対立の原因であるとともに、グローバルな協力や協調の源泉にもなっている。未来の歴史はオープンであるが、過去の秩序の構造や現在の様々な制約の中で完全に開かれているわけではない。これまでの秩序をどのように脱構築し、新たな秩序を構造化することができるのか。本書では、4部構成でこれらの課題を検証したい。

　まず、第Ⅰ部では、多国間環境協定やミレニアム開発目標に焦点を当てて、地球環境と持続可能な開発をめぐるグローバル秩序形成の現状と課題を概観する。1章で太田宏氏（早稲田大学国際教養学術院教授）は、地球環境をめぐる国際制度の展開は、相互に関連するが異なる環境分野間、さらには世界貿易機関（WTO）など環境以外の分野との調整が重要となっていると指摘する。2章で勝間靖氏（早稲田大学大学院アジア太平洋研究科教授／グローバル・ヘルス研究所

所長）は、ミレニアム開発目標をめぐる状況について、貧困削減と保健・教育分野に注目しながら、開発援助における成果重視の潮流やそれを実現するためのデータベースや政策ツールを活用する官民パートナーシップの有効性を指摘する。気候変動と生物多様性の関係、保健分野と教育分野の関係など、環境と開発それぞれの領域内でのパートナーシップ形成とともに、持続可能な開発の三本柱とされる経済・社会・環境の各領域を横断するガバナンスが課題となっていることが分かる。

　第Ⅱ部では、大気環境と開発、陸環境と開発、水環境と開発におけるグローバル秩序形成の動向を追う。具体的には、気候変動、森林、有害物質、淡水に関する事例を検証する。3章では気候変動について、外務省地球環境問題担当大使を経て、首相の個人代理として気候変動問題に関する国際会議に出席されている西村六善氏（内閣官房参与）に気候変動問題について寄稿いただいた。温室効果ガス削減の政策論争におけるプレッジ・アンド・レビュー方式とキャップ・アンド・トレード方式とを比較して、後者が世界の秩序として動き始めていると指摘し、国別パネルなど新しい連帯を生み出すいくつかの仕組みを提案する。4章で石川竹一氏（国際熱帯木材機関事務局次長）は、急速な熱帯林減少の共通原因として貧困問題があり、貧困問題が解決しないと熱帯林問題も解決しないと警告する。また、温帯林と同様の対応では熱帯林問題の解決は困難であるとして、総合的なアプローチを提唱する。5章ではテマリオ・リベラ氏（国際基督教大学教養学部教授）が、貿易や投資、看護師・介護福祉士の移動、そして有害廃棄物越境移動をめぐる論争が続く日本フィリピン経済連携協定の問題を検証する。日本の政府開発援助（ODA）や直接投資を受け入れるアジアの隣国の市民社会が日本の自由貿易協定・経済連携協定戦略をどのように見ているかが認識できる。6章では世界水ビジョン委員会に関わられた高橋一生氏（国際連合大学客員教授）が、世界の水問題は紛争の原因にも国際協力の源泉にもなりうることを指摘する。持続可能な開発のもう一つの柱として、持続可能な平和構築の視点を入れるべきなのであろう。

　第Ⅲ部では、グローバル秩序形成に影響を及ぼす国家、市場、市民社会、認識共同体において新たな変革のエージェントとして注目されている新興国、

多国籍企業、非政府組織（NGO）、科学者、メディアそれぞれの特長と課題とを浮き彫りにする。7章で舩田クラーセンさやか氏（東京外国語大学外国語学部准教授／TICAD市民社会フォーラム副代表）は、「国際秩序」がアフリカに与えてきた影響とアフリカが新たな「国際秩序」に与える影響とを草の根のまなざしから批判的に検討する。とりわけ中国やインドなどの新興国とアフリカの新たな関係の可能性と限界とが注目される。8章では石田寛氏（関西学院大学大学院経営戦略研究科准教授／経済人コー円卓会議日本委員会専務理事・事務局長）がグローバル市場における多国籍企業の社会的責任を日本、アメリカ、ヨーロッパの比較の中で論じる。企業の社会的責任（CSR）や貧困層ビジネスにおける良好事例は本業を通じた貢献とステークホルダーとの関係にあるという。9章では大林ミカ氏（環境エネルギー政策研究所副所長／2008年G8サミットNGOフォーラム環境ユニットリーダー）が、自然エネルギー開発の国際比較検証を通して、自然エネルギーの動向を大きく左右するカギは政策や市民社会と地方政府との連携であることを論じる。解決困難に見える問題も解決できることを行動で実証する重要性が示される。10章では村上陽一郎氏（東京大学大学院科学技術インタープリター養成プログラム特任教授）が、科学史・科学哲学の観点から、今日の地球環境破壊の歴史的源泉が近代科学技術の研究開発やそれを支えたキリスト教信仰にあるという見方を検証する。村上教授はキリスト教と近代科学の関係を「聖俗革命」で説明するが、救いの世俗化が近代科学技術による文明化であり、都市開発であったと指摘する。科学技術と社会の双方の合理的な取り組みが今問われている。11章では、吉田文彦氏（朝日新聞論説委員）が持続可能な開発概念の劣化とジャーナリズムのあり方を振り返る。環境政策を成熟させるためにメディアが問うべきことを挙げ、今後の新聞報道の役割を展望する。

　これら多様な担い手によるグローバル秩序形成の可能性と限界を踏まえ、第Ⅳ部では、国家、市場、社会という三つの主領域を扱ってきた政治学、経済学、社会学の視点から、教育研究における環境と開発のインターフェースを協調させたい。ヨハネスブルグ・サミットでの日本提案もあって、国連総会決議によって2005年からは「持続可能な開発のための教育の10年」が始

まっている。12章では、毛利勝彦（国際基督教大学教養学部教授）が、政治学の視点から、環境や開発のグローバル秩序形成における G8 サミットの役割を考察する。13章では近藤正規氏（国際基督教大学教養学部上級准教授）が、途上国における外国資本と産業公害の問題を経済学の視点から考察する。14章で山口富子氏（国際基督教大学教養学部准教授）は、インドにおける遺伝子組換え作物の普及過程の多様な側面を考察する。21世紀のグローバルな課題群を次世代が解決するためには、高等教育においてもそれぞれの伝統的な学問領域に分散する知識をダイナミックに組み立てる学びが求められている。

　本書は、日本学術振興会から科学研究費補助金の交付を受けて行った「G8 サミットとグローバル社会秩序」の研究成果の一つとして刊行するものである。東信堂の下田勝司社長には、大学教育を通じて社会を変えるアクションにつながるツールとしての出版を勧めていただいた。本書の執筆者は、様々な学問分野の大学教員のほか、国際機関、政府、ビジネス、NGO、メディアの第一線で活躍する方々に執筆を担当いただいた。5章の翻訳は、国際基督教大学社会科学研究所助手の千葉尚子さんにお願いした。本書の刊行にご協力いただいた多くの方々に感謝したい。

　2008年4月

毛利勝彦

略語一覧

African Union (AU)	アフリカ連合
Agreement on the Application of Sanitary and Phytosanitary Measures (SPS)	衛生植物検疫措置の適用に関する協定（SPS 協定）
Agreement on Trade-Related Aspects of Intellectual Property Rights (TRIPS)	知的所有権の貿易関連の側面に関する協定（TRIPS 協定）
American Association of Science (AAS)	アメリカ科学振興協会
Asia-Pacific Economic Cooperation (APEC)	アジア太平洋経済協力会議
Association of Southeast Asian Nations (ASEAN)	東南アジア諸国連合
Base of the Pyramid (BOP) business	BOP ビジネス
Brazil, Russia, India, and China (BRICs)	ブラジル、ロシア、インド、中国（南アフリカを入れることもある）
Caux Round Table (CRT)	経済人コー円卓会議
Clean Development Mechanism (CDM)	クリーン開発メカニズム
Commission on Sustainable Development (CSD)	国連持続可能な開発委員会
Conference of the Parties (COP)	締約国会議
Convention on Biological Diversity (CBD)	生物多様性条約
Convention on International Trade in Endangered Species of Wild Fauna and Flora (CITES)	絶滅の危機に瀕する野生動植物の国際取引に関する条約（ワシントン条約）
Corporate Social Responsibility (CSR)	企業の社会的責任
Development Assistance Committee (DAC)	開発援助委員会
Economic Partnership Agreement (EPA)	経済連携協定
European Union (EU)	欧州連合
Exclusive Economic Zone (EEZ)	排他的経済水域
Food and Agriculture Organization (FAO)	国連食糧農業機関
Foreign Direct Investment (FDI)	海外直接投資
Foreign Indirect Investment (FII)	海外間接投資
Free Trade Agreement (FTA)	自由貿易協定
Genetically Modified Organism (GMO)	遺伝子組換え生物（作物）
Global Environment Facility (GEF)	地球環境ファシリティー
Global Water Partnership (GWP)	世界水パートナーシップ
Group of Eight (G8) Summit	主要国首脳会議

Heavily Indebted Poor Countries (HIPC)	重債務貧困国
Integrated Water Resources Management (IWRM)	統合的水資源管理
Intergovernmental Panel on Climate Change (IPCC)	気候変動に関する政府間パネル
International Bank for Reconstruction and Development (IBRD)	国際復興開発銀行（世界銀行）
International Civil Aviation Organization (ICAO)	国際民間航空機構
International Convention for the Regulation of Whaling (ICRW)	国際捕鯨取締条約
International Energy Agency (IEA)	国際エネルギー機関
International Labour Organization (ILO)	国際労働機関
International Maritime Organization (IMO)	国際海事機構
International Monetary Fund (IMF)	国際通貨基金
International Organization for Standardization (ISO)	国際標準化機構
International Service for the Acquisition of Agri-biotech Applications (ISAAA)	国際アグリバイオ事業団
International Tropical Timber Organization (ITTO)	国際熱帯木材機関
Japan Bank for International Cooperation (JBIC)	国際協力銀行
Japan International Cooperation Agency (JICA)	国際協力機構
Joint United Nations Programme on HIV/AIDS (UNAIDS)	国連合同エイズ計画
Millennium Development Goals (MDGs)	ミレニアム開発目標
Multilateral Environmental Agreements (MEAs)	多国間環境協定
New Partnership for Africa's Development (NEPAD)	アフリカ開発のための新パートナーシップ
Non-governmental Organization (NGO)	非政府組織
Non-profit Organization (NPO)	非営利組織
Official Development Assistance (ODA)	政府開発援助
Organisation for Economic Co-operation and Development (OECD)	経済協力開発機構
Organization of African Unity (OAU)	アフリカ統一機構
Persistent Organic Pollutants (POPs)	残留性有機汚染物質
Photovoltaics (PV)	太陽光発電（太陽電池）
Prior Informed Consent (PIC)	事前通知・承認
Socially Responsible Investment (SRI)	社会的責任投資
Sustainable Asset Management (SAM)	サステイナブル・アセット・マネジメント

Tokyo International Conference on African Development (TICAD)	アフリカ開発会議
United Nations Children's Fund (UNICEF)	国連児童基金（ユニセフ）
United Nations Conference on Environment and Development (UNCED)	国連環境開発会議
United Nations Conference on Human Development (UNCHE)	国連人間環境会議
United Nations Development Programme (UNDP)	国連開発計画
United Nations Educational, Scientific, and Cultural Organization (UNESCO)	国連教育科学文化機関
United Nations Environment Programme (UNEP)	国連環境計画
United Nations Forum on Forests (UNFF)	国連森林フォーラム
United Nations Framework Convention on Climate Change (UNFCC)	国連気候変動枠組み条約
United Nations High Commissioner for Refugees (UNHCR)	国連難民高等弁務官
United Nations Office on Drugs and Crime (UNODC)	国連薬物犯罪事務所
United Nations Peacekeeping Operations (PKO)	国連平和維持活動
United Nations Population Fund (UNFPA)	国連人口基金
United States Agency for International Development (USAID)	米国国際開発庁
World Commission on Environment and Development (WCED)	環境と開発に関する世界委員会
World Conservation Union (IUCN)	国際自然保護連合
World Economic Forum (WEF)	世界経済フォーラム
World Health Organization (WHO)	世界保健機関
World Intellectual Property Organization (WIPO)	世界知的所有権機関
World Resources Institute (WRI)	世界資源研究所
World Social Forum (WSF)	世界社会フォーラム
World Summit on Sustainable Development (WSSD)	持続可能な開発に関する世界首脳会議
World Trade Organization (WTO)	世界貿易機関
World Water Council (WWC)	世界水協議会

地球環境と持続可能な開発に関する資料・データ

1 地球温暖化の予測

　ノーベル平和賞を受賞した気候変動に関する政府間パネル（IPCC）によれば、最近50年間の世界平均気温の長期傾向は、過去100年のほぼ2倍に上昇。「高成長社会」（A1FI 化石エネルギー源重視型、A1T 非化石エネルギー源重視型、A1B エネルギー・バランス型）、「多元化社会」（A2）「持続開発型社会」（B1）、「地域共存型社会」（B2）の6つのシナリオによる予測が示された。

◆世界の平均地上気温の上昇量

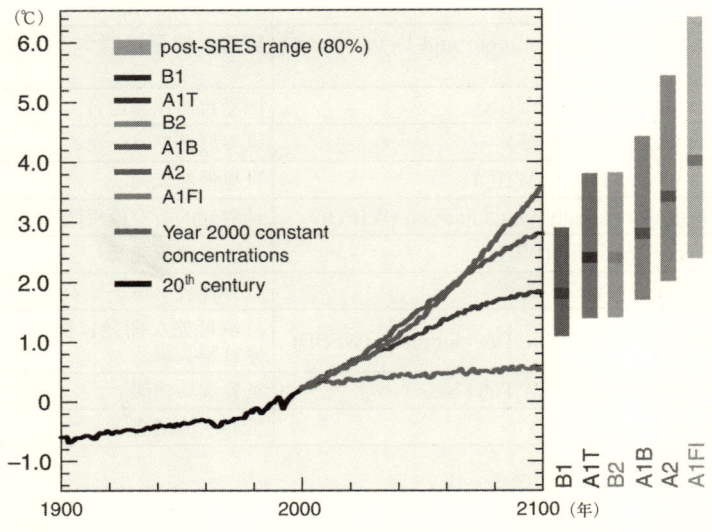

（出典：IPCC, Climate Change 2007：Synthesis Report Summary for Policymakers, p.7. http://www.ipcc.ch/pdf/assessment-report/ar4/syr/ar4_syr_spm.pdf）

2 地球温暖化によるリスク

　地球温暖化によって異常気象や海面上昇など様々な影響が顕在化しつつあるが、飢餓、マラリア、洪水、水不足のリスクが増加し、2080年までに数千万人から数十億人が影響を受ける可能性も指摘されている。

◆ 2080年代におけるリスク人口

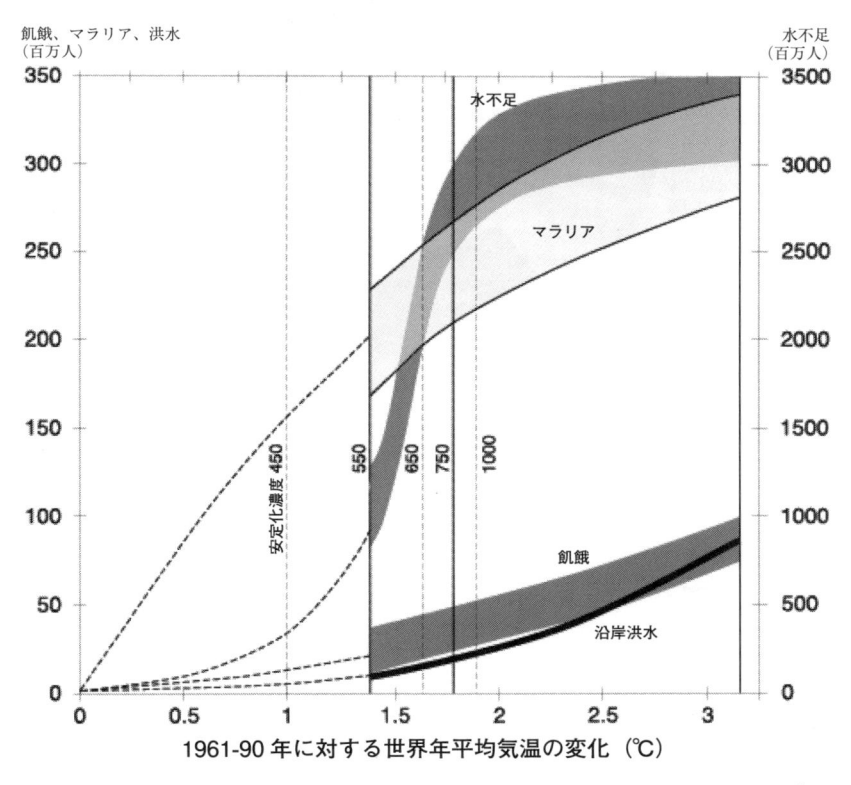

(出典：Martin Parry, et al., "Millions at risk: Defining critical climate change threats and targets," *Global Environmental Change* 11:3 (2001), p.182.)

3 世界の国別二酸化炭素排出量

G8 諸国の二酸化炭素排出量は、世界の約 41.7％。G8 以外の G20 諸国は、約 35.2％ となっている。

◆世界の二酸化炭素排出量（2005 年度）に占める G20 諸国の割合

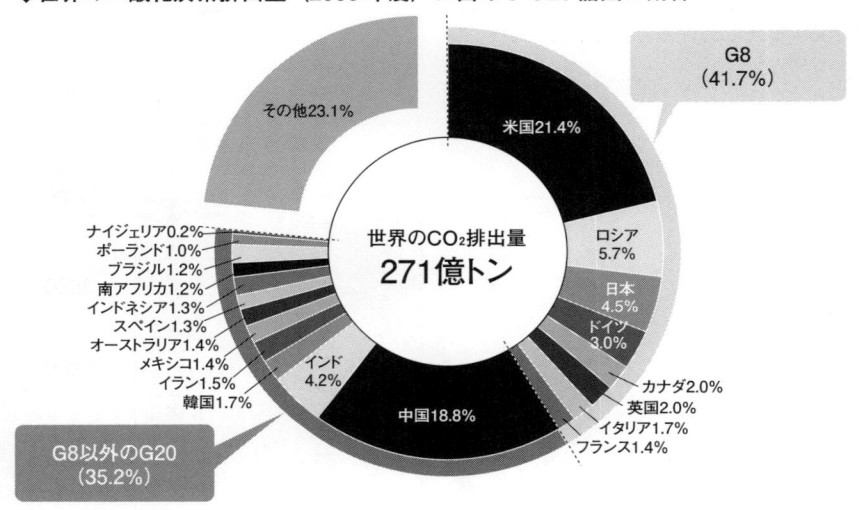

世界のCO_2排出量
271億トン

G8（41.7％）
- 米国 21.4％
- ロシア 5.7％
- 日本 4.5％
- ドイツ 3.0％
- カナダ 2.0％
- 英国 2.0％
- イタリア 1.7％
- フランス 1.4％

G8以外のG20（35.2％）
- 中国 18.8％
- インド 4.2％
- 韓国 1.7％
- イラン 1.5％
- メキシコ 1.4％
- オーストラリア 1.4％
- スペイン 1.3％
- インドネシア 1.3％
- 南アフリカ 1.2％
- ブラジル 1.2％
- ポーランド 1.0％
- ナイジェリア 0.2％

その他 23.1％

（出典：IEA Statistics, *CO_2 Emissions from Fuel Combustion 1971-2005*（OECD, 2007）より編者作成。二酸化炭素排出量はエネルギー起源によるもの。）

4 国連ミレニアム開発目標

国連ミレニアム宣言や1990年代に開催された主要な国際会議やサミットで採択された国際目標を統合してまとめられたミレニアム開発目標は、2015年までに達成すべき8つの目標と18のターゲットを掲げている。

目標		ターゲット
目標1	極度の貧困と飢餓の撲滅	ターゲット❶：2015年までに1日1ドル未満で生活する人口比率を半減させる。
		ターゲット❷：2015年までに飢餓に苦しむ人口の割合を半減させる。
目標2	普遍的初等教育の達成	ターゲット❸：2015年までに、全ての子どもが男女の区別なく初等教育の全課程を修了できるようにする。
目標3	ジェンダーの平等の推進と女性の地位向上	ターゲット❹：初等・中等教育における男女格差の解消を2005年までには達成し、2015年までに全ての教育レベルにおける男女格差を解消する。
目標4	幼児死亡率の削減	ターゲット❺：2015年までに5歳未満児の死亡率を3分の2減少させる。
目標5	妊産婦の健康の改善	ターゲット❻：2015年までに妊産婦の死亡率を4分の3減少させる。
目標6	HIV／エイズ、マラリア、その他の疾病の蔓延防止	ターゲット❼：HIV／エイズの蔓延を2015年までに阻止し、その後減少させる。
		ターゲット❽：マラリア及びその他の主要な疾病の発生を2015年までに阻止し、その後発生率を下げる。
目標7	環境の持続可能性の確保	ターゲット❾：持続可能な開発の原則を各国の政策や戦略に反映させ、環境資源の喪失を阻止し、回復を図る。
		ターゲット❿：2015年までに、安全な飲料水と基礎的な衛生施設を継続的に利用できない人々の割合を半減する。
		ターゲット⓫：2020年までに最低1億人のスラム居住者の生活を大幅に改善する。

目標 8	開発のためのグローバル・パートナーシップの推進	ターゲット ⓬：開放的で、ルールに基づいた、予測可能でかつ差別のない貿易及び金融システムのさらなる構築を推進する。（良い統治《グッド・ガバナンス》、開発及び貧困削減に対する国内及び国際的な公約を含む。）
		ターゲット ⓭：後発開発途上国（LDC）の特別なニーズに取り組む。([1]LDC からの輸入品に対する無関税・無枠、[2] 重債務貧困国（HIPC）に対する債務救済及び二国間債務の帳消しのための拡大プログラム、[3] 貧困削減に取り組む諸国に対するより寛大な ODA の提供を含む）
		ターゲット ⓮：内陸国及び小島嶼開発途上国の特別なニーズに取り組む。（バルバドス・プログラム及び第 22 下位国連総会の規定に基づき）
		ターゲット ⓯：国内及び国際的な措置を通じて、開発途上国の債務問題に包括的に取り組み、債務を長期的に持続可能なものとする。
		ターゲット ⓰：開発途上国と協力し、適切で生産性のある仕事を若者に提供するための戦略を策定・実施する。
		ターゲット ⓱：製薬会社と協力し、開発途上国において、人々が安価で必須医薬品を入手・利用できるようにする。
		ターゲット ⓲：民間セクターと協力し、特に情報・通信分野の新技術による利益が得られるようにする。

（出典：UNDP 東京事務所、2002 年 8 月作成、2006 年 6 月改訂 http://www.undp.or.jp/aboutundp/mdg/mdgs.shtml）

5 ミレニアム開発目標の進捗状況

世界におけるミレニアム開発目標の達成状況を見ると、サブ・サハラ・アフリカ地域においては、はしかの予防接種を除くすべてのターゲットにおいて、現状のままでは2015年には目標達成不可能、変化なし、あるいは悪化していることが分かる。

◆世界におけるミレニアム開発目標進捗状況

目標	アフリカ 北	アフリカ サブ・サハラ	アジア 東	アジア 東南	アジア 南	アジア 西	オセアニア	ラテンアメリカカリブ	独立国家共同体(旧ソ連共和国) 欧州	独立国家共同体(旧ソ連共和国) アジア
目標1 極度の貧困と飢餓の撲滅										
極度の貧困半減							—			
極度の飢餓半減										
目標2 初等教育の完全普及の達成										
初等教育の完全普及										
目標3 ジェンダー平等推進と女性の地位向上										
初等教育就学率										
賃金労働者の割合										
国会議員の割合										
目標4 乳幼児死亡率の削減										
5歳以下死亡率2/3削減										
はしか予防接種(リスク人口の85%)										
目標5 妊産婦の健康の改善										
妊産婦死亡率3/4削減										
目標6 HIV／エイズ、マラリア、その他の疾病のまん延の防止										
HIV／エイズまん延防止										
マラリアまん延防止										
結核まん延防止										
目標7 環境の持続可能性確保										
森林破壊防止										
安全飲料水のない人口半減										
衛生設備のない人口半減										
スラム居住者の生活改善										
目標8 開発のためのグローバルなパートナーシップの推進										
若者の失業率										
インターネット利用者										

注：■目標達成済みあるいは達成間近　■現状が続けば2015年までに目標達成見込み　□2015年までに目標達成見込まれず　□進展なしあるいは悪化　— データ不十分

(出典：国連経済社会局統計部、Millennium Development Goals: 2007 Progress Chart, http://www.un.org/millenniumgoals/pdf/mdg2007-progress.pdf)

目　次／環境と開発のためのグローバル秩序

はじめに ……………………………………………………………… iii
略語一覧 ……………………………………………………………… vii
地球環境と持続可能な開発に関する資料・データ ……………… x
　1　地球温暖化の予測 ………………………………………… x
　2　地球温暖化によるリスク ………………………………… xi
　3　世界の国別二酸化炭素排出量 …………………………… xii
　4　国連ミレニアム開発目標 ………………………………… xiii
　5　ミレニアム開発目標の進捗状況 ………………………… xv

第Ⅰ部　環境と開発をめぐるグローバル秩序

1章　多国間環境協定の現状と課題………………（太田　宏） 3
　1　国際政治課題としての環境問題……………………………… 3
　2　地球環境問題とグローバル・ガバナンス ………………… 6
　3　国際環境ガバナンスの中心概念と課題……………………… 9
　4　多国間環境協定間の相互関係………………………………10
　5　オゾン層、気候変動、生物多様性の相互関係……………15
　6　地球環境レジームと他の国際レジームの関係……………19
　7　結びにかえて：自由貿易と環境政策の補完関係 ………23
　注（24）

2章　ミレニアム開発目標へ向けた進展と今後の課題
　　　──アフリカにおける感染症対策を中心として …………（勝間　靖） 27
　1　ミレニアム開発目標とは………………………………………27
　2　ミレニアム開発目標の今日的意義……………………………28
　3　現状把握のための分析ツール…………………………………30
　4　サブサハラ・アフリカの課題…………………………………33
　5　マラリア予防のための蚊帳の普及……………………………34
　6　HIV／エイズ予防のための健康教育 …………………………38

注（42）

第Ⅱ部　環境と開発のガバナンス

3章　気候変動問題と次期枠組みの構築 ………（西村六善）45
　1　気候変動の科学をどう見るべきか………………………………45
　2　次期枠組みについての国際交渉は成功するか………………47
　3　将来枠組みの展望………………………………………………56
　4　日本はどうするべきか…………………………………………60
　注（62）

4章　熱帯林問題の現状と今後 ………（石川竹一）64
　1　本章の前提………………………………………………………64
　2　森林問題の現状と対応…………………………………………64
　3　将来の新しい施策に向けての個人的考察……………………73
　注（80）

5章　日本フィリピン経済連携協定──開発と環境をめぐる論争
　　　………………………（テマリオ・リベラ　翻訳：千葉尚子）81
　1　はじめに…………………………………………………………81
　2　競合する開発戦略と日本フィリピン経済連携協定…………83
　3　結　　論…………………………………………………………91
　注（91）

6章　地球の水環境と開発のガバナンス ………（高橋一生）93
　1　世界の水問題の現状……………………………………………93
　2　水と紛争…………………………………………………………97
　3　水と貧困………………………………………………………… 102
　4　水資源開発への投資…………………………………………… 104
　5　水ガバナンスと人材育成……………………………………… 106
　注（111）

第Ⅲ部　新しい秩序のエージェント

7章　アフリカと「国際秩序」——草の根の視点から
　………………………………………（舩田クラーセンさやか）115
- 1　アフリカへの「まなざし」……………………………… 115
- 2　世界におけるアフリカの位置の変遷………………… 118
- 3　アフリカと「国際秩序」再考………………………… 126
- 4　今後の展望……………………………………………… 131
- 注（134）

8章　環境と貧困をめぐるグローバル企業の社会的責任
　…………………………………………………（石田　寛）136
- 1　はじめに………………………………………………… 136
- 2　CSR について ………………………………………… 137
- 3　外部環境の変化と CSR の認識変化 ………………… 141
- 4　人類が直面している課題とニーズ…………………… 145
- 5　グローバル企業の社会的責任………………………… 148
- 注（153）

9章　市民社会から見た地球環境と自然エネルギー開発
　——持続可能なエネルギー社会に向けて　……………（大林ミカ）154
- 1　NGO から見た気候変動問題と国際社会の取り組み ……… 154
- 2　危険な気候変動を防止するために…………………… 157
- 3　自然エネルギー政策の展開…………………………… 165
- 4　自然エネルギー・デモクラシーの展望……………… 168
- 注（171）

10章　環境・開発・科学技術 ……………（村上陽一郎）172
- 1　環境問題とキリスト教………………………………… 172
- 2　環境問題と科学技術文明……………………………… 179
- 3　グローバル化時代の環境と開発をめぐる科学技術論争…… 187
- 注（190）

11章　環境と貧困をめぐるジャーナリズム ……………（吉田文彦）192
　　1　地球サミット後に何が起きたのか……………………………… 192
　　2　環境政策の成熟のためにメディアが問うべきこと…………… 200
　　3　今後の報道で考えるべきポイント……………………………… 206
　　注（211）

第Ⅳ部　環境と開発のインターフェース

12章　G8サミットの政治学──環境と開発のグローバル秩序形成
　　　における役割……………………………………（毛利勝彦）215
　　1　はじめに………………………………………………………… 215
　　2　政治学から見たG8サミット ………………………………… 216
　　3　国際政治学から見たG8サミット …………………………… 220
　　4　比較政治学から見たG8サミット …………………………… 227
　　5　ま と め………………………………………………………… 234
　　注（235）

13章　外国資本と環境──経済学からの視点 ……………（近藤正規）237
　　1　グローバリゼーションと環境………………………………… 237
　　2　海外直接投資の分類…………………………………………… 240
　　3　企業の取り組み姿勢と政策的含意…………………………… 247
　　注（250）

14章　遺伝子組換え作物の社会学
　　　──インドにおけるBtワタ普及の過程を事例として ……（山口富子）252
　　1　問題の所在……………………………………………………… 252
　　2　背　　景………………………………………………………… 253
　　3　概念モデル……………………………………………………… 255
　　4　分　　析………………………………………………………… 260
　　5　おわりに………………………………………………………… 267
　　注（267）

執筆者一覧………………………………………………………………… 271

第 I 部

環境と開発をめぐるグローバル秩序

1章　多国間環境協定の現状と課題

太田　宏

1　国際政治課題としての環境問題

　国際政治課題として環境問題が本格的に取り上げられたのは、1972年に開催された国連人間環境会議（UNCHE）であった。この世界初の環境問題に関する国際会議において、人間環境宣言と環境保護のための国際的行動計画が採択され、国連環境計画（UNEP）の設立が合意された。それから20年後の1992年にリオデジャネイロで開催された国連環境開発会議（UNCED）では、環境と開発に関するリオ宣言、アジェンダ21、森林原則声明が採択され、気候変動枠組み条約（UNFCCC、94年3月発効）と生物多様性条約（93年12月発効）が各国の署名に付された。残念ながら森林条約は、途上国の反対などもあって採択されず、いまだに包括的な森林保全に関する国際条約は存在していない。そして、2002年にはヨハネスブルグで持続可能な開発に関する世界首脳会議（WSSD）が開催された。そして、本章執筆現在、開発ラウンドとも称せられる世界貿易機関（WTO）のドーハ交渉が進行中である一方、気候変動問題に関しては、京都議定書による温室効果ガス削減第1約束期間（2008～12年）以降の国際的枠組み作りに対する国際社会の関心が高まっている。

　これら一連の国際会議を通して、環境と開発に関わる重要な原則が人間環境宣言とリオ宣言（両者の内容は一部を除いてほとんど同じ）に掲げられている。これらの諸原則は、後述する様々な国際環境レジーム間の関係や、環境レジームと他の国際レジームとの関係にとっても重要な原則である。したがって、その中でもとりわけ重要と思われるものに関して、その内容を紹介しつつ若

干の補足説明を加えておきたい。

　第1に、「環境に対する国の権利と責任」という原則（リオ第2原則）がある。この原則によると、「各国は、国連憲章及び国際法の原則に則り、自国の環境及び開発政策に従って、自国の資源を開発する主権的権利及びその管轄又は支配下における活動が他の国、又は自国の管轄権の限界を超えた地域の環境に損害を与えないようにする責任を有する[1]」とある。つまり、各国はそれぞれ自国の資源を開発する固有の権利を有するが、同時に、自国の開発に伴って発生する環境問題が国境を越えて他国に被害を与えない責任を負っている。

　次に、比較的新しくしかも国際的に論争を巻き起こしているのが、「共通ではあるが差異ある責任」という原則（リオ第7原則）である。これによって、「各国は、地球の生態系の健全性及び完全性を、保全、保護及び修復するグローバル・パートナーシップの精神に則り、協力しなければならない。地球環境の悪化への異なった寄与という観点から、各国は共通のしかし差異のある責任を有する。先進諸国は、彼等の社会が地球環境へかけている圧力及び彼等の支配している技術及び財源の観点から、持続可能な開発の国際的な追求において有している義務を認識する。」例えば、気候変動問題では、産業革命以来人為的な地球温暖化に影響を与えてきた先進国がそれ相応の責任を負うべきといえる。もちろん途上国にも同問題に対する責任はあるが、先進国より軽い責任を負うことが許される、ということでもある。この原則は、自国の経済成長を優先するために温室効果ガス削減義務を負うのをためらう中国やインドなどにとって、自らの主張を支える有力な論拠を提供しているともいえる。

　さらに、「環境と貿易」（リオ第12原則）において持続可能な開発への国際的協力の必要が謳われているが、実質的には国際自由貿易体制を支える原則が採用されている。この原則によれば、「各国は、環境の悪化の問題により適切に対処するため、すべての国における経済成長と持続可能な開発をもたらすような協力的で開かれた国際経済システムを促進するため、協力すべきである。環境の目的のための貿易政策上の措置は、恣意的な、あるいは不当な差

別又は国際貿易に対する偽装された規制手段とされるべきではない。輸入国の管轄外の環境問題に対処する一方的な行動は避けるべきである。国境を越える、あるいは地球規模の環境問題に対処する環境対策は、可能な限り、国際的な合意に基づくべきである。」つまり、各国が採用する環境政策は、偽装された貿易障害になってはならず、あくまでも自由貿易体制を阻害することがないように環境政策をとる必要があるということである。

　もう一つ比較的新しく論争的な原則が、予防的方策（リオ第15原則）である。すなわち、「環境を保護するため、予防的方策は、各国により、その能力に応じて広く適用されなければならない。深刻な、あるいは不可逆的な被害のおそれがある場合には、完全な科学的確実性の欠如が、環境悪化を防止するための費用対効果の大きい対策を延期する理由として使われてはならない。」例えば、人為的な温暖化と気候変動との間の因果関係が完全に確立されていないにもかかわらず、また、将来いつどこがどれだけの規模の被害をこうむるかも正確に分からな状態で、つまり、科学的不確実な知識に基づいて、非常にコストのかかる対策をとってもいいのか、という議論がある。もし想定した規模の被害が起こらなかった場合、機会費用が高くなって損をするのではないかという議論である。これに対して、将来非常に甚大な被害が予想され、いま対策を採らないと将来の対策費が非常に膨大なものになってしまう、あるいは自然の回復が不可能になってしまうかもしれないので、費用対効果のいい対策があるのであれば、転ばぬ先の杖として、そうした対策をあらかじめ採用しようというのが、予防原則に則った議論である。

　また、「汚染者負担」の原則（第16原則）は、1970年代に経済協力開発機構（OECD）で確立されたものである。この原則によれば、端的に言って、汚染をした者がその修復のための弁償をする、あるいは費用を出すことになっている。すなわち、「国の機関は、汚染者が原則として汚染による費用を負担するとの方策を考慮しつつ、また、公益に適切に配慮し、国際的な貿易及び投資を歪めることなく、環境費用の内部化と経済的手段の使用の促進に努めるべきである。」

　さらに、注目すべき環境と開発に関する原則は、「事前通報・情報提供」（第

19原則）である。この原則によれば、「各国は、国境をこえる環境への重大な影響をもたらしうる活動について、潜在的に影響を被るかも知れない国に対し、事前の時宜にかなった通告と関連情報の提供を行わなければなればならず、また早期の段階で誠意を持ってこれらの国と協議を行わなければならない。」これは、例えば、有害産業廃棄物や遺伝子組換え作物の種子などの国際貿易に関して、売り手は情報を買い手に提示する義務がある、ということである。とりわけ、輸入するものがどのようなものかを認知する能力がない国に対して、輸出側が輸入側に対して事前通報して情報公開することが国際的行動規範あるいは国際基準になることの意味は、被害の未然防止あるいは拡大防止のために非常に重要である。

　国際関係論では、国際的な問題に対処するために樹立された上述の原則や行動規範に加えて、こうした原則や規範を実行するための規則や意思決定の手続きを束ねて「国際レジーム」と呼んでいる[2]。そして、国際環境レジームは、酸性雨、成層圏のオゾン層破壊、地球気候変動、生物多様性の喪失、捕鯨の管理、象牙あるいは有害廃棄物の国際的商取引といった特定の国際環境問題領域において形成される。こうした各々の問題を扱う国際環境レジーム内で、あるいは異なる国際環境問題領域のレジームの間で、さらには他の国際レジーム（例えば、国際貿易レジーム）との間で、異なる原則、行動規範をめぐって国際的な問題が生じることがある。その際、上述した環境と開発に関する諸原則や行動規範が各々の立場の正当化の主張や利益の擁護のために援用されるのである。

2　地球環境問題とグローバル・ガバナンス[3]

　国際社会には中央政府が存在していない。各国は、国連憲章にも謳われているように、法的に平等で、政治的独立と領土保全が認められる反面、こうした独立国家の内政への干渉は、主権国家からなる国際社会では基本的に認められていない。すなわち、主権国家より上位の権威は国際社会には存在し

ていない。したがって、いかなる国もいかなる国際機関も、他の国々に強制的に何かを命令するとか、特定の集団行動を強要できない。このような状況を国際関係論では、「アナーキーな」世界状態と捉える。しかし、これは必ずしも混沌を意味するわけではなく、世界には中央政府が存在していない、ということを強調するものである。こうした世界状況では軍事力や政治・経済力（総称して「パワー」）や国家の利益追求が国家間の国際関係を規定し、その結果として世界の秩序が形成される、というリアリストの議論が展開される。これに対して、リベラルな視点、その中でも特に制度論者と呼ばれる人たちの議論によれば、パワーや利益のみで国際関係が規定されるのではなく、何らかの方法で、原則、規範、科学的な知識、あるいはある共通の目的が認識されれば、それを達成するために規則を作り、その規則をより実効的なものにするための制度が作られうる、という議論を展開する。国家間関係において、原則、行動規範、規則そして意思決定過程に関して国際的な制度化が進めば、国家間の利害対立が和らぎ、国際協力が形成されると論じる国際制度論[4]や、国際社会に中央政府が存在していなくても特定の問題領域において秩序を形成して、問題解決のために行為者の相互作用を律するガバナンスも提供しうると論じる国際レジーム論[5]がある。しばしば、両者を新制度論として一括して捉えることもある。

　特に、地球環境問題ではこうした新制度論のアプローチが非常に有効である。中央政府が存在しない国際社会において、酸性雨問題、成層圏のオゾン層の保護、地球の気候変動の緩和あるいは生物多様性の保全に関する国際協力体制はどのように形成されるのか。科学的かつ専門的な問題に関しては、科学者の役割は非常に重要である。しかし、科学者だけが当該問題の重要性を指摘しても[6]、政治は容易に動かない。当該問題の重要性を認識した政治家や行政担当官が現れないと、同問題は政治課題にはならない。国際環境問題に関しては、国連環境計画などの国際機関が課題の設定や国際交渉を促進することがあるし、スウェーデンなどように酸性雨問題などの特定の問題で国際社会をリードして国際環境レジーム形成に大いに寄与することもある[7]。その場合、中央政府が存在していない国際社会においても、また、必ずしもパ

ワーやマネーの力によらずとも、国際環境レジームというガバナンス・システムが構築のイニシアティブがとられうる。

　国際レジームとは、国際関係の特定分野における明示的な、あるいは暗示的な、原理・原則、規範、ルール、そして意思決定の手続きのセットであり、これを中心として行為者の期待が収斂してゆく[8]。成層圏のオゾン層保護レジームを例に借りて、このレジームの定義に関する補足説明をしておこう。ここでいうレジームの原理とは、科学的な因果関係の正しさについての信条体系である。すなわち、地上で放出された人造のフロンガスが成層圏まで達し、そこでオゾン層を破壊するという科学的仮説が、実際に観測される「オゾン層の穴」などによって実証され、フロンガスと成層圏のオゾン層の破壊との間の科学的因果関係が確立する。そして、この因果関係がこのレジームの原理として国際社会で共有される。この確立された因果関係に基づいて、どのような行動規範が必要になるのか、というのが次の段階である。実際、第１の段階で国連環境計画によって科学者の会議が開催され問題の認識が広がり、科学的な知見に関する合意が形成され、やがて、国際条約交渉も始まった。こうした国際条約締結交渉過程において、オゾン層破壊物質であるフロンガスの生産と消費を全廃しようという規範が形成され、権利と義務という観点からなる行動準則も作られる。具体的には、1996年までに先進国がフロンガスの生産と消費を全廃し、途上国に関しては少し猶予期間を設けるというルールが作られた。しかし、科学的な新しい知見や観察は常に更新される。それを受けて国際会議を開催し次の段階の規制に関する国際合意を得て、新たな行動を起こさねばならない。その際、各国内の国際合意の批准過程を経て、すべての加盟国から承認を得て新しいルールを作っていたのでは、迅速な問題への対応が不可能になる。そこで、もし新しい科学的知見が新たな成層圏のオゾン層破壊物質を特定し、その物質の規制の必要について議定書の締約国の合意が得られれば、各国の批准の手続きをふまなくても新しい規則を一定の期限内に導入できる、という意思決定の手続きがあらかじめモントリオール議定書（後述）に明記されている[9]。以上、成層圏のオゾン層保護レジームに関するこのような制度は、ある程度の成果を挙げており、中央政府が存

在していない国際社会においても、グローバルな問題解決が可能であることを示している。

　他にもグローバル・ガバナンスを実現（あるいは強化）するアプローチがある。一つは、国連システムを支える原理や価値を信じ、それを積極的に支持し、その改革と能力強化を求める視点である。もう一つは、専門家や民間団体への権限委譲の利点を強調し、国連を悩ませている過度の事業拡大を克服し、効率よくかつ適切に運営上の諸問題に対処しようとする立場である。また、国連グローバル・コンパクトのように、国際機関のパートナーとしての企業や市民社会団体の重要性を強調する立場もある[10]。また、1995年に報告書を発表したグローバル・ガバナンス委員会による提言のように、透明性や説明責任を伴った民主的なガバナンスを基本として、既存の国連システムの改革や強化を目指す提案もある[11]。このように、地球環境問題をはじめとしたグローバル諸問題をより効率よく、また実効性を伴って解決する方法が模索されている。

3　国際環境ガバナンスの中心概念と課題

　国際環境ガバナンスは、開発の問題と非常に密接に関係している。環境保全と開発問題に関して最も重要な概念は、「持続可能な開発」である。持続可能な開発概念の具体的なイメージは必ずしも明確ではなく、規範的な意味合いで使用されることもある。つまり、持続可能な開発を目標に、特に、世代間衡平という観点から現在の経済活動や環境保全活動を計画していかなくてはならない、ということである。もう一つ、特に国際貿易との関連で重要な中心概念が、前述した「予防原則」である。

　よく引用される「持続可能な開発」の定義とは、「将来世代がニーズを満たすための能力を損なうことなく、現世代のニーズを満たす開発である。[12]」この概念を提唱したブルントラント委員会の報告書にはいろいろな戦略が提案されている[13]。まず、途上国については経済成長を回復させること。当時

の提言では世界平均で国内総生産の3％の成長が必要であるとされた。ただし、単に量的な成長を志向するのではなく、成長の質も変えることが提案されている。基本的ニーズを満たし、持続可能なレベルに人口を保ち、資源基盤を保全し強化すること、技術の新たな方向づけと危機管理、意思決定において環境と経済を融合すること、持続可能な貿易と金融を促進する国際的なシステムの構築、開発をより参加型にすることなどが提言された。

　予防原則については、前述したように、一般的に、現時点での行動に要する費用は小さく、かつ現在行動を起こさない場合の将来における損害弁済の費用が高いか、あるいはその危険性が高い場合、たとえ当該の問題に関する科学的確実性が不十分でも予防的行動をとるべきであるという原則である。今後、生物多様性条約の「バイオセーフティに関するカルタヘナ議定書」と世界貿易機関の衛生植物検疫措置の適用に関する協定（SPS協定）との間で、この予防原則をめぐって様々な係争が予想される。前者の議定書は、遺伝子組換え種子や作物の国際的な移動に関して予防的アプローチの必要性が規定されている一方、後者のSPS協定では貿易制限に関しては科学的確実性の重要性が強調されている。したがって、各々の国際協定の原則や行動規範の内容が若干異なるので、お互いのレジームの目的あるいは利益に関して調整の必要が生じてくるかもしれないのである。

4　多国間環境協定間の相互関係

　多国間環境協定（MEAs）は、多くの国が条約締結交渉に携わり、これを調印、批准して一つのレジームを形成する。こうした国際環境レジーム間あるいは環境問題以外の国際レジーム――国際貿易関連レジームなど――との相互関係が重要な国際問題になる場合がある。例えば、ある関係はお互いのレジームの目標達成のために良い相乗効果をもたらすことが期待される一方、ある関係はレジーム間の対立を助長するおそれがある。現在、200以上の主要な多国間環境協定が存在すると言われるが、そのうちごく少数の代表的なも

の、例えば大気に関係するもの、陸上に関係するもの、海洋に関係するもの、さらには環境問題以外のものとそれらの相互関係を示したのが図1である。

図1：主な多国間環境協定間の相互関係と他のレジームとの関係性

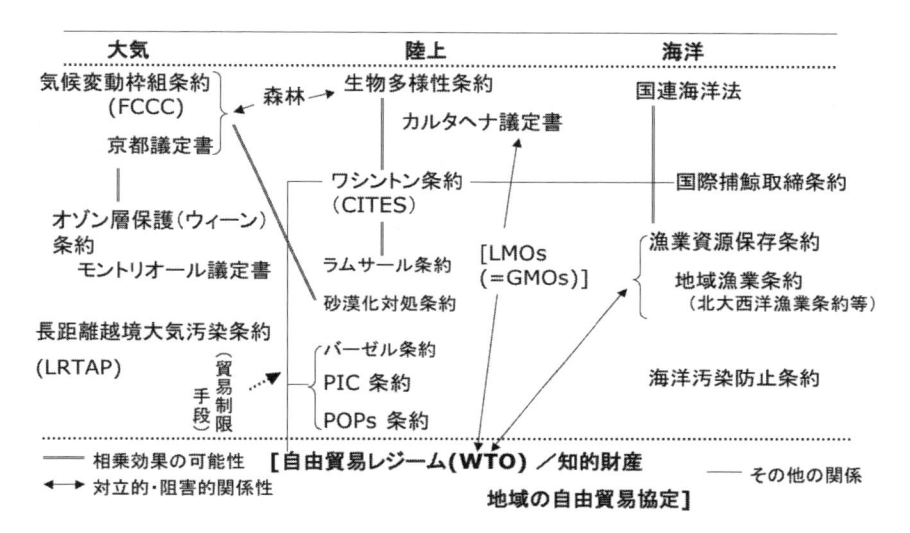

```
         大気              陸上              海洋
気候変動枠組条約  ←森林→  生物多様性条約    国連海洋法
  (FCCC)                  カルタヘナ議定書
  京都議定書
                         ワシントン条約      国際捕鯨取締条約
オゾン層保護(ウィーン)      (CITES)
  条約                    ラムサール条約    漁業資源保存条約
  モントリオール議定書                        地域漁業条約
                         砂漠化対処条約      (北大西洋漁業条約等)
                                  [LMOs
長距離越境大気汚染条約              (=GMOs)]
  (LRTAP)        〈貿
                 易     バーゼル条約         海洋汚染防止条約
                 制     PIC条約
                 限     POPs条約
                 手
                 段〉
  ── 相乗効果の可能性   [自由貿易レジーム(WTO)／知的財産    ── その他の関係
  ←→ 対立的・阻害的関係性    地域の自由貿易協定]
```

　ここでは簡単に、図1で取り上げられた多国間環境協定間の相互関係あるいは環境問題以外のレジームとの関係性を指摘しておこう。まず、大気環境について1970年代から現代に至る国際レジームの発展経路をたどれば、酸性雨問題から成層圏のオゾン層破壊問題さらには気候変動問題へと問題の領域が地理的にも内容的にも拡大している。ここでは、気候変動問題を中心に他のレジームとの相互関係を概観する[14]。国連気候変動枠組み条約と京都議定書は、二酸化炭素やメタンガスといった温室効果ガスの排出を抑制しようとするものである。それがなぜ成層圏のオゾン層保護レジームと関係してくるかというと、成層圏のオゾン層保護についてのウィーン条約やモントリオール議定書で規制されるオゾン層破壊物質であるフロンガス[15]等の生産と消費に関連する。すなわち、フロンガスの生産と消費の全廃を目指すためにその代替フロンの開発が促進された。ところが、代替フロンであるハイドロフルオロカーボンなどは強力な温室効果ガスである。成層圏のオゾン層保護にと

って効果的な代替物質が、気候変動問題領域では地球の温暖化を促進する規制対象物質となる。つまり、お互いのレジーム間で汚染物質をうまく規制できれば、成層圏のオゾン層保護レジームと気候変動緩和レジームの双方にとって正の相乗効果をもたらすが、うまくいかなければ互いが他方に負の影響を与えてしまうのである。

　また、気候変動問題は、生物多様性や森林の問題、砂漠化や水の問題とも深く関わっている。地球の気候変動によって降雨量や降雨パターンが変化すれば、森林の植生も変化してくる。気候変動緩和策として、成長の早い単一種の木（ユーカリなど）の植林が提案されることがあるが、こうした植林は生物多様性の喪失を助長する。また、ツンドラ地帯には元来木は成長しないのだが、人為的な温室効果ガスの排出による地球の温暖化現象によってツンドラ地帯が木の成長する環境に変わると、現在ツンドラに生息している動物が餌場を失い、渡り鳥が繁殖地などを失う。さらに、降雨量や降雨パターンの変化の影響も無視できない。半乾燥地帯は、より乾燥してしまう恐れがある一方、ある地域では洪水の頻発が懸念されている。地球の平均気温の上昇によって海面上昇がさらに進めば、島国や海岸線の多い国は甚大な被害をこうむることになる。他方、気候変動対策としての二酸化炭素の吸収源の増大を目指す植林は、砂漠化の拡大をも抑制する可能性がある。湿地に関するラムサール条約については、各国の湿地の登録地が増加すれば渡り鳥の生息地の保全が促進されるが、その反対に温室効果ガスの吸収源獲得のための植林は湿地の喪失にもつながりうる。

　次に、陸上環境に関しては、生物多様性条約が最も包括的な条約である。この条約の目的の達成に向けての努力が前進すれば、「絶滅の危機に瀕する野生動植物の国際取引に関する条約（ワシントン条約、CITES）」にも良い影響を与えうる。また、ワシントン条約の履行によって絶滅の危機に瀕する動植物をより多く保護できれば、生物多様性の保全の目的達成にもつながる相乗効果がある。ワシントン条約は絶滅の危惧種を附属書Ⅰ、Ⅱ、Ⅲの三つのカテゴリーに分類している。附属書Ⅰに掲載される野生動植物は、絶滅のおそれのある種で取引による影響を受けている、あるいは受けるおそれのある種の商業

目的の取引を原則禁止している。ジャイアントパンダ、ゴリラ、オランウータンなどがこのカテゴリーに入っているが、アフリカ象は付属書Ⅰに掲載される野生動物になったり附属書Ⅱに掲載されるものになったりしている。附属書Ⅱに掲載された野生の動植物に関しては商業目的の取引は可能だが、輸出国政府が発行する輸出許可証が必要となる。一番規制が緩いのが附属書Ⅲに掲載されているもので、締約国が自国内の保護のため、他の締約国・地域の協力を必要とするもので、商業目的での取引が可能である。3年に一度ぐらいのペースで締約国が集まって、どのような野生の動植物をどのリストに入れるかという議論をして、最終的に集団的な決定を下している[16]。

同様に、渡り鳥にとって重要な生息地である湿地帯を守るラムサール条約の履行も生物多様性保全の目的達成に役立つ。150カ国以上の国が批准しているこの条約は、特に水鳥の生息地として国際的に重要な湿地を登録している。湿地とそこに生息する多様な生物の恵みを子孫に伝えられるように守りながら湿地からの恩恵を受け、賢明な利用を目指している[17]。

ワシントン条約と同様に、有害廃棄物の国際移動に関するバーゼル条約は、国際貿易に関する規制を通して目的の達成を目指す。一国内でも貧しい地域に有害廃棄物が集中的に廃棄されるように、国際社会でもそうした廃棄物が先進国から貧しい途上国に移動する傾向にある。ことに1980年代、途上国は外貨獲得のためもあって先進工業国からの産業廃棄物を引き受けたが、非常に有害な物質も多かったので国際的に規制する必要が生じた。現在では、そうした有害廃棄物の国際的移動の規制に加えて、そうした廃棄物の産出抑制策の方に政策の重心が移っている[18]。

化学物質についても国際的な取り決めが発展してきたが、最近では事前通報を重視するようになった。特に、「特定有害化学物質と農薬の国際取引における事前通知・承認（PIC）の手続きに関するロッテルダム条約」では、事前通報の原則が条約そのものに反映された点で重要である。これは農薬や肥料などの化学物質を主に途上国が先進国から大量に輸入する際に、その危険性を十分に理解しないから重大事件が起きている、という前提に立脚した国際的な取り極めである。ロッテルダム条約は、有害性のある化学物質の国際的

貿易に対しては、事前に売り手が買い手に情報を提供すべきだという原則に立脚している。同様に、「残留性有機汚染物質（POPs）に関するストックホルム条約」も成立した。これは、DDTやPCB、ダイオキシン類については生産を禁止しようとしている。ロッテルダム条約とアムステルダム条約はともに、ヨハネスブルグ会議の2年後の2004年に発効している。

　以上概観したように、陸上環境に関しても様々な国際条約が成立している。中でもワシントン条約とバーゼル条約は、国際商取引を通して環境保全の目標を達成しようとするところに共通点が見受けられる。また、生物多様性保全条約とワシントン条約、ラムサール条約の関係は補完的なもので、全体として環境保全が一層進むという相乗効果が期待できる。

　海洋については、「海の憲法」と呼ばれる国連海洋法条約（82年採択、94年発効）がある。この条約は、海洋生物資源、大陸棚資源、鉱物資源の管理と開発、航行の自由、航行の基本原則など海に関わる事項を定めている。この条約の交渉過程と発効に至る過程は非常に政治的で長期にわたるものであった。特に海底資源の取り扱いをめぐって、先進国と途上国の間で激しい利害対立があった。例えば、大陸棚は沿岸国の基線から200海里という規定があるが、大陸棚がずっと海底のさらに先まで伸びていると、多くの沿岸国が200海里を超えて領域を主張する、という問題がある。また、水産資源に関しては、排他的経済水域（EEZ）と高度回遊性の種の保存と管理に関する問題などがあり、特に国連海洋法第64条では、公海および排他的経済水域をまたがって回遊するマグロ類等の高度回遊性魚類の保存と管理に関する国家間の協力のあり方について規定している[19]。マグロは黒潮にのって高速で回遊し、人為的な国境とは全く無縁で多くの国の領域をまたいで生存している。したがって、水産資源の国際的な管理が必要となる。

　水産資源についても数多くの協定が存在するが、日本人と関わりの深いマグロについてもう少し見ておきたい。マグロは、スズキ目サバ亜目サバ科マグロ属に属し、生物学上はサバ科に分類される。日本ではクロマグロの中トロや大トロは非常に高価で貴重な食材である。このほかメバチ、キハダ、ミナミマグロが日本では市場価値が高い。日本人は世界全体の4割ほどのマグ

ロを消費している。かつてワシントン条約の規制にマグロを入れようという動きもあり、日本は自主規制を申し出た経緯もある。マグロの漁獲量制限の動きに対抗するため、マグロ養殖も進んでいる。地域の漁業保存レジームとして、例えば、東部太平洋海域では全米熱帯マグロ類委員会、大西洋海域では太平洋マグロ類保存国際委員会、インド洋マグロ類委員会、ミナミマグロ保存委員会などが存在する。これらの管理体制がうまく運営されれば、生物資源の保存や管理に相乗効果が得られると期待される。

生物資源については、国際捕鯨取締条約（ICRW）とワシントン条約との関係にも注意を向けたい。現時点では、これらが相乗効果関係にあるとか、あるいは対立関係にあると断定できる関係にないが、もしワシントン条約が対象とする絶滅危惧種リストに特定の鯨が加えられれば、持続可能な形で商業捕鯨再開を要求する日本政府と鯨の保護を強く求めている欧米諸国政府との対立はさらに深まるであろう。

5　オゾン層、気候変動、生物多様性の相互関係

次に、地球規模の環境問題を取り扱うレジーム間の相互関係を見ておきたい。具体的な事例として、成層圏のオゾン層保護、気候変動緩和、生物多様性保全を目的としたレジーム間の関係の主要な点について簡潔に考察しておこう。

成層圏のオゾン層保護レジーム

地球を取り巻く成層圏のオゾン層は、太陽からの有害な紫外線（UV-B）の大部分を吸収する。成層圏のオゾン層は希薄なガスの層である。有害な紫外線は、皮膚ガンや白内障を起こし、植物プランクトンの成長を阻害する。われわれが住んでいる地上近くの対流圏のオゾンは有害だが、成層圏にあるオゾンは人間にとって有益なものである。人為的に生産されたオゾン層破壊物質は、クロロフルオロカーボン（CFC）、ハロン、四塩化炭素、1-1-1 トリクロ

ロエタン、ハイドロクロロフルオロカーボン（HCFC）、臭化メチルなどである。クロロフルオロカーボンは人類が発明した化学物質の中で最も安定した物質の一つである。不燃性で化学的に安定していて化学反応性も低くて、ほとんど毒性を有しない。また揮発性や親油性などの特性を持っており、冷蔵庫などの冷媒、半導体などの精密な部品の洗浄剤、ウレタンフォームなどの発泡剤、スプレーの噴射剤などとして幅広く使用されてきた。しかし、安定しているがゆえにわれわれが暮らしている地上から約 10〜12 キロメートルぐらいの対流圏の上の成層圏（約 10〜50 キロメートル）まで到達してしまう。そこに 100 年ほどとどまり、これらの合成化学物質の塩素原子（cl）がオゾン（O_3）の酸素原子（O）を取りだして分子結合することによってオゾン層を破壊する。クロロフルオロカーボンはクーラーや冷蔵庫などの冷媒、フォーム断熱材、スプレーの噴射剤に使われてきた。ハロンは消化剤などに、四塩化炭素はフロンの原材料、トリクロロエタンは金属・電子部品の洗浄によく使われてきた。それから、HCF は CFC の代替物質であるが、この温室効果が非常に高いので規制が必要になっている。

　1974 年に科学者たちは CFC による成層圏オゾン層の破壊を警告していた[20]。77 年には国連環境計画主催によって「オゾン層に関する地球行動計画」が策定され、85 年には「オゾン層保護のためのウィーン条約」が採択された。87 年に採択されたモントリオール議定書では、先進工業国は CFC の生産と使用を 88 年までに半減することなどが合意された。その後、先進国のオゾン層破壊化学物質の全廃目標も合意され、途上国の段階的撤廃やそれを促進するために多国間基金も設置された。

　成層圏のオゾン層保護レジームが比較的有効に機能した外在的要因として、問題が認識された後、フロンガスと成層圏のオゾン破壊との間の因果関係が実際の観測などによって比較的実証されやすく認識共同体の影響力が徐々に高まったこと、オゾンホールの発見や拡大によって脅威が明確になったこと、産業界と消費者の理解と協力があったこと、そして代替物質の開発などが挙げられる。内在的要因としては、議定書の意思決定おける独立性と柔軟性があることや議定書への途上国の参加のインセンティヴが効果的であったことな

どである。例えば、本議定書の第4条は、非締約国との貿易に関する以下のような規制を行っている。すなわち、(1)規制物質の輸出入の禁止、(2)規制物質を含んでいる製品の輸入の禁止、及び(3)規制物質を用いて生産された（規制物質を含まないものの）の輸入禁止である。さらに、多国間基金を設立して、資金支援・技術支援を途上国に提供してレジームへの参加を促している。これらは非常に画期的な方法だった[21]。

レジーム強化の結果、世界全体のフロンガス消費量は大幅に減少し、2050年頃には成層圏のオゾン層破壊化学物質は1980年以前の水準に戻るとも予測されている。もしモントリオール議定書がなかったら、成層圏の塩素と臭素の量は、2050年頃には80年当時の10倍に増加していたと予想されている[22]。これは予測に過ぎず、化学物質の回収やリサイクル、廃棄の問題や途上国での生産と消費規制の実施と強化などの課題もあるが[23]、2002年のヨハネスブルグ会議以降の国際環境問題の取組みの中では、成層圏のオゾン層保護レジームの強化はある程度明るい見通しを提供している。

気候変動緩和レジーム

気候変動枠組み条約と京都議定書については、排出量取引（第17条）、共同実施（第6条）、クリーン開発メカニズム（第12条）などの仕組みがあり、開発問題とも深く関わるが、ここでは、他の環境レジームと深く関係するプロジェクトの一つとして植林に着目したい。

森林は、正確には葉緑素をもつ植物は、光合成の過程において太陽エネルギーを活用して、吸収した二酸化炭素と水から有機化合物を合成し、その副産物として酸素を産出している。この光合成の過程における二酸化炭素の吸収のために植林が重要な温暖化対策となっている。京都議定書の二酸化炭素吸収源関連の条項として、「土地利用・土地利用変化及び林業活動」がある。そこでは、新規植林（afforestation）、再植林（reforestation）、森林減少（deforestation）のARD活動による温室効果ガス排出量・吸収量を削減約束の履行に用いることができることが明記されている（議定書第3条3項）。森林活動以外の管理、例えば農業土壌、森林の間伐などの追加的活動についても明記されている（議

定書第3条4項)[24]。

　気候変動緩和策として植林や森林管理が推奨されていることは、生物多様性保全レジームとも深く関わってくる。例えば、ユーカリの木のように、成長の早い木をたくさん植えると、確かに多くの二酸化炭素を吸収してくれる。しかし、広大な地域の原生林を切ってユーカリの木によるモノカルチャー的な植林を推進すると、多くの野生動植物の生息地が失われ、結果的に生物多様性が喪失しかねない。したがって、このような植林による温暖化緩和策は、もう一つの重要な生物多様性保全レジームの目的達成を阻害することになる。京都議定書の第1約束期間（2008〜2012年）に向けて、気候変動問題への関心が高まり、主要先進工業国でもその気候変動緩和対策予算の増額が計られ、途上国におけるクリーン開発メカニズムを活用した植林プロジェクトも盛んに行われるようになってきている。こうした動きによって二酸化炭素の吸収源である森林が拡大することは大いに歓迎されるべきことであるが、その結果として、多くの希少動植物が絶滅する事態になってしまっては元も子もない。今後、二つの国際環境レジーム間での政策調整が不可欠である。

生物多様性保全レジーム

　生物多様性条約は、遺伝子の多様性、種の多様性、そして生態系の多様性という三つのレベルの多様性の保全を目的としている。規模の大きい方から見ていこう。地球上には中山間地の生態系、里山の生態系、河川の生態系、あるいは海洋の生態系など多様な生態系が存在する。そして、それぞれの生態系の中に、動物種や植物種などの多様な生物種が生息している。さらに、その各生物種の中で、多様な個性の違いがある。例えば、ペンギンに限ってみても、各々背丈も違うし、性格も違う。進化論を提唱したダーウィンがガラパゴス諸島で研究した鳥（フィンチ）のくちばしの形も違う。こうした同一種内での違いは遺伝子情報の違いによる。したがって、遺伝子の多様性も可能な限り多く保全したい、ということになる。以上、これら三つのレベルでの生物多様性を保全するのが、この条約の目的となっている。

　地球上に生息する生物種数は、推定で700万種から1,500万種存在すると

言われているが、命名されている種は170万種ほどに過ぎない。その中でも脊椎動物が4万5,000種、植物が27万種、あとは昆虫、菌類、微生物などである。重要な問題は、これらの生物種の約50％が熱帯雨林に生息していることである。多くの途上国にある熱帯雨林地帯には、豊富な自然資源が存在している。海洋生物の大半は沿岸域、とりわけ珊瑚礁に生息している。珊瑚礁は特に重要で、海洋面積の1％以下しかないが生物の宝庫である[25]。しかも温暖化で海面温度が1℃上昇すると、珊瑚礁は白化現象を起こし、死に始める。したがって、珊瑚礁が死滅してしまうと、そこにたくさん生息している魚なども生息地を失うことになる。世界資源研究所の報告によれば、かなりの速度で生物が死滅している。われわれが名前を付ける以前に数多くの生物種が絶滅しており、しかもそれが熱帯雨林地帯に集中している[26]。

こうした背景を受けて、92年の国連環境開発会議で採択された生物多様性条約は、生物多様性の保全、生物多様性の構成要素の持続的利用、遺伝子源の利用から生じる利益の公正かつ公平な配分を目的として93年に発効した。具体的には、この条約のもとにバイオセーフティに関するカルタヘナ議定書が2001年に採択され、03年に発効した。07年9月現在、142カ国と欧州共同体が批准している。

6　地球環境レジームと他の国際レジームの関係

地球環境レジームと他のレジームの関係については、まだこれから解決すべき問題が多い。例えば、国際社会は、97年に京都議定書を採択したのち、2002年ヨハネスブルグサミット開催までに同議定書の発効を目指した。結局、京都議定書の発効は2005年までずれこんだが、今後の国際社会の関心は、議定書の第1約束期間以降の国際的な温室効果ガス削減交渉の行方である。なぜならば、今世紀末までに地球平均気温の上昇を2℃未満に抑えるためには、大気中の二酸化炭素の濃度を500ppm未満に抑える必要があるといわれていて、そのためには、世界全体で二酸化炭素に換算した温室効果ガスの排出総

量を現在のレベルより50%〜60%削減する必要があるといわれているからである[27]。ところが、現在の気候変動レジームでは、飛行機の排ガス規制は導入されていないし、船舶についてもまだ国際的な温室効果ガス排出規制はない。気候変動レジームは、国際民間航空機関（ICAO）や国際海事機関（IMO）に対して、飛行機や国際船舶からの温室効果ガス排出に対して規制あるいは何らかの行動をとるよう要請している。

その他の国際レジームとの関係で特に重要なのが、世界貿易機関（WTO）を中心とする国際貿易レジームと国際環境レジームとの関係である。WTO協定は、「世界貿易機関を設立するマラケシュ協定（WTO設立協定）」とその附属書に含まれる協定の集合体で、かつての「関税及び貿易に関する一般協定（ガット）」をはじめとして、物とサービスと知的所有権などに関する多くの協定の束である。それに伴う様々な委員会や組織も設立されている。紛争解決についても二審制のメカニズムが設定された[28]。

世界貿易機関の基本原則は、貿易制限措置の削減と貿易の無差別待遇の原則である。ガットは貿易制限措置を関税に置き換えることとして、その他の措置を原則的に禁止してきた。そして各国の交渉によって関税を徐々に引き下げてゆくことにより、より自由な貿易の実現を目指している。無差別原則については、最恵国待遇や内国民待遇によって制度化されている。

国際自由貿易と国際環境保護が問題となるのが、ガットの一般例外規定である。ガット第20条によると、「この協定の規定は、締約国が次のいずれかの措置を採用すること又は実施することを妨げると解してはならない。但し、それらの措置を…差別待遇の手段となるような方法で、又は国際貿易の偽装された制限となるような方法で、適用しないことを条件」として、「(b)人、動物又は植物の生命又は健康の保護のために必要な措置」、あるいは「(g)有限天然資源の保存に関する措置」をとることができる。ただし、「この措置が国内の生産又は消費に対する制限と関連して実施される場合に限る」といった例外規定である[29]。

ガットが世界貿易機関にそのまま受け継がれていることもあり、同規定を援用する環境保護と自由貿易に関連する多くの事例がある。その代表的な事

例の一つがアメリカ国内法の海洋哺乳動物保護法とガットの原則が対立したイルカ・マグロ事件である。マグロを網で捕獲するときにどうしてもイルカも一緒に混獲してしまうことがそもそもの問題の端緒である。哺乳動物であるイルカは海面に現れて空気を吸わないと窒息死してしまう。アメリカはその国内法で、マグロを獲る際のイルカの混獲率を決めている。アメリカはメキシコから輸入したキハダマグロにはこの混獲率以上のイルカが殺傷されているからイルカの保護のため一時的にメキシコ産のマグロの輸入を禁止した。それに対してメキシコが当時のガットに提訴したのがこの事例の背景である。アメリカはガット第20条(b)と(g)の例外規定が適用されると主張したが、パネル裁定（1991年）はアメリカの敗訴という結果になった。主な理由は、第20条の規定に照らして、輸入禁止は不必要であること。また、第20条の一般例外規定は治外法権的に適用できない。生産者に対して適用される環境規制の差異を理由として輸入制限を加えるために第20条を引き合いに出すことはできないということだった[30]。

とりわけプロセス基準については、開発ラウンドとも称されるWTOドーハ交渉に至っても未解決の大きな問題である。結局、ガットや世界貿易機関では、同じ産品であればそれがどのように作られているかというプロセスや生産方法は問題にしない。それらはある商品の特性や比較優位の源泉となるからである。同じマグロであれば、それがどのように捕獲されたかというプロセスは問題ではない。ところが環境保護立場から見ると、マグロとイルカとの混獲が問題となる。これらの異なる立場から生じる問題をどう調整するか、現在もなお問われている。

国際貿易レジームと生物多様性保全レジームの運用上の主要課題との関連で着目したいのが、遺伝資源へのアクセスと知的所有権との関係である。生物多様性保全レジームでは、遺伝子の資源に関してはアクセス、取得機会、利益の共有促進を目指している。しかし、世界貿易機関の知的所有権の貿易関連の側面に関する協定（TRIPs協定）を中心とした知的所有権保護レジームでは知的所有権の保護が目的なので、遺伝子資源の利用に関しては生物多様性保全レジームと対立関係になる可能性がある。遺伝資源へのアクセスは、特

に途上国にとって重要である。多くの新薬は熱帯雨林の薬草から生産される。その効能を知っている先住民の伝統的知識に特許権を設定して企業が買い取ってしまうと、住民は自由に使えない。それが広く世界の利益として広がれば良いが、独占あるいは寡占状態になるとその入手や利用が高価になり、多くの人に医薬の便益が及ばないので大きな国際問題になる。

　生物多様性条約下のバイオセーフティに関するカルタヘナ議定書も知的所有権や貿易と深く関係している。バイオセーフティの中で、特に問題になるのが遺伝子組換え作物の種子と生産物（主に農産物）の扱いをどうするという問題で、予防原則が論点になっている。マイアミ・グループ（アルゼンチン、オーストラリア、カナダ、チリ、アメリカ、ウルグアイ）諸国は、バイオテクノロジー産業の育成、遺伝子組換え作物の輸出促進を狙っている。これに対して欧州連合（EU）は域内で、狂牛病やダイオキシン問題がかつて発生しために消費者が敏感になっていることもあって、遺伝子組換え作物の輸入に関しては非常に慎重である。途上国も規制してほしいと主張するところがある。ただし、医薬品への適用、医療としての効果があるものは適用除外であり、実験室での実験対象や単に国を通過する対象については、事前情報による同意は不要になっている。要するに、遺伝子組換え種子を輸出する場合は事前の情報による輸入国の同意を必要とし、また、輸出国は科学的情報に基づいて危険性を評価しなければならない。つまり、安全性の立証責任を負うということである。しかし、商品としての遺伝子組換え農産物に関してはその限りではない、ということである。遺伝子組換え種子の国際商取引に関しては欧州連合の意見が通り、組換え作物に関してはマイアミ・グループの意見が通ったといえる。

　カルタヘナ議定書は他のレジームと補完関係にあると言われているが、予防原則に関しては、同議定書はリオ宣言の第15原則である予防原則をより厳密に適用しようとしている。世界貿易機関の一部をなす「衛生植物検疫措置の適用に関する協定（SPS協定）」は、科学的確実性を第一義的に捉え、科学的確実性がない限り、予防的にいろいろな規制措置を控えるという立場をとっている。ただし、カルタヘナ議定書（あるいはバイオセーフティ議定書）も、リ

スクの評価に関してはSPSの手続きを採用している。しかし、SPS協定にはない危険性の評価や意味内容のより明確化など、より多くの予防的アプローチを採用している[31]。

今後の問題は、これらの諸原則や行動規範が実際にどのように取り扱われるのかということである。もしカルタヘナ議定書に関連する国際貿易問題が生じ、それがSPS協定原則に基づいて裁定された場合、世界貿易機関の裁定では自由貿易を支持する結果になるかもしれない。この他、世界知的所有権機関（WIPO）や国連食糧農業機関（FAO）も遺伝子組換え作物問題に関与しており、諸原則を提言している。したがって、今後、遺伝子組換え作物などの利用が拡大するならば、世界知的所有権機関、世界貿易機関のTRIPS協定、生物多様性条約のカルタヘナ議定書、さらには国連食糧農業機関の諸原則などの間で、国際的な政策調整が必要になろう。

7　結びにかえて：自由貿易と環境政策の補完関係

最後に、貿易政策と環境政策の補完関係構築の可能性について触れておきたい。

まず、自由貿易と環境問題の一般的な関係を再認識する必要がある。国際自由貿易の推進と世界の経済活動規模の拡大によって、環境負荷の低減政策の進展というよりも、むしろ、世界貿易機関加盟国の権利保護を環境保護政策に優先させる傾向は当分続くだろう。また、WTO体制の無差別原則に対する例外規定とその運用上の問題点もある。それは、詰まるところ、「同種の産品」という概念の解釈と「生産過程や生産方法」をめぐる問題である。自由貿易秩序が「同種の産品」と「生産過程や生産方法」を峻別する理由は、生産方法の違いは生産物の費用を決定するもっとも基本的な条件であって、それを理由に差別待遇を行うことはあらゆる種類の保護主義要求を生み出し、自由貿易の基盤を切り崩すおそれがあるためである。しかし、自然資源など非生産物関連の生産過程や生産方法を一括して調整の対象とすることは、環境

負荷などの市場の失敗を考慮しないことになる。環境問題は、まさに市場の失敗の重要な例が含まれるので、生産方法、使用方法、廃棄方法などが環境汚染や環境破壊をもたらしているかどうか、ということは大きな問題である。国境でこれらの環境配慮を理由にして区別することは当然認められるべきとする見方もある[32]。

さらに、知的所有権の貿易関連の側面に関する協定（TRIPS協定）では、貿易される生産物の特徴からではなく、その生産過程や生産方法において規則が守られているかどうかによって、生産物を区別することが重要視されている。これは環境関連の生産過程や生産方法の問題にも適用可能なはずである。

また、環境政策の経済的手法と国境税調整についても考えてゆく必要がある。経済的手法とは、環境税や課徴金、排出許可証取引、デポジット／リファンド制度などである。これらの経済的手法の国際基準や運用は、まだ十分に存在していない。それは多国間では環境政策費用負担が異なるからである。そのため環境政策施行と企業の国際競争力との間にトレードオフが発生している。こうしたことには、天野の指摘するように、世界貿易機関の国境税調整などの手法で対応できるのではないだろうか[33]。

多国間貿易協定では、ガット／WTOが多くの国際協定を包括する統一的な枠組みを提供している。多国間環境協定は、一つの世界環境機関といった国際組織を持っていない。世界環境機関の設立など、現存する多くの多国間環境協定を束ねるような世界的で大規模な機構改革の議論が盛り上がっていない現状を踏まえれば、貿易と環境の補完関係構築に向けて、貿易と環境に関する常設機関を設立することも一案かもしれない[34]。

---

1 「環境と開発に関するリオ宣言」の和訳に関しては、環境省の資料（http://www.env.go.jp/council/21kankyo-k/y210-02/ref_05_1.pdf 2007年11月24日検索）と大沼保昭、藤田久一編『国際条約集2000』（有斐閣、2000年）を参照。
2 Stephan Krasner, ed., *International Regime* (Ithaca: Cornell University Press, 1982), p. 2.
3 本節の内容についてより詳細な考察に関しては、太田宏「地球環境問題―グローバル・ガヴァナンスの概念化―」渡辺昭夫・土山實男編『グローバガヴァナンス―政府なき秩序の模索』東京大学出版会、2001年、286～310頁や「地球環境ガバナンスの現況と展望」『国際法外交雑誌』第104巻、第3号、2005年、85（319）～112（346）頁を参照。

4 ロバート・コヘーンがこの立場を代表的する。Robert O. Keohane, *After Hegemony: Cooperation and Discord in the World Political Economy*, (Princeton: Princeton University Press, 1984); Peter M. Haas, Robert O. Keohane, and Marc A. Levy, *Institutions for the Earth: Sources of Effective International Environmental Protection*, (Cambridge, MA: The MIT Press, 1993).
5 オラン・ヤングの数多くの著書（ごく一部を下記に紹介）やエリノア・オストロムの著書が非常に示唆に富む。Oran R. Young, *International Cooperation: Building Regimes for Natural Resources and the Environment*, (Ithaca: Cornell Univeristy Press, 1989); O. Young, *International Governance: Protecting the Environment in a Stateless Society*, (Ithaca: Cornell University Press, 1994); O. Young, *Governance in World Affairs*, (Ithaca: Cornell University Press, 1999); O. Young, *Institutional Dimensions of Environmental Change: Fit, Interplay, and Scale*, (Cambridge, MA: The MIT Press, 2002); and Elinor Ostrom, *Governing the Commons: The Evolution of Institutions for Collective Action*, (Cambridge: Cambridge Universoty Press, 1990).
6 国際レジーム形成における科学者や専門家からなる「知識（あるいは認識）共同体」の役割を研究した論文や著書は多数あるが、以下に掲げるハースらの研究が先駆的なものである。Peter M. Haas, *Saving the Mediterranean: The Politics of International Environmental Cooperation*, (New York: Columbia University Press, 1990), and Emanuel Adler and Peter M. Haas eds., The Special Issue ("Knowledge, Power, and International Policy Coordination") of *International Organization*, Vol. 46, No. 1, 1992.
7 Pamela S. Chasek, David L. Downie, Janet Welsh Brown, *Global Environmental Politics*, Fourth Edition, (Boulder, Co.: Westview Press, 2006).
8 Kranser, 前掲書, p.2 や山本吉宣「国際レジーム論—政府なき統治を求めて」『国際法外交雑誌』第95巻、第1号、p.5を参照。
9 「オゾン層を破壊する物質に関するモントリオール議定書」、第2条第9項の規定（大沼・藤田、前掲書を参照せよ）。
10 グローバル・ガバナンスという用語そのものは、国際関係論の学問分野において定着した感はあるものの、この概念が意味するものに関する定説は未だに定まっていない。ただ、グローバル・ガバナンスという概念に関する論文集は多く出版されるようになった。例えば、Rorden Wilkinson, ed. *Global Governance Reader* (London: Routledge, 2005) や Timothy J. Sinclair ed., *Global Governance: Critical Concepts in Political Science* Ⅰ-Ⅳ (London: Routledge, 2004) などである。
11 The Commission on Global Governance, *Our Global Neighbourhood*, Oxford: Oxford University Press, 1995.
12 World Commission on Environment and Development, *Our Common Future* (Oxford: Oxford University Press, 1987), p. 43.
13 前掲書、pp. 49-66.
14 気候変動レジームと他のレジームとの相互関係については、Sebastian Oberthür and Thomas Gehring, *Institutional Interaction in Global Environmental Governance*, (The MIT Press, 2006), p. 57. を参照。
15 正式名称は、クロロフルオロカーボン（CFCs）。
16 CITESのホームページ http://www.cites.org/ （2007年9月15日検索）や地球環境法研究会編『地球環境条約集　第3版』（中央法規、1999年）などを参照。
17 ラムサール条約のホームページ http://www.ramsar.org/ （2007年9月16日検索）を参照。

18　バーゼル条約のホームページ http://www.basel.int/ （2007年9月16日検索）を参照。
19　第64条（高度回遊性の種）第1項の条文は以下の通りである。「沿岸国その他の国民がある地域において付属書Ⅰに掲げる高度回遊性の種を漁獲する国は、排他的経済水域の内外を問わず当該地域全体において当該種の保存を確保しかつ最適利用の目的を促進するため、直接に又は適当な国際機関を通じて協力する。適当な国際機関が存在しない地域においては、沿岸国その他のその国民が当該地域において高度回遊性の種を漁獲する国は、そのような機関を設立し及びその活動に参加するため、協力する。」（外務省経済局海洋課監修『国連海洋法条約』成山堂書店、1997年）
20　Mario J. Molina and F. Sherwood Rowland, "Stratospheric Sink for Chlorofluoromethanes: Chlorine Atomic Catalysed Destruction of Ozone," *Nature*, 249, (1974), pp. 810-812.
21　Richard Elliot Benedick, *Ozone Diplomacy: New Directions in Safeguarding the Planet*, (Cambridge, MA: Harvard University Press, 1991).
22　The UNEP Secretariat, *The Synthesis of the Reports of the Scientific, Environmental Effects, Technology and Economic Assessment Panels of the Montreal Protocol: A Decade of Assessments for Decision Makers Regarding the Protection of the Ozone Layer 1988-1999* (Nairobi: UNEP, 1999), p.11.
23　Edward A. Parson and Owen Greene, "The Complex Chemistry of the International Ozone Agreements," *The Environment*, Vol. 37, No. 2 (March 1995), p. 17.
24　しかし、追加的活動には、広義の森林管理と狭義の管理方法の変化、農地管理、施肥などがあり、実際には肥料のやり方、灌漑システムの作り方など、どのように計算すべきか難しい問題がある。
25　Norman Myers and Stuart Pimm, "Prime Numbers: The Last Extinction?" in *Foreign Policy*, (March/April 2003).
26　世界資源研究所等『生物多様性保全戦略』（中央法規、1993年）、7頁。
27　IPCCの第4次報告書（Summary for Policymakers of the AR4 Synthesis Report）（http://www.ipcc.ch/pdf/assessment-report/ar4/syr/ar4_syr_spm.pdf（2007年11月27日検索）
28　田村次朗『WTOガイドブック』弘文堂、2001年。
29　「関税及び貿易に関する一般協定（GATT）」第20条（一般的例外）。
30　松下満雄、清水章雄、中川淳司編『ケースブック　ガット・WTO法』（有斐閣、2000年）、231～239頁。
31　カルタヘナ議定書は、以下の点でSPS協定と異なる。(1)危険性評価の意味内容を付属書Ⅲで明確化；(2)危険性の管理についても言及（議定書15、16条）；(3)生きている改変された生物（＝遺伝子組換え生物 living modified organisms: LMOs）の輸出入の決定においても締約国が社会・経済的な考慮を行うことを明確化；(4)新しい証拠（あるいは科学的知見）に照らして決定の見直し手続きに関する独立の条項があり（12条）；(5)輸出者に対して当該のLMOsの安全性を証明する負担が課せられている（第16条）。
32　天野明弘「貿易政策と環境政策：相互支援の可能性」Working Paper No.20（関西学院大学総合政策学部、2000年）、4～6頁。
33　天野、前掲書。
34　天野、前掲書。また、拙稿「地球環境ガバナンスの現況と展望」（『国際法外交雑誌』第104巻、第3号、2005年、85-112頁）では、世界環境機関などの議論を若干紹介している。

2章 ミレニアム開発目標へ向けた進展と今後の課題
―― アフリカにおける感染症対策を中心として ――

勝間　靖

1　ミレニアム開発目標とは

　『国連ミレニアム宣言』が2000年9月の国連総会において採択された。この宣言は、21世紀を迎えようとするなか、国連加盟国の国家元首および政府首脳が「平和、安全保障、軍縮」「開発と貧困」「環境の保護」「人権、民主主義、よい統治」「弱者の保護」「アフリカのニーズへの対応」「国連の強化」などについて新たな決意を表明したものである。

　なかでも、「開発と貧困」「アフリカのニーズへの対応」「環境の保護」などとの関連において、「ミレニアム開発目標（MDGs）」が設定され、2015年までに国際社会が達成すべき目標となっている。具体的には、「極度の貧困と飢餓の軽減」「初等教育の完全普及」「ジェンダー平等と女性の地位向上」「乳幼児死亡の削減」「妊産婦の健康の改善」「HIV／エイズ、マラリアなどの疾病の蔓延防止」「環境の持続可能性の確保」「開発のためのグローバル・パートナーシップの推進」が開発目標として含まれている。

　この「ミレニアム開発目標」の内容は、1990年以降の国際開発の潮流をみると、とくに目新しいものではない。つまり、その内容の多くは、1990年の「子どものための世界サミット」における採択文書に遡ることができる。それは、1989年の国連総会で採択された『子どもの権利条約』の実現へ向けた具体的な人間開発政策でもある[1]。また、1995年にコペンハーゲンで開催された「世界社会開発サミット」においては、保健や教育といった基礎的な社会

サービスを重視することが提案されており、人間開発へ向けた予算を増やすべきと論じられた。

さらに、援助を供与する側にある先進国の間では、とくに経済協力開発機構（OECD）の開発援助委員会（DAC）を舞台として、新たな開発援助のあり方が議論されてきた。その結果として発表された『DAC新開発戦略』（1996年）をみると、「ミレニアム開発目標」がすでに先取りされていたことが分かる。それでもなお、フランスのパリにおいて援助国のみのあいだで合意された援助政策としての『DAC新開発戦略』が、ニューヨークの国連総会という舞台に持ち込まれ、そこで援助国だけでなく被援助国を含む国連加盟国すべてにとって共通の途上国開発政策として「ミレニアム開発目標」が合意されたことの意味は非常に大きいといえよう。

こうした「ミレニアム開発目標」の達成へ向けた活動のためには、追加的な開発資金が必要とされる。もちろん、途上国の自助努力は大切であるが、それには限界があるため、いわゆる先進国による開発援助が不可欠とされる。「国連開発資金会議」とそこで採択された『モントレー合意』（2002年）を経て、2005年世界サミットにおいては、「2015年までにODAの対GNI比0.7％目標の達成、2010年まで少なくとも最低0.5％目標の達成」という年限をつけて合意されている。また、2005年、G8諸国はアフリカへのODAを2010年までに倍増すると公約している。日本についても、2005年4月にアジア・アフリカ（A・A）首脳会議及びバンドン会議50周年記念行事に参加した小泉純一郎首相（当時）が表明し、注目を浴びたことは記憶に新しい。

2　ミレニアム開発目標の今日的意義

さて、2008年という年は、『国連ミレニアム宣言』が採択された2000年から、「ミレニアム開発目標」の達成年限である2015年に至るまでの過程において、ちょうど中間年に位置づけられる。その意味で、「ミレニアム開発目標」へ向けた進展と課題について、改めて国際的に大きな注目を浴びる年に

なることは間違いない。

　さらに、日本にとっては、2008年に予定される極めて重要な国際会議の開催国となることが重要であろう。とくに、アフリカ開発会議と主要8カ国首脳会議（G8サミット）が日本で開かれることは、「ミレニアム開発目標」に関連した議論が盛り上がることにつながると考えられる。

　まず、5月28日から30日には、第4回アフリカ開発会議（TICAD Ⅳ）が横浜で開催される。アフリカ開発会議は、日本政府の主導のもと、国連と世界銀行との共催で、アフリカ首脳を東京に招き、1993年に初めて開催された。当初は5年ごとに日本で開催する首脳会議そのものが重視されたが、その後、アフリカ開発について継続的に議論する過程としてTICADプロセスと呼ばれるようになっている。1998年に第2回アフリカ開発会議、2001年にTICAD閣僚レベル会合、2003年に第3回アフリカ開発会議、2004年にTICAD「アジア・アフリカ貿易投資」会議、2006年にTICAD「平和の定着」会議（エチオピア）、2007年にTICAD「持続可能な開発のための環境とエネルギー」閣僚会議（ケニア）が開催されている。

　第1回会議から15年目にあたる横浜でのアフリカ開発会議では、重点項目として、成長の加速化、「人間の安全保障」の確立、環境・気候変動問題への対処の3点が取り上げられる。このうち、2点目の「人間の安全保障」の確立と関連して、「ミレニアム開発目標」の達成をいかに支援できるかが議論される。また、第4回会議では、アフリカでの医学研究・医療活動に顕著な功績をあげた人々を顕彰する、野口英世アフリカ賞の第1回授賞式も行われる。その意味で、「ミレニアム開発目標」のなかでも国際保健分野に注目が集まる。

　そして、アフリカ開発会議の5週間後には、北海道の洞爺湖においてG8サミット（7月7日〜9日）が開催される。ここでは、環境・気候変動、開発・アフリカ、世界経済、核不拡散などのグローバルな問題が議論される。とくに、アフリカ開発会議での成果を踏まえながら、「ミレニアム開発目標」へ向けた新たなイニシアティブが立ち上げられることが期待される。最近、国際保健をめぐる動きが各国や国際機関で活性化しており、国際保健を専門としない世界銀行においても開発戦略づくりが進められていることは注目される

[2]。日本としても、8 年ぶりに G8 サミットの議長国となるが、前回の 2000 年九州・沖縄 G8 サミットでは「沖縄感染症対策イニシアティブ」が提唱されたことを思い起こすと、「沖縄から洞爺湖へ」という流れのなかで、北海道洞爺湖 G8 サミットは、「ミレニアム開発目標」への貢献をアピールするために、改めて国際保健を強調する好機であろう。

3 現状把握のための分析ツール

「ミレニアム開発目標」の特徴の一つは、成果重視の考え方である。つまり、具体的な開発課題に関する目標へ向けて、結果に焦点を絞った SMART なターゲットを設定している。SMART という言葉は、筆者が以前に勤務していた国連児童基金（ユニセフ）においてよく使われていた略語であるが、「特定できて（specific）」「測定可能で（measurable）」「達成可能で（achievable）」「妥当性があり（relevant）」「達成期限がある（time-bound）」という要件を満たしたターゲットのことである。

例えば、「ミレニアム開発目標」の一つとして、「乳幼児死亡の削減」という目標がある。この保健目標については、「2015 年までに 5 歳未満児の死亡率を 3 分の 2 減少させる」という SMART なターゲットが設定される。もちろん、このターゲットについて、2015 年までに「達成可能で」あるかどうかについては、意見の相違があるかもしれない。

そして、このターゲットを目指すうえでの現状を把握し、分析するためには、データ収集が比較的容易な指標について合意しておく必要がある。「5 歳未満児の死亡率」は当然のことながら、それ以外にも、出生から満 1 歳までの「乳児死亡率」や、「はしかの予防接種を受けた 1 歳児の割合」といった指標も挙げられている。つまり、こうした指標を使って分析できるような調査・研究環境の整備が必要となり、データの収集とデータベースの構築は重要な課題となってきた。

こういったデータを途上国において収集するためのノウハウは、1990 年

以降に急速に蓄積されてきた。とくに、前述の「子どものための世界サミット」(1990年)以降、目標へ向けた進捗をモニターする役割を担うことになったユニセフは、データ収集だけでなく、データベースの構築のために貢献してきた。

データ

　データ収集においては、米国国際開発庁（USAID）の支援による人口保健調査のほか、1990年代初めにユニセフが中心となって開発した複数指標クラスター調査といった世帯調査が重要な役割を果たしてきた。人口保健調査は、途上国が人口・保健・栄養のプログラムをモニターできるよう、データ収集を支援するものである。1989年よりマクロ・インターナショナル社という調査機関によって、毎年およそ10カ国のペースで実施されている。それぞれの国において、5年の間隔をおいて、5,000〜3万世帯をサンプル規模として調査が行われることが多い[3]。

　これに対して複数指標クラスター調査は、1990年の「子どものための世界サミット」を契機に構想され、人口保健調査を補完するために開発された世帯調査である。人口保健調査担当者との協議を経て、共通する指標については互換性を確保している。必要とされるサンプル規模は、1歳未満児の人口比率、予防接種率、階層化の度合いなどにもよるが、通常4,000〜9,000世帯と人口保健調査よりも小さい。このため人口保健調査よりも低コストで実施できるのがメリットである。調査実施国の選択においては、人口保健調査と重複しないよう、調整が行われている。第1ラウンドの複数指標クラスター調査は1995年前後に60カ国以上で、第2ラウンドは2000年前後に65カ国で実施された。第3ラウンドは、2005年から2006年初めにかけて、「ミレニアム開発目標」の48指標のうち約20指標のデータを収集するために55カ国ほどで実施された[4]。

　以上のように、1990年頃から世帯調査が進められてきており、多くの途上国においてデータが存在するようになった。このこともあって、「ミレニアム開発目標」では、1990年をベースラインとして、2015年までに達成すべき目

標およびターゲットを設定している。

データベース

　多くの途上国では、人口保健調査や複数指標クラスター調査といった調査以外にもデータ源は存在する。国勢調査が10年に一度ほど定期的に行われる国もあるし、信憑性の比較的高い人口動態統計が整備されている場合もある。それら既存のデータを有効に活用することも重要である。しかし、存在していても、そのデータが一般に公開されるような形で管理されていないなど、データ入手が実際には難しい場合も多い。また、既存のデータの存在を知らないまま、同じような調査が繰り返されるという無駄も報告されている。したがって、モニタリングに必要とされるデータを一箇所にまとめるデータベースが必要となってくる。

　データベースの構築においても、ユニセフが先駆的な作業を行った。1990年代中頃、ユニセフの南アジア地域事務所が中心となって、ChildInfoと呼ばれるデータベースを開発し、その後、ユニセフ全体においても採用されるに至った。そして、1990年代後半からは、ユニセフが「子どものための世界サミット」をフォローアップするためのChildInfoから、国連開発グループ（国連開発計画、ユニセフ、国連人口基金など）が各途上国において共通国別アセスメントを行うために不可欠なDevInfoへと模様替えしていくことになる[5]。また、データベースの管理については、それぞれの途上国のオーナーシップを重視し、そこへ国連機関などが技術支援を行われている。

　2000年以降には、「ミレニアム開発目標」に焦点を絞って指標を限定した、MDG Infoもつくられ、関係機関に広く開放されている。さらに、2007年、国連は、グーグル社とシスコ・システムズ社の協力を得て、「ミレニアム開発目標モニター（MDG Monitor）」というホームページを作成し、「ミレニアム開発目標」の進展についての情報を誰でも見られるようにしている[6]。

4　サブサハラ・アフリカの課題

　「ミレニアム開発目標」の目標1のうち、極度の貧困（1日あたり1ドル未満）で生活する人口比率は、3分の1（1990年）から5分の1（2004年）へと低下しており、2015年までの目標の達成が見込まれる。しかし、サブサハラ・アフリカを見ると、46.8％（1990年）から41.1％（2004年）までしか減少しておらず、2015年までの半減は困難だと言われている[7]。また、目標2の初等教育における就学率は、途上国全体では80％（1991年）から88％（2005年）へと上がっている。サブサハラ・アフリカだけを見ても、54％（1991年）から70％（2005年）へと比較的順調に上昇しているが、それでもこのままのペースでは初等教育の完全普及は難しい。このように、サブサハラ・アフリカでの「ミレニアム開発目標」の達成の難しさがデータで示されている。

　本章では、とくに国際保健の分野に注目するが、やはり、そこでもサブサハラ・アフリカにおける課題が見えてくる。目標4については、5歳未満児の死亡率は世界的に減少傾向にある。出生1,000人あたりの5歳未満児の死亡を見ると、1990年に106人だったのが、2005年には83人へと減っている。しかし、サブサハラ・アフリカでは、出生1,000人あたり166人と依然として高い数値を示している。多くは予防可能な疾病によるものであるが、とくにアフリカにおいてはマラリアが第1の死因となっていることは注目される。

　目標6のターゲットの一つがマラリアに関するものである。また「ミレニアム開発目標」に加えて、アフリカの政府首脳によるイニシアティブとして『アブジャ宣言』（2000年）がある[8]。ここでは、2005年までに妊産婦と5歳未満児への殺虫処理済みの蚊帳の普及率を60％まで上昇させることがターゲットとされたが、達成した国はわずか（マラウィ、ザンビアなど）であった。サブサハラ・アフリカ全体において、殺虫処理済み蚊帳の下で寝ている5歳未満児の比率は5％に満たず、したがって、2010年までの目標値である80％の達成は困難だと考えられている。

　目標6のもう一つのターゲットは、HIV／エイズに関するものである。国連合同エイズ計画（UNAIDS）と世界保健機関（WHO）の報告書は、最近にな

って数値を下方修正したが、それでも、エイズによって命を失う人びとの数は、2007年に世界全体で210万人に達した[9]。そのうちの210万人はサブサハラ・アフリカであった。HIVとともに生きる人々は、3,320万人（2007年）で、サブサハラ・アフリカだけで2,250万人（2007年）を占めた。2007年の新たなHIV感染者は、世界全体で210万人であったが、そのうち160万人がサブサハラ・アフリカであった。

　以上のようなサブサハラ・アフリカが直面する困難の大きさから、2007年9月、潘基文国連事務総長は、「ミレニアム開発目標」アフリカ運営グループを設置した。そのメンバーは、イスラム開発銀行総裁、欧州委員会委員長、国連開発グループ議長、国際通貨基金専務理事、アフリカ開発銀行総裁、アフリカ連合委員会議長、世界銀行総裁である。

　このアフリカ運営グループの活動内容としては、まず第1に、保健、教育、農業と食糧安全保障、インフラ、統計システムに関するコミットメントの効果的な実施メカニズムがあげられている。さらに、『援助効果向上に関するパリ宣言』に沿った、援助の予測可能性の改善がある。そして、「ミレニアム開発目標」達成を目指す国家戦略を実施するための、途上国政府の能力強化が強調されている。

　以下では、子どもの健康と教育の視点から、サブサハラ・アフリカにおいて何を優先すべきかについて、マラリアとHIV／エイズを中心に議論していきたい。とくに、マラリア予防のための蚊帳の普及と、HIV感染予防のための健康教育をとりあげたい。そして、両者に共通して必要とされる戦略として、パートナーシップを重視すべきことを論じる。

5　マラリア予防のための蚊帳の普及

　マラリアとは、ハマダラカ属の蚊によって媒介される寄生虫疾患である。マラリアによって、世界の107の国や領土に住む32億人もの人々が危険にさらされている[10]。また、地球環境との関連で言えば、温暖化によって、最大で

4億人が新たにマラリアの危機に直面するという予測もある[11]。

これらの地域では、とくに子どもたちの生存にとって、マラリアは大きな脅威となっている。毎年100〜300万人の命がマラリアによって奪われていると推定されるが、そのほとんどが5歳未満の子どもだからである。また、途上国でのマラリアによる子どもの死について、その90%はサブサハラ・アフリカで発生している点は特筆すべきである。

マラリアは、貧困の結果として捉えられることが多いが、貧困の原因でもある。マクロ的な視点から見れば、アフリカはマラリアによって毎年120億米ドル相当の国内総生産を損失していると推定される[12]。また、ミクロの視点から見ても、マラリア患者をもつ世帯は、限られた所得から治療費を捻出しなくてはならず、貧しさから抜け出すことが難しい。さらに、マラリアで苦しむ子どもは、学習に集中できない状態に置かれ、教育を受ける機会を失う傾向にある。その結果、次世代へと貧困が引き継がれる悪循環が起こる。したがって、子どもや妊産婦の健康を改善するというだけでなく、アフリカにおける貧困問題に取り組むという視点からも、マラリアへの対策が不可欠である。

殺虫蚊帳

1998年に世界保健機関やユニセフといった国連機関が中心となって、2010年までにマラリア患者の数とマラリアによる死亡率を半減させることを目指す「ロールバック・マラリア」という国際保健の政策枠組みが形成された。ロールバック・マラリア事務局は、殺虫処理を施した蚊帳（Insecticide-Treated Nets）の普及を奨励している。なぜなら、殺虫処理を施した蚊帳の使用は、従来の蚊帳と比較して、マラリアによる子どもの死亡率を20％下げると推定されているからである[13]。

2000年4月、「ロールバック・マラリアに関するアフリカ・サミット」がナイジェリアのアブジャで開催された。そこでは、アフリカでのマラリアによる死亡率を2010年までに半減させようという、前述の『アブジャ宣言』が採択された。その後、「ミレニアム開発目標」では、「2015年までに5歳未満

児の死亡率を3分の2減少させる」、「マラリアおよびその他の主要な疾病の発生を2015年までに阻止し、その後、発症率を下げる」といった、マラリアに関連した目標が掲げられたのである。

　ミレニアム開発目標へ向けてすぐに結果を出せる行動の一つとして、国連ミレニアム・プロジェクト報告書は、子どもへの蚊帳の配布を挙げている[14]。しかし、実際に蚊帳の下で眠る5歳未満児の比率はわずか15%である。そのうち、国際的に推奨されている、殺虫処理を施した蚊帳だけに限定すると、比率は3%でしかない[15]。

　マラリア予防については、ロールバック・マラリアの方針に沿って、殺虫処理を施した蚊帳が普及されてきたのだが、6カ月おきというように定期的に殺虫剤で再処理しなければ殺虫効果が薄れてしまう。しかし、その情報が十分に伝わっていないのか、伝わっていてもその必要性を感じていないのか、実際に再処理してくれる家族は少ないという残念な現状である。

再処理を必要としない殺虫蚊帳の登場

　そうしたなか、定期的な再処理を必要としない殺虫蚊帳が登場したのである。つまり、民間企業によって長期残効殺虫蚊帳（Long-Lasting Insecticidal Nets）と呼ばれる新しいタイプの蚊帳が開発されるようになった。これは、定期的に殺虫剤で再処理しなくても高い殺虫効果が5年ほどにわたって持続する蚊帳である。世界保健機関によって最初に承認された長期残効殺虫蚊帳は、㈱住友化学が開発した「オリセット」蚊帳である。その3年後の2003年末にはデンマークのVestergaard Frandsen社の「PermaNet 2.0」が世界保健機関の承認を受けた。再処理の手間や費用がかからないため、ロールバック・マラリアは長期残効殺虫蚊帳を奨励するようになった。長期残効殺虫蚊帳の単価は定期的に殺虫処理を施す蚊帳のそれよりも高いが、再処理にかかる費用も加味すると、5年間使用した場合の年平均費用は長期残効殺虫蚊帳の方が安価となる。生産の拡大が進むにつれて、長期残効殺虫蚊帳の単価も下がっており、徐々に定期的に殺虫処理を施す蚊帳にとって代わることが期待されている。

長期残効殺虫蚊帳の生産拡大において、コペンハーゲンにあるユニセフ物資調達部は大きな役割を果たしている。ユニセフが大量に一括購入することを見込んで、途上国の民間繊維工場は長期残効殺虫蚊帳の製造に関心を持つ。そして、そこへ原料を提供する住友化学に対して、その工場への技術移転に協力することが期待できるからである。実際、ユニセフ物資調達部は、2004年には730万張（うち430万張は長期残効殺虫蚊帳）の蚊帳を購入したが、2005年までには1,000万張以上に達した[16]。日本を含めた援助国の関心の高まりを背景に、ユニセフは長期残効殺虫蚊帳の需要予測をたてるが、それに応えるかたちで、住友化学は年間500万張のオリセット蚊帳の生産を4倍の2,000万張へと拡大するため、生産能力の増強に努めてきた。しかし、アフリカにおける潜在的な蚊帳の必要数は年間3,000〜4,000万張とも推計されており、より大規模な普及が望まれている。

　長期残効殺虫蚊帳の市場が発展することにより、生産量が増え、単価が下がり、アフリカの一般の人びとが入手可能になることが将来的には望ましいであろう。しかし現時点では、潜在的な需要と供給を媒介する市場が十分に形成されておらず、途上国による努力に加えて、ユニセフのような国際機関による協力が不可欠だと考えられる。そして長期残効殺虫蚊帳の普及に貢献していくうえで、生産を拡大するよう供給者に動機づけを与えるユニセフ物資調達部の役割が重要であるが、そのためには先進国からの資金協力も不可欠だと言えよう。

　国連ミレニアム・プロジェクト報告書では、企業とのパートナーシップが重視されている。この事例を見ると、蚊帳の技術革新と普及は、ミレニアム開発目標へ向けた公的部門と企業とのパートナーシップの成功例だと言えよう。

パートナーシップにおける日本の役割

　日本を見ると、1990年代後半からサブサハラ・アフリカにおける感染症対策に強い関心を示してきた。1998年に「橋本・寄生虫対策イニシアティブ」、2000年の九州・沖縄G8サミットで「沖縄・感染症対策イニシアティブ」を立

ち上げ、感染症対策への取組みにおいて大きな存在感を示した。とくに、ポリオ根絶へ向けた経口ワクチンの調達について、日本はユニセフに対して大きな協力を行ってきた。

　また、前述のとおり、日本政府はアフリカ開発会議を 1993 年から 5 年ごとに主催してきたが、2003 年 9 月の第 3 回アフリカ開発会議では、マラリア対策の重要性が議論された。その後、日本政府と国際協力機構（JICA）は、ユニセフとのパートナーシップを強化し、オリセット蚊帳の調達においても協力を始めた。そして、2005 年 2 月の国連の総会非公式協議の場で、日本は、2007 年までに 1,000 万張の長期残効殺虫蚊帳をサブサハラ・アフリカへ提供する計画を報告した。この点で、第 4 回アフリカ開発会議では、日本の 1,000 万張の長期残効殺虫蚊帳の供与が、サブサハラ・アフリカにおけるマラリア予防に大きく貢献したことが報告される。今後、第 4 回アフリカ開発会議以降にも、継続的な協力が期待される。

6　HIV／エイズ予防のための健康教育

　次に、ここでは、5 〜 14 歳の女子に対して、HIV 感染予防のための健康教育を行うことの重要性について論じたい。第 1 の理由は、5 〜 14 歳の子どもは、HIV／エイズ予防にとっての「希望の窓」とも呼ばれているからである[17]。第 2 の理由は、思春期の女性の HIV 感染への脆弱性に起因する。

　第 1 に、5 〜 14 歳までの年齢層の HIV 感染率は、他の年齢層のそれよりも低くなる傾向にある。まず、エイズは、学齢期の子どもの死亡に直結しない。なぜなら、乳幼児にとっての主な感染経路は母子感染であり、命を失うのは幼い子どもである。そして、母子感染によって HIV に感染した乳幼児のうち学齢期まで生存するのは半数以下だからである。したがって、一般的に性的に活発になる前の 5 〜 14 歳の HIV 感染率は、低くなる傾向にある。これらの子どもたちが HIV に感染しないように予防することが急務である。

　第 2 の理由は、15 〜 24 歳の若者は、思春期を迎えて性的に活発になり、

HIV感染率は上がっていく。そして、サブサハラ・アフリカの15〜24歳までの若者をみると、女性の感染者数は、男性の2倍以上となっており、女性がとくに脆弱であることを示しているのである[18]。

15歳から24歳の女性の間で感染率が高いことを考えると、その前の年齢層である5〜14歳はHIV／エイズ予防にとって最も重要な年齢層であり、教育を通した女子のエンパワーメントが重要だということができる。

HIV感染予防と教育

HIV／エイズの問題に取り組むうえで、教育が重要な役割を果たすことが強く認識されるようになった。このような背景から、HIV／エイズ予防のための教育開発戦略を策定しようという動きが活性化した。そして、国連のなかからの動きとして、2004年3月、国連合同エイズ計画を支える国連機関である国連難民高等弁務官事務所、ユニセフ、世界食糧計画、国連開発計画、国連人口基金、国連薬物犯罪事務所、国際労働機関、国連教育科学文化機関、世界保健機関、世界銀行は、「HIV／エイズと教育に関するグローバル・イニシアティブ」を立ち上げた。その主たる目的は、子どもや若者を対象としたHIV感染予防のための教育プログラムを各国政府が実施できるよう支援することである[19]。

健康教育を計画する際に、4段階を想定することができる。つまり、目標、目的、内容、方法である[20]。目標と目的を明確にしたうえで、内容や方法が検討されることになる。ここでの目標は、「ミレニアム開発目標」の目標6に相当するが、健康やそれに関連した社会的な問題に対してポジティブな影響を与えることであり、一般的な言葉で表される。ここでの目的は、目標6のターゲットや指標に相当すると考えるといいだろう。

次に、健康教育の内容とは、特定の「知識」「態度」「スキル」である。それによって、より多くの人々が健康的な行動をとるようになり、健康的な状況が作り出されることが期待される。

まず、「知識」と「態度」である。共通のメッセージに合意するための国際的な試みとして重要なのが、1989年にユニセフ、世界保健機関、国連教育科

学文化機関によって共同出版された『Facts for Life』である。その後、1993年の第2版では国連人口基金が加わり、2002年の第3版出版では国連開発計画、国連合同エイズ計画、世界食糧計画、世界銀行も加わり、合計8つの国際機関による広範な合意に基づいて『Facts for Life』が普及されるようになった[21]。そして、この本は215以上の言語に翻訳されており、世界200カ国以上で1,500万冊以上が使われている。「生きていくための情報」ともいうべき内容で、子どもと女性の健康を守るために知っておくべき知識が、HIV／エイズやマラリアのほか、予防接種、怪我、災害と緊急事態などの分野ごとの主要メッセージとして簡潔にまとめられている。あまりメッセージが多すぎると受け手に効果的に伝わらないという配慮から、それぞれの領域ごとに、5つから9つのメッセージに限っているのが特徴である。

HIV／エイズについては、すべての家族とコミュニティが知っておくべきものとして、9つの主要なメッセージが記されている。その内容の一部は、以下の通りである[22]。

1．エイズは、不治の病気だが、予防可能である。エイズを引き起こすウイルスであるHIVは、無防備な性交渉（コンドームを使わない性交）、検査を受けていない血液の輸注、（多くの場合、麻薬の注射に用いられる）汚染された針や注射器によって、または、感染した女性から妊娠、出産、母乳育児を通して子どもへ、広がっている。

2．子どもを含め、すべての人々は、HIV／エイズの危険に直面している。みんなが、この病気についての情報と教育、そして危険を軽減するためのコンドームへのアクセスを必要としている。

3．HIVに感染している疑いがあれば、守秘のカウンセリングと検査を受けるため、保健医療従事者かHIV／エイズ・センターに連絡すべきである。

健康教育の内容として、「知識」と「態度」に続くのが、「スキル」である。「スキル」は、分野横断的な「ライフスキル」と、その他の分野ごとの「技術的なスキル」とに分けられる。「ライフスキル」の類型については、(1)意思決定と問題解決、(2)批判的思考と創造的思考、(3)コミュニケーションと対人関係、(4)自己認識と共感、(5)ストレスと感情への対処、などに類型できる[23]。

「ライフスキル」が重視されるのは、「知識」と「態度」だけでは、行動変化をもたらすことが困難だからである。HIV／エイズについての「知識」が伝わっても、健康を促進しようという「態度」がなければ、その知識が適切に使われる可能性は低い。さらに、「知識」と「態度」が備わっていても、「スキル」がなければ、行動変化を期待することができない。もちろん、コンドームの入手方法や使い方といった「技術的なスキル」は当然に重要である。しかし、それ以前に、例えば、性交渉を望まないときに、その意思を効果的に表現し、上手に拒否するといった対人関係の「ライフスキル」が望まれるのである。

保健セクターと教育セクターのパートナーシップ

　以上のように、HIV／エイズという疾病が広がるなかで、その感染予防において、教育が重要な役割を果たすことが期待されている。問題は、これらのグローバルな動きを、どのようにローカルなレベルにおいて実施していくかである。まず、教育セクターと保健セクターとのパートナーシップを構築することが不可欠であろう。国レベルでは、教育省と保健省とのパートナーシップ、現場においては教員と保健医療従事者とのパートナーシップが必要とされる。各国における援助調整の枠組みの中で、教育セクターと保健セクターをうまく連携させることが重要な課題である。つまり、「HIV／エイズと教育に関するグローバル・イニシアティブ」をローカル化するための努力が求められる。

　伝えるべき知識を「標準化」したものとして『Facts for Life』が既にあるが、これをどのように活用すべきかについて、それぞれの国において、教育セクターと保健セクターがパートナーシップを構築した上で、教育分野の専門家と保健分野の専門家が協力しながら模索していかなければならない。また、知識を伝えるだけではなく、その国や地域の文化に配慮しながら、健康に生きようという態度とスキルを子どもたちが身につけてくれるような教育内容が必要である。HIV／エイズの感染経路として性交渉が圧倒的に多いなか、人々の行動変革なしには、この疾病の蔓延を防ぐことはできないため、感染

予防のための健康教育が重要である。そのとき、HIV 感染予防のための健康教育を、5～14 歳の女子に重点を置いて行うべきであろう。

追記
本稿は、『アジア太平洋討究』第 10 号に掲載された論文に加筆・修正したものである。また、早稲田大学 2007 年度特定課題研究助成費（2007B-263）による研究成果の一部である。

1　勝間靖「社会開発と人権」佐藤寛・アジア経済研究所開発スクール編『テキスト社会開発～貧困削減への新たな道筋』（日本評論社、2007 年）。
2　World Bank, *Healthy Development : The World Bank Strategy for Health, Nutrition, & Population Results*（World Bank, 2007）.
3　勝間靖「MDGs のモニタリングとは？～ MICS と DevInfo」『JICA Frontier』73 号（2005 年）。
4　詳しくは、www.childinfo.org を参照。
5　詳しくは、www.devinfo.org を参照。
6　詳しくは、www.mdgmonitor.org を参照。
7　United Nations, *The Millennium Development Goals Report 2007*（United Nations Department of Economic and Social Affairs, 2007）.
8　勝間靖「子どもの生活と開発～生存と発達のプロセスにおいて」佐藤寛・青山温子編著『生活と開発［シリーズ国際開発 3 巻］』（日本評論社、2005 年）。
9　UNAIDS & WHO, *2007 AIDS Epidemic Update*（UNAIDS, 2007）.
10　Roll Back Malaria, WHO & UNICEF, *World Malaria Report 2005*（WHO & UNICEF, 2005）.
11　UNDP, *Human Development Report 2007/2008: Fighting Climate Change: Human Solidarity in a Divided World*（Palgrave Macmillan, 2007）.
12　Roll Back Malaria, WHO & UNICEF, 前掲書。
13　Roll Back Malaria, WHO & UNICEF, 前掲書。
14　UN Millennium Project, *Investing in Development: A Practical Plan to Achieve the Millennium Development Goals*（UNDP, 2005）.
15　国連児童基金『世界子供白書 2006 ～存在しない子どもたち』（日本ユニセフ協会、2006 年）。
16　勝間靖「マラリア予防を目指した国連・日本・企業のパートナーシップ」功刀達朗・内田孟男編著『国連と地球市民社会の新しい地平』（東信堂、2006 年）。
17　World Bank, *Education and HIV/AIDS: A Window of Hope*（World Bank, 2002）.
18　UNICEF, UNAIDS & WHO, *Young People and HIV/AIDS: Opportunity in Crisis*（UNICEF, UNAIDS & WHO, 2002）.
19　UNAIDS & UNESCO, *Towards an AIDS-Free Generation: The Global Initiative on HIV/AIDS and Education*（Paris: UNESCO, 2005）.
20　勝間靖「EFA におけるライフスキルの意義」小川啓一・北村友人・西村幹子編著『国際教育開発の再検討～途上国の基礎教育普及に向けて』（東信堂、2008 年）。
21　UNICEF, WHO, et al., *Facts for Life*（3rd edition）（UNICEF, 2002）.
22　UNICEF, WHO, et al., 前掲書。
23　勝間靖「EFA におけるライフスキルの意義」、前掲書。

第 II 部

環境と開発のガバナンス

3章　気候変動問題と次期枠組みの構築

西村六善

1　気候変動の科学をどう見るべきか

　気候は海洋の変動や火山活動が大気中の微粒子（エアロゾル）を増やすなどの自然の作用で変化するが、人間の活動によっても変動する。人間の活動としては森林の破壊や化石燃料の大量使用があげられる。

　地上の気温は二酸化炭素濃度の上昇によって上昇する。気候変動に関する政府間パネル（IPCC）の分析では過去百年に平均地上気温は0.3℃から0.6℃上昇した。このままの状況が継続すると、今後百年で1.4℃から5.8℃上昇すると予測されている。IPCCはその最も新しい2007年の評価報告書で、気候変動が人間の活動の結果であることはほぼ間違いがないとし、かつ「急激で不可逆的な結果を招来する危険がある」と述べている。

　しかし、気候変動には不確実性が付きまとう。気候変動の科学は正しくないという議論は世界に依然として存在する。気候は長い周期で変動しているもので、今が危機だとするには当たらないとする考えである。不確実性が付きまとうので慎重に行動するべきだとか、温暖化を防止するために世界が膨大な行動をするのは無駄な浪費だといった意見である。2007年10月12日、ゴア元米副大統領とIPCCがノーベル平和賞を受賞したことを契機にこの種の議論がぶり返している。

　しかし、どれ程膨大な対応をやろうとしているのか。現在の世界の基調となっている考え方は、環境が大切であっても、経済成長を妨げてはならないというものだ。つまり、経済成長を害しない程度でしか環境保護には邁進し

ないという原則である。

　気候変動への世界行動はこの程度でしか行われていない。経済を害しない程度の気候変動対策も止めてしまえというのは暴論だろう。仮に本当に地球の自然の周期で気候変動は生じているのなら、結局、問題は生じない。遠大な将来にやっとそれが分かるのだが、本当にそういうことならそれで良い。経済を害しない程度のことしかやらないのであるから、過剰にやった結果、成長を害して後悔するという状況は元々生じない。仮にそうでない時のために国際社会が経済成長を阻害しない程度にやれるだけのことをやるのはそれほど非難を受けるべきことでもなかろう。

　それに、科学者や専門家は正しい政策を採用すれば世界は膨大な経済的負担なしに、温暖化を食い止めることが出来ると論じている。また、早く開始すれば負担は軽減されると論じている。IPCC の第3作業部会は、2007年5月4日、既存の技術や革新技術、政策の活用により、今後数十年間で温室効果ガス排出量を相当量削減することは可能だとする報告書を公表した。

　現在（2005年時点の数値）の大気中の温室効果ガス濃度は379ppm だが、これを445〜490ppm で安定化させるためには、2050年までに、二酸化炭素排出量を2000年レベルから50〜85％削減しなければならない。これにより、地球の気温の上昇は、産業革命前から2〜2.4℃に抑えることができる。

　また、535〜590ppm で安定化させるためには、2050年までに、二酸化炭素排出量を2000年レベルから30％削減〜5％増加の範囲に抑えなければならない。これによる気温の上昇幅は、2.8〜3.2℃とされる。対策に必要なコストは、国内総生産の0.2〜3％と推計された。

　ここで、もう一つの議論がある。どこが受け入れ可能な気候水準かという問題である。国連気候変動枠組み条約第2条で「…気候系に対して危険な人為的干渉を及ぼすこととならない水準において大気中の温暖化ガスの濃度を安定化させる」としている。この水準はどこか。

　IPCC は、いくつかの濃度の水準を提示し、そこで地球にどのような影響が出るかを予測している。しかし、どの程度の影響を世界が甘受するかは政治的判断の問題だとしている。科学はどこが危険だと判断できないというこ

とだ。しかし、一方、政治が簡単に世界的な合意に達することができるとは思われない。欧州は産業革命以前の状態から2℃上昇したところが受容できる限界だとしているが、南太平洋の島嶼国はそれでは自分たちの国は水没したままになるので受け入れられないとしている。

　このように、政治が決めるべきだとしてもなかなか決まらない現実がある。しかし、そこが決まらないと世界がどの程度やるべきかを決められないという議論は実際的でない。世界が容易には合意できない回答を何時までも待つ余裕はない。世界的な削減作業を遷延させることは出来ない。2007年11月に発表されたIPCCの第4次評価統合報告書では「今後20〜30年の削減行動と投資が重要だ」と述べている。

　時間はない。この状況で正しい姿勢はおよその方向性を示して国民を動かしていくことだ。厳密な水準やコストに拘泥したり、科学や政治が決めないこと言い訳にして行動を起こさないより、およその目算を立て、世論を啓発し行動していくべきだ。これこそ賢明な政治の姿勢だ。この問題は科学に基礎を置かなければならないが、同時に政治がビジョンと歴史的展望を持って賢明な判断をしなければならない問題である。

2　次期枠組みについての国際交渉は成功するか

　気候変動の深刻な影響に鑑み、世界は次期枠組み[1]がどうなるかに注目している。京都議定書の第1約束期間は2008年から2012年までのわずか5年間の削減を決めているだけだ。しかも全体の30％しかカバーしていない。米国は中国やインドは参加していない。温暖化の影響や被害は今日世界的に広がり、特に貧困国において甚大になっていることから温室効果ガスの排出の削減[2]だけではなく温暖化に対応して被害の克服にも国際社会は手を貸さねばならない。

　温暖化が深刻化する展望のもとで、国際社会は新しい国際協力の可能性を開かなければならない。それは出来るのか。こういう展望の中で、2007年

12月インドネシアのバリ島で国連気候変動枠組み条約締約国会議が開かれた。そこでは次期枠組みを作るために何等かの交渉や議論の筋道が決められることになっていた。そして2009年までに次期枠組みの交渉を終結させるという点で国際社会はほぼ合意している。

しかし、多様で深刻な問題が横たわっている。その中から本章では二つの問題を取り上げてみたい。

途上国は行動に参加するか

第1は途上国が次期枠組みで温室効果ガスの排出削減に新たな行動をするかどうかである。周知の通り、京都議定書では途上国は国内の排出を数値をもって削減する義務は負っていない。そのことはこの問題に対する途上国の基本的な見解に由来している。つまり途上国は今日の温暖化現象は百年以上にわたる先進国の工業化の過程で生じたもので途上国はその被害者であると考えている。もっぱら先進国に削減の責任がある。先進国がまず率先して排出を削減しなければならない。こういった考え方が途上国の思考の根底にある。

しかし、途上国からの排出が増大し先進国のそれを上回るとされている。現在既に先進国と途上国の排出量はほぼ半分ずつになっている。国際エネルギー機関（IEA）は2050年には途上国の排出が世界全体の60％を超えるとしている。先進国だけ削減しても途上国が排出を増大して行ってはこの問題は解決しない。少なくとも主要な排出途上国は今後の削減への国際協力に参加しなければならない。

しかし、途上国にしてみれば今は成長の時だ。先進国に追いつき貧困を克服し国民に最低のエネルギー・サービスを提供しなければならない。その時に温暖化防止のために排出を削減し、生産や成長を制限することは政治的にも現実的にも受け入れることが難しい課題である。それに最近は中国は自国の排出は世界が中国製品を需要するために生じていると議論し始めている。

一方、途上国でも生産第一主義が自国の環境に与える深刻な影響から温室効果ガスの排出削減に向かって行動を始めている国もある。特に中国やブラ

ジルなどはそうだ[3]。

　しかしここからが問題だ。途上国は自分たちの本来的な責任でないので削減するには先進国から資金や技術が移転されるべきだとしている。そして現にそういう技術移転は極めて不十分だと主張している。

　現に途上国が有効に削減をするためには技術移転は不可欠だ。一方においては技術移転が知的財産権に阻まれて円滑に進まないという現実があるが、中国やインドなどへは技術はかなり大きな規模の移転が行われている。中国などは日本の最先端技術を持つ日本企業を買収したりしている。いずれインドやその他の国もそうするだろう。

　別の問題もある。往々にして途上国が技術を流入させ継続的に活用していく基礎条件が整っていない。温暖化防止が途上国の開発政策の中心にない場合が多い。国内の資源も政策もその方向に注入されていない。そのような改善があってこそ技術が生きてくる。知的財産権が緩和されたら技術が直ぐ移転するという非現実的観念論も存在している。エイズ・ワクチンのような製法上の特許とは別にエネルギー技術は通常大きな組織的な管理運営能力が必要になる。プラントを動かす専門家集団の存在が不可欠だ。

　もっと根源的なところも問題だ。単に技術が入ってきたら問題が解決するという姿勢自体が問題だ。排出削減には省エネこそがまず何よりも実行されるべきだ。大規模排出途上国では特にそうだ。省エネは制度や政策を改良するだけでも相当の排出を削減できる。極端に言えば技術がなくても相当のことがやれる。技術が全てという神話は省エネを軽視し、結果として温暖化対策を遅延させる危険がある。

　以上のような議論を積み重ねてきた。議論は継続している。しかし、その過程で途上国のなかには国際協力の面でも何か新しくしなければならないと感じている国が出始めている。途上国は自国の持続的開発や発展を進める時、排出削減に貢献するように政策を設計した方が賢明だという思想だ。そういうものに先進国も協力する。こういう発想が出てきている。このような発想を手掛かりに如何に早急に途上国をより実質的な行動に誘導するかが問題の焦点だ。

このような動きは次第に強くなっている。2007年6月のハイリゲンダム・サミット（主要国首脳会議）直後の6月半ば、スウェーデンで「白夜対話」と呼ばれる会合が開かれ、20カ国から環境大臣が会議をした時、南アフリカの環境大臣が、「先進国が京都議定書の枠組みの下で、より積極的な温室効果ガス削減目標に向けてさらなる努力をすべき」と求めた後、途上国側も「国連気候変動枠組み条約の下で、『計測可能な (measurable)、報告可能な (reportable)、そして検証可能な (and that can be verified)』削減行動を開始するべきだ」と述べた。

このような新しい発想は一つの流れを作るだろう。ブラジルやメキシコなどの指導的な途上国が直ちにこれに賛成している。流れが出来ると中国やインドも消極的ではいられなくなるだろう。

先進国はどのように行動するのか

次期枠組みについてもう一つの大きな問題は、削減をどう進めるかについての先進国の間に政策上の相違があることである。この相違に終止符を打ち先進国が新しい連帯を作り出していくことが極めて重要だ。その可能性はあるのか。

この相違の淵源はブッシュ大統領が2001年京都議定書に参加しないと決定したところに遡る。米国は、京都議定書の数値目標義務は米国経済を害し、また、途上国が義務を負わないのは不公平であるとして離脱を決めた。

それ以来、米国はエネルギー技術や温暖化対策に資する技術開発に専念する。またその面での国際協力を進めてきた。2006年には、「アジア太平洋パートナーシップ」などを創設し、技術開発を軸とする行動を展開してきた。このような方向性の延長線上で、2007年5月31日ブッシュ政権はさらに新しい政策を発表した。これは、途上国と先進国のうち主要な排出国15～18カ国で今後の削減についての大枠を作ろうとするものである。

その骨子は、長期的な削減目標について何らかの合意を遂げることと、中期的な削減については各国が実行可能な政策を確立してそれを政策パッケージとしていくというものである。

その提案は2007年6月のハイリゲンダム・サミットにおいては、最終的に国連の議論に収斂することを条件にさらに検討していくことが合意された。それを経て米国は2007年9月27～28日ワシントンで主要排出国会議を開催した。

　ブッシュ政権はかねてから、各国は異なる国内事情を持っているのでそれを無視して数値目標という「一つのサイズで全てを裁こうとする」思想には反対だという立場であった。また、国ごとに事情は違うので、ある国では国内法で規制されている場合もあればそうでない場合もある。国ごとに恐らく多数の義務的、非義務的数値目標が存在しているのであるから、その集大成を国が誓約して実行すればそれが次期枠組みの内容になる。

　これがブッシュ政権の新提案の基本思想である。こういう意味において、ブッシュ新政策の下では各国は京都議定書の義務的数値目標は廃止して各国が自分の政策パッケージや場合によっては数値的な削減量を自己申告ないし誓約するということ、すなわち、非拘束的なプレッジ・アンド・レビュー制度を実現しようとするものと理解されている。

　基本的な問題は、このような米国の新政策が世界の議論の中で優勢になっていくのかどうかである。その前に米国自身がこのような政策を支持するか否かが問題である。米国の国内では州や経済界において排出には法的にキャップをかけて強制的に削減していくべきだとする考え方が強い議論になっている。それを最も少ない費用で実施するため、キャップ・アンド・トレード法を制定するべきだという議論である。米国議会にはいくつかの法律案が提案され審議されている。

　仮に、キャップ・アンド・トレード法の下で米国では排出に制限がかかる場合、世界制度がブッシュ新提案のように非拘束的なプレッジ・アンド・レビュー制度になれば、米国の産業が競争上不利な立場に置かれることになる。したがって、本当にこのようなブッシュ政権の新政策を米国国民が支持するのか否かという問題が生じよう。

　このほかにもこの提案については以下のようないくつかの問題点がある。
　米国の思想は排出主体は多岐に分かれている一方、政府が法的に責任をも

てる範囲には限界がある。したがって、そのような前提では国が自国のすべての排出に責任を負い、その一定数量の削減を実現することを法的義務として受け入れることは出来ないというものである。この義務を履行しようとすると、経済の全ての局面で政府の統制や介入、計画経済への逆戻りが必要になる。そういう事態は回避するべきだ。こういう議論がブッシュ提案の背景にある。

しかし、義務的数値目標を支持している欧州ではそのような議論は行われていない。政府が責任を負える範囲に限界があるという議論は行われていない。責任を完遂できない部分は京都議定書に組み込まれた柔軟措置によってクレジットなどを購入するという思想である。また、政府の介入が大きくなるという懸念が欧州で論議を呼んだことはない。欧州排出権取引制度（EUETS）は欧州における義務的削減政策であるが、その導入と運用の過程で、これが自由な民間の経済活動に対する国の強制介入だという議論が主流になった経緯はない。さらに、仮にある国で上流排出権取引制度が行われたら一国の全ての経済活動を対象にした削減がかなりの確度で実現する。計画経済に逆戻りする必要はない。要するに、削減の為の政策措置を適切に設計することにより、国は自国の全ての排出を一定のレベルまで削減する義務と責任を負うことが出来る。

そもそも、条約は第2条において、国が主体として全球で濃度の安定化を図ることを約束している。要するに国は全球で濃度の安定化を実現するために自己の排出する温室効果ガスを削減していく基本的義務を負っている。自国の排出全てに責任を負うことは出来ないという思想であれば、元来この条約の基本思想とは相容れないことになる。

締約国は濃度の安定化を全球で実現する責任を負っていることからして、何らかの数量的な責任が予定されていると言える。濃度の安定化は数量的な性格のものである。数字を使わないで濃度の安定化目標を実現できない。したがって濃度の安定化に全締約国が責任を負っている以上、数値的な責任から逃れることは出来ない。数値的な責任が条約解釈上締約国の責任から除外されているとはいえないだろう。

最も深刻な問題は、ブッシュ政策では、第2条の濃度の安定化義務を世界全体としてどのように実現するのかとはほとんど連関性のない作業が進むという点である。政策上の自己申告であれば数値的にどれだけ、どの時点で削減するのかは問われない。国が数値的にどれだけ削減するという表示は必要とされない。全球的にも必要ない。国は希望すれば自己申告する項目の中に削減予定の数値を示すことが出来るが全ての国がそうすることは予定されていない。しかも、自己申告であるからそれが実際に実行されるか否かは不確実になる。

　この結果、この制度では世界全体で濃度の安定化に向けて合目的的な行動をしているかどうかが全く不明になる。削減への努力をすることが重要であって、その努力が温暖化を防止するためにどれだけ数量的に貢献するかは一時的に、または恒久的に問わないということになる。

　温暖化問題の科学的性質からすると、正しい方向で努力すればいつかは気候は安定化するということにはならない。この問題は数値的に20XX年までにどれだけの分量を削減しないと一定の被害が生ずるという問題である。確かに世界が受容できる濃度の安定化とはどの数値的水準かについて世界が合意していない。そのような現実があるにしても、世界が数値的アプローチを放棄しても良いという結論にはならない。世界全体でどれだけ削減されるのかは詮索しないという態度で温暖化問題に対応することは出来ないだろう。

　IPCCは今後15〜20年以内に排出が下降傾向に入り、50年後に半減しないと気温上昇が一定の危険な水準に入るとしている。それを実現しない場合にはさらに深刻な水準に入るとしている。世界が排出削減に努力した結果がおよそどれ程温暖化を食い止めることに貢献するかを不明確にして作業をすることは、現代の国際社会としてはとても出来ないだろう。

　もう一つの問題は、自己申告でかつ拘束的ではないこと自体が、全体システムがあたかも今よりルースになり、世界の行動をレベルダウンする印象を与えている点である。2007年に累次にわたり発表された第4次IPCC評価報告書が気候変動の実態は相当に深刻だという評価を下した。まさにこの時点で行動のレベルダウンを示唆する仕組みに移行することは国際世論との関係

で困難があろう。

　排出削減をするために国が負担と犠牲を敢えて受け入れるのは他国も同様な負担と犠牲を受け入れることが保証されているからだ。この根本的なところで非拘束的プレッジ・アンド・レビューは保証を与えていない。つまりこのようなやり方で行けば国際連帯を阻害し、疑心暗鬼に駆られた縮小均衡の世界を作る危険がある。

　公平確保の観点からも問題がある。国が削減するに当たり、負担の公平が追求されなければならない。我が国のようにエネルギー効率が高い国は他国より限界削減費用は高い。それは他国より削減にはコストがかかることを意味する。とすれば日本の削減量と他国の削減量にはなんらかの相対関係が存在していなければならない。日本の努力と他国の努力の間には何らかの相対関係がなければならない。それがなければ不公平感が発生し、長期にわたる世界的共同体の削減作業は危殆に瀕する。このような作業は長続きしないだろう。日本のような高効率の国は最も強くこの相対関係を意識している。

　自己申告制はこの相対関係を考慮に入れない。相対関係が無視される限度で、全球での削減作業に公平感を与えない。さらに明白なことは、どの国も他国よりも大きな負担を背負い込まないようにするだろう。その結果、拡大均衡へのダイナミズムよりも縮小均衡へのダイナミズムが生まれてくる可能性が高い。

　もう一つの重要な問題は技術革新を進めるダイナミズムが縮小する危険がある点だ。自己申告政策では技術革新はもっぱら政府が中心になって進めることになる。技術投資への補助金政策、税制その他の各種の誘導政策で企業の技術投資を引き出すことになる。国が財政出動を含め、多様な政策手段を動員して技術革新に責任を負うことになる。

　自己申告では当初から自分の出来る範囲のことを申告しようとする。自己申告制ではそれ以上のことを申告することはしないだろう。したがって、国にも企業にもそれ以上の排出削減をするインセンティブがない。したがって技術革新への誘因もない。仮に万一、国が技術進歩を図ろうとする時には、国が財政出動を含め、多様な政策手段を動員して技術革新に責任を負うことに

なる。

　欧州が進めている排出権取引制度では炭素価格との関係で企業は自動的に技術革新に進む。市場がその作用を果たす。その限度で、市場が技術革新を促し、自動的に技術投資が進み、国庫からの財政出動は節約できる。このようにして、プレッジ・アンド・レビューで行けば日本企業の国際競争力は弱体化し、日本全体の技術進歩を阻害する。また、政府の財政出動への負担が増大する。

　以上の問題点の他に、国際社会はこれを受け入れるかという問題もある。プレッジ・アンド・レビューを世界制度にするためには欧州その他が賛成しなければならないが、欧州がこれを受け入れる可能性はまずない。欧州排出権取引制度の基盤である数値目標制度を廃止して、なおかつ環境効果も不確かなプレッジ・アンド・レビューに置き換えるような大きな構造変革を欧州連合が推進する可能性はほとんどないか極めて小さい。

　途上国はどうか。拘束的国別数値目標は先進国がその歴史的責任に基づく削減行動を保証する最重要の仕組みだと途上国は考えている。そこからクリーン開発メカニズムのクレジットも生まれている。途上国の中では、「先進国は拘束的国別数値目標をさらに強化して約束するべきだ」と論じる国は多数あるが、それを廃止しても良いとする国は皆無だ。それに、先進国と途上国の区別を撤廃し、全ての国が自己申告制という制度に改変することは「共通だが差異のある責任論」への危険な挑戦だと捉えている。先進国の歴史的責任論を風化させ、共通だが差異ある責任論の基盤を弱体化させる試みに途上国が反対するのは明らかだろう。

　米国を抜いて世界最大の排出国になりつつある中国は何等かの行動を国連気候変動枠組み条約の枠内で開始しなければならない。世界の大きな圧力を感じている中国は恐らく何らかの行動に出るだろう。しかし、行動を始めるに際して、中国は先進国の行動の強化を強硬に要求するだろう。この脈絡でも先進国が非拘束的な自己申告制に移行することには反対する可能性が強い。

　我が国でもプレッジ・アンド・レビューを世界制度とするべきだという議論が行われている。この関係で、「米国がキャップ・アンド・トレード法を立

法することはあり得ないが、仮にそうなっても米国は京都議定書のような国別の義務的な数値目標が再度世界制度となることに反対する」という議論がある。

　国内制度としてキャップ・アンド・トレード法が成立し、国内では排出に強制的なキャップがかかる状態になった時に、米国が国際制度では非拘束的な制度を追求するとは考えにくい。国際競争上米国を極めて不利な状態に追い込むからだ。キャップ・アンド・トレード法が成立した場合には、米国は拘束性のある世界制度を追求していくことになる可能性が強い。また仮に、キャップ・アンド・トレード法案が全て廃案になっても、次期米国大統領と議会がブッシュ政権の新政策と全く同じ政策を推進するとは想定しにくい。

　キャップ・アンド・トレード法も欧州排出権取引制度も外部経済の内部化という原則を採用している点で同じ発想である。仮に、米国でキャップ・アンド・トレード法制が成立したら、欧州、米国、豪州、ニュージーランドなどが温暖化対応の基本姿勢で一致することになる。世界はこのような方向へと動き始めている。当然いくつかの逆流があろう。しかし大きな流れは外部経済の内部化という方向に進むだろう。主流はそこに行くだろう。我が国が意識するべき問題である。

3　将来枠組みの展望

　以上の論考により、将来枠組みが非拘束的な自己申告制に変更になるという事態は簡単には想定できない。国際社会が今後の温暖化問題を解決するに当たり非拘束的な自己申告制を採用する可能性は絶無でないにしても相当に低いと見るべきものと思われる。

　その場合には京都議定書がそのまま次期も継続するのか。必ずしもそうならないであろう。京都議定書では適応に関する国際協力の体制が不十分だ。技術促進の仕組みが不十分だという批判もある。それよりも何よりも途上国の新しい行動を規定しなければならない。したがって次期枠組みは京都議定書

に大幅な修正を施さなければならない。ここでは排出の削減に限定し、施されてしかるべき改正や採用されるべき新しい制度を提案したい。

処罰文化から支援文化への転換

国別数値目標制度は、従来どおり法的拘束力を持つべきだが、その遵守規定を緩和するべきである。国は数値目標を達成できなければ自動的に過重なペナルティーが課せられる方式から、目標の実行を支援するという仕組みにすることが必要だ。国がどのように削減目標を実行しているかを中立機関が常時レビューし、仮に目標達成が困難だとしたらどこに問題があるのかを国連気候変動枠組み条約として掌握していくべきだ。単純に自動的なペナルティーを課するよりも、必要な支援を提供し、実際上の目標達成を可能にする。万一目標達成に失敗してもどういう事情であったのかが明白になるのでペナルティーを軽減することが可能になる。

数値目標交渉の合理化

数値目標交渉の過程は合理化される必要がある。そのために過程の透明性と客観性確保が行われなければならない。政治的な圧力が数値を決めることを排除しなければならない。各国が負担する削減量は各国の限界削減コスト、エネルギー効率の達成度、置かれた経済社会的環境などから客観的に科学的に引き出されなければならない。このために、日本は既に客観データに基づく議論をことあるごとに強調している。一つの新しいシステムとして独立の専門家パネルを設置し、科学的な分析に基づき国ごとの削減ポテンシャルの算出を行い、望ましい国別分担比率を提示するということも考えられる。実際の交渉はこの客観指標を参考にして行われる。こうすることによってより正しい公平な削減負担の分担が実現する。

全球濃度の安定化との関連性の確立

専門家の独立性のあるパネルが、全球での濃度の安定化に必要な先進国と途上国の行動の規模を参考指標として提示するべきだ。先進国間の交渉はこ

の指標を参考にして行われる必要がある。途上国が実現しなければならない削減行動の規模についても参考指標が示される。このようにして、国際社会の削減行動は濃度の安定化にどの程度接近しているのかを掌握できることになる。

セクター・アプローチを導入する

　国家横断的に主要な産業セクターごとにエネルギー効率の向上を追求するセクター・アプローチは制度をうまく設計すると排出削減に貢献する。また、競争力の問題を和らげる効果もある。民間セクター自体を介在させるので拘束性をどう確保するかなどの問題はあるが、こういう仕組みを国別数値目標制度に追加していくことは有効であろう。

途上国の相当量の新規行動の確保と国別パネルの設置

　次期枠組みでは、途上国が新しい削減行動を開始することが絶対的に必要である。途上国がどのような行動を取るべきかについて現在国際的にはかなりの研究が行われている。特に、特定セクターで基準年、基準量を算定した後、従来通りの傾向（BAUシナリオ）[4]からの削減量を実現した場合、炭素市場で売却できるクレジットを生む仕組みなどが研究されている。または途上国が独自に自発的な削減目標を提示するが、達成できなくてもペナルティーを課せられないという方式などがある。

　これらの方式に途上国が合意するように強く要求していく必要がある。さらに中国などの経済的な能力がある途上国については現在の先進国と途上国の区別から離脱させて特別の中間的位置付けを創設する必要がある。中国などが永続的に途上国として行動するというのは世界が許さないだろう。

　途上国が新しい削減行動を開始するための一つの新しいメカニズムとして国別パネルの考え方がある。先進国の官民と国際支援機関などが中国などの途上国の官民との間でと国別パネルを設置する。そこで基本的に中国が今後の一定期間、例えば10年間の排出削減計画を策定する。これは途上国の持続的経済成長政策の一部でもある。それを自国資源で実現しようとする部分と

外国の支援のもとで実現しようとするものに分割し、パネルに提示する。同時にその計画の下で削減される温室効果ガスの数量も提示される。

　この計画をもとに実際上の協力が先進国と当該途上国との間で始まる。先進国も中国も実際の具体的計画、すなわち、国内省エネルギー推進計画、地方の電化計画、火力発電所のエネルギー効率改善計画、製鉄所のエネルギー効率改善計画等をもとに協力する。協力の形態は投資であり、技術支援であり、人材能力開発であり、資金協力であり得る。知的財産権の移転の問題も個別のケースごとに処理されることになる。

　先進国にとってはこのような実際上のケースに基づいた協力の方が大量の資金を国際的な基金などに投入するより効果的だ。温暖化の問題は先進国の支援が不可欠だ。その点を受け入れるなら、一般化された基金などに資金や資源を投入するのではなく、現実の削減計画、地方の総合的な石炭火力発電所近代化計画のような具体的計画に協力した方がはるかに効果的だ。日本からの技術やプラントの輸出に繋がる度合いも大きくなる。

　このパネル構想では、元来が途上国の自助努力と外国の支援とが均衡を持っている点が重要だ。先進国の支援は一方的ではない。知的所有権についても一般論でアプローチするより具体的ケースで対応する方が実際的だ。何よりも共同作業がどれだけの削減に繋がるかが明確になる利点がある。

　このような国別の削減量が主要排出途上国について算出され、その合計が途上国の削減量の総計になる。このようにして、濃度の安定化との関係で全球の作業がどのような規模になっているのかを掌握できる。

　途上国を先進国と同様に義務的な削減目標で縛ることは当面の間、現実的ではない以上、途上国の最大限の削減を確保しようとするなら、このようなパネルの形で途上国に接近してその行動を促し、支援していくより有効な手段はないであろう。途上国の側にも先進国側の支援を実際的にかつ迅速に確保することができるという可能性が強まるので利点がある。こういう形で削減を進めたいという提案をする途上国にはパネルを設置して協力していく方が、一般論や一般的な基金を設置してそれを通じて行動の確保を図るよりはるかに効率的であり、また先進国と途上国の連帯意識の醸成にも繋がる。

日本のエネルギー技術やエネルギー効率技術を世界に輸出したら、大きな削減が実現するので、次期枠組みではそれをやるべきだという議論がある。しかしそれをどうやるかについての具体的提案はない。このパネルの発想は、それに応えようとするものである。これは、いわば官民で相手国の懐に飛び込んで、その実際の削減計画の実施に協力するものであり、その過程で日本のエネルギー技術やエネルギー効率技術などはそうでない場合よりはるかに大幅に移転していくであろう。

4　日本はどうするべきか

　日本の一部の国内の強い批判は京都議定書の約束が日本に過大な責任を課したという点にある。それも手伝って数値目標という概念に拒絶反応が生まれている。97年当時、これほど過大な義務とは国内では認識されていなかったにしても、それは次期枠組みで是正されなければならない。しかし、上記で論じたとおり数値目標の基本を変更することは至難な展望だ。そうであるとすると、現状の基本的構造の中で適切な負担を追求していくというのが正しい対応であろう。

　そしてそれは可能だ。わが国はエネルギー効率が世界でも最高の部類にある。それだけ追加的な排出の削減にはコストが他国よりかかる。米国の世界資源研究所のデータベース EarthTrends においても、IPCC 第3次評価報告書においてもその点は明らかにされている。わが国の関係者があらゆる機会に世界に強調している結果、この点は世界が認めている常識になっている。

　したがって、次期枠組みではこの紛れもない事実を反映して、日本の削減負担分は妥当なところに落ち着かせることが出来る。世界が日本に特別の過剰な負担を要求してくると考える必要は全くない。また、その時点で過剰な妥協を迫られるという観念を持つ必要もない。

　したがって、次期枠組みにおいてはこのような姿勢で行けば日本の正当な立場を擁護することが出来る。しかし、日本はその後の長期的な削減展望を

開く必要がある。ここで重要なことはこの問題を正しい脈絡に置くことである。

　この問題は単なる温暖化防止政策を超えた問題である。世界が低炭素社会へと進む過程で新しい世界競争が生じつつあり、日本がそこでどうやって勝ち抜いていくかという問題である。

　現に欧州はこの問題をそういう観点から捉えている。欧州連合（EU）が07年1月10日に発表した排出削減政策は2020年までに1990年比20％の削減をする、また長期には2050年に60％以上の削減をするというものであるが、この計画はEUエネルギー政策の一部である。そして、そのエネルギー計画は欧州連合を今後の長期的な世界競争に勝利する総合戦略を確立しようとしている。

　具体的には、欧州連合はエネルギー効率の推進、再生可能エネルギーの急速な拡大などにより、まず長期的にエネルギーの安全保障を確保し、その過程で進められる低炭素技術への投資によりその面で世界の最先端に立ち、再生可能エネルギーの急速な拡大の結果、再生可能エネルギー技術輸出で世界のトップに立つという戦略を確立している。要するに、欧州連合は世界の長期的競争に対する自分の軸足を決めている。温暖化の面で2020年に20％削減するというのはこのような軸足、つまり長期の総合戦略の一部に過ぎない。キャップ・アンド・トレード法案を審議している米国議会の議論にも同じような長期的発想がある。

　わが国のような資源小国こそ欧州や米国と同じように長期総合的な低炭素政策を志向する必要がある。新興アジア諸国が今後長期にわたり資源を大量に消費していくことは明らかであり、日本は化石燃料輸入依存を減らし、エネルギー安全保障を確立することが急務だ。低炭素で持続的に成長できる体制を早急に構築しなければ世界競争に落伍する危険がある。要するに日本にとっても低炭素化は世界競争で先端を走るための不可欠の条件である。

　ここから、成長志向型の低炭素社会構築に向けて日本が大きく動く必要がある。当然それは長期的に日本の温室効果ガスの排出を大幅に削減することに繋がる。世界競争に伍していくためにはそうしなければならない。そうい

う具体的計画を確立することが先決だ。要するに日本自身の軸足を決める必要がある。

　わが国では京都議定書以降の世界の制度はどうあるべきかについては議論百出しているが、自分自身の軸足を決めるべきだという議論はない。自分の軸足を決めないで世界制度を云々しても真の生きた説得力は生まれない。

　しかし、日本のような経済力や技術力がある国は一旦その方向で国家的議論が始まれば、成長志向の低炭素社会に向かいつつ、化石燃料への依存を減らしながら、アメリカ、欧州、アジア新興国との競争で勝ち抜く戦略を作ることは出来る。その結果、日本は長期的に相当量の温室効果ガス削減をすることが可能になる。

　前述したとおり、日本は次期枠組み交渉において短期的には日本の現在のエネルギー効率の高さを反映した現実的削減負担を追求するが、長期的には相当大きな削減をする可能性がある筈だ。このような姿勢こそ日本として前向きであり、かつ何よりも重要なことに、日本の基本的で長期的な国益に合致した姿勢だと言える。

　日本が2007年12月のバリでの国連会議、2008年7月のG8サミットを経て、2009年の交渉終結に至るまで、この問題で大きなリーダーシップを発揮していくためには、何よりも自分自身の基本軸を確立する必要がある。それが出来れば、自由に発想して国際社会で前向きの役割を果たすことが出来る。逆にこれが確立していなければ世界で説得力ある役割を果たし損う危険がある。

1　気候変動に関する国連枠組み条約と京都議定書の構成上は「次期枠組み」という用語は存在しない。存在しているのは「第1約束期間」という用語であり、枠組み条約の構成上は2013年以降の「第2約束期間」での締約国の排出削減量が決められるということになっている。しかし、第2約束期間では削減量に限らず、適応や技術移転などの多様な課題を包含していく必要があるので、そういう課題を取り入れていくという前提で「次期枠組み」という用語が使用されている。本章でもそれに倣いこの用語を使用する。

2　本章において、「排出」や「削減」という用語だけを使用する場合があるが、これは全て温室効果ガスの排出とかその削減のことをいう。

3　京都議定書で義務を負っていなくても自国の削減政策に基づき削減努力をする途上国は存在する。本章で「途上国は削減行動を始めるべきだ」と論ずる時に意味していることは、そうい

う途上国の削減行動を枠組み条約や京都議定書の仕組みの中で先進国と同じように義務的目標として登録したり、非義務的であっても何らかの形で登録し、そうすることによって途上国の行動が国連による削減への国際協力の一部として認識出来るようにすることである。

4　BAU（business as usual）シナリオとは、何も対策をとらずに従来のままの傾向を続けるシナリオのことである。

4章　熱帯林問題の現状と今後

石川竹一

1　本章の前提

　森林という環境の1分野は、多くの不確実性の中にある。著者は、環境分野について、日本、米国及びカナダで専門的教育研究機関において関係分野の知識を学んだ後、政府機関及び国際機関で数十年にわたり関連業務に携わって来た。この経験の上に立ち、多くの問題を抱えている森林、特に熱帯林の問題について、問題の本質の分析と解決策とを提示し世界を少しでも動かす貢献ができればとの視点から、著者の専門的見解を述べたものである。したがって、本章は、現在の著者の勤務している機関の見解を発表するものではない。ここで述べることは、当然、著者の勤務している機関の見解と一致するところもあるし、しないところもある。

2　森林問題の現状と対応

急激に減少する森林

　国連食糧農業機関（FAO）は、1946年以降、5年から10年毎に世界の森林資源の実態を調査してきた。それによれば、中国を中心として、大量の面積が造林されているものの、森林全体のネットでの減少は、年間730万ヘクタールで、小さい国一つに匹敵する面積である。さらに熱帯に限れば年間1,300

万ヘクタールの森林が消失している。そのほとんどは、原生林である。

森林の役割

森林の地球及び人類に対する役割は多目的であるが、それぞれの森林について、多目的の中でも主たる役割を調べると、次のようになる[1]。

1．生物多様性遺伝資源の維持

世界の全森林の11％が、生物多様性遺伝資源の維持のためになる森林である。

2．木材、きのこなどの林産物の供給

世界の全森林の34％が、林産物生産のためになる森林である。

3．治山治水

世界の全森林の9％が、治山治水のためになる森林である。

4．レクリエーション・教育などの社会的目的のための森林

世界の全森林の4％が、レクリエーション・教育・文化・スピリチュアルのためになる森林である。

5．多目的のための森林

世界の全森林の34％が、特定の目的に特化できない多目的のためになる森林である。

6．目的が特定できない森林

その役割が不明な森林が8％ある。

7．温暖化防止

全森林には、木材が炭素の蓄積を果たすなどのため、温暖化防止の役割がある。

熱帯林減少の原因

世界の森林は、大別すれば、寒帯林、温帯林、熱帯林に分けられる。熱帯林とは、世界の中で、南回帰線と北回帰線との間に、存在する森林のことを呼び、アジア、アフリカ、ラテンアメリカの三つの地域に分けられる。また熱帯林は、大別すると、熱帯降雨林、半乾燥林、乾燥林に分けることが出来

る。アジアでは、熱帯降雨林が多く、アフリカでは、乾燥林が多い。熱帯林減少の原因は、それぞれの地域によって異なる。しかし、その共通の原因は、貧困である。具体的に言えば、熱帯林減少の原因は、アジアでは、焼畑移動農業やパームオイルなど農地化であり、ラテンアメリカでは、放牧と大豆・サトウキビなどの農地化、アフリカでは、燃材採取による林地の劣化が多い。考えうる将来貧困を解決できないとすれば、熱帯林減少問題は解決できないことになる。世界の工業は発展し農業開発は進んだ。しかし、森林問題は解決されなかった。これは、森林問題とは、工業及び農業開発とは、本質的に異なるものであるからである。

熱帯林減少の歴史

　戦後の熱帯林に対する考え方は「人々のための森林 (Forest for People)」というものであった。つまり、熱帯林は熱帯林保有国の人々、中でも地元の人々のために利用すべしというものであった。しかし、専門家の間では、熱帯林減少問題が次第に心配されるようになって来た。

　1960年代、国連食糧農業機関の森林資源調査が行われ、急激な熱帯林の減少が認識された。1970年代、世界的大森林国インドネシアでは、森林火災が大きな問題となり、各種の対策が考えられた。そもそも、熱帯林の中でも、熱帯降雨林は湿度が高く、極めて森林火災が発生しにくい森林であった。熱帯降雨林の多いインドネシアで、大規模な森林火災が頻発するということは、森林伐採が進み、森林が乾燥したことが、その背景にある。熱帯林は、その研究が遅れていることと、樹種の数が多いことから、樹種の性質の分からない未利用樹が多く、そのため、勢い森林開発・伐採は、利用可能木の抜き伐りになり、そのため残った森林は乾燥する傾向にあった。1980年代、サハラ砂漠以南（サブサハラ）の砂漠化が大きな問題として取り上げられた。この地域は乾燥林が多く、森林の再生が困難であった。

　1990年代、地球環境は重要問題とされ、1992年にブラジルのリオデジャネイロで地球サミットが開かれ、森林問題が取り上げられた。気候変動枠組み条約が署名された。2000年には、沖縄でG8サミットが開かれ、そこで不法伐

採問題が取り上げられ、この問題の解決に向け協力することとなった。不法伐採問題は、熱帯林だけではなく、温帯林においても見られるが、森林計画および収穫制度の未整備の国においては、管理が粗放にならざるを得ず、極めて大面積の不法伐採が行われていると見られる。不法伐採した木材は、不法に輸出される。この問題の解決のためには、木材消費国の協力が必要であると考えられている。

　リオの地球サミットから10年経った2002年、ヨハネスブルグ・サミットが開かれた。現在、最も大きな問題となっているのは、地球温暖化問題である。いずれの時期においても、熱帯林減少問題は、重要な環境問題とされ、その時その時の対策が取られたが、熱帯林減少のスピードは収まらず、今や世界最大の環境問題の一つとなるに至った。

　この数十年の間に日本は、どうだったかと言えば、割り箸問題に明け暮れていたのである。割り箸問題とは、戦後何回ものピークがあったが、日本が、熱帯木材を大量に使用していることを、熱帯林減少の原因と考え、木材を使わない運動すなわち、割り箸を使わない運動をいう。このため、多くの食堂などで割り箸をやめた。熱帯林と割り箸とが、直接関係ないことが明らかになると、ごみの量を減らすためだなどと後付けの理由をつけている。

実現可能な施策

　熱帯林問題解決にあたっては、その時代時代の背景を考えなければならない。人が生きるためには、経済的、社会的及び生物的要因を無視できない。森林保護が必要だとしても、まずその前に基本的な人間の生きるための欲求、すなわちベーシック・ヒューマン・ニーズが満たされなければならない。したがってどうしてもその時々の時代のプライオリティやそれぞれの国の置かれている状況に影響されざるを得ない。そのため森林問題が後回しになりプライオリティが低くなってしまうのである。

　現在の森林問題の施策は、研究、教育、普及、組織の強化、デモンストレーションといったものに要約されるかもしれない。森林問題の解決のプライオリティの低い国及び時代には、こういったことを続けて行って、段々、規

模を拡大して行くこと以外はできないのかもしれない。確かにこれらの熱帯林問題の施策は、極めて僅かである。コップの中に水が入っていることを想像しよう。これを表現するのに、水がほとんど入っていないということもできるし、同じ水の量なのに、水が少し入っているということもできる。熱帯林問題という巨大なコップの中に入っている熱帯林施策という水は、余りに少ないことは否定しないが、この森林施策を拡大して行って、いつかこのコップを適正な施策で満たし、熱帯林問題の解決を図ることが現実的かも知れない。

現在のアプローチ

　現在世界が行っているアプローチは、伝統的林学の上に立ち、他の科学の手法を転用しながら、対応しているアプローチだといえよう。伝統的林学とは、数百年前のドイツにさかのぼる。当時ドイツの森林経営で、サステナブル・マネージメント、すなわち恒続林技術というものが考え出された。これは、簡単に言えば、ある森林を百等分して、1年に1区画ずつ伐って、そこに造林して行けば、100年経ったら、100区分の1年ずつ異なる森林が生まれる。そうすれば、永遠に木を伐り木材を採取し続けても、森林は永遠に残るというものである。この考え方は、世界中の林学及び森林関係者の間で最も大切な理論的機軸となってきた。この機軸の上に立ち、他の科学、土壌学、生態学、気象学、生物学、機械工学、土木学、統計学、コンピュータ科学、経済学、政治学、社会学などの科学の研究手法及び実行アプローチ手法を森林問題の解決に転用してきた。そして確かに、温帯林及び温帯林における森林問題は、恒続林技術と現代諸科学の手法の適用が有効で、問題解決が成功していると言えよう。

熱帯林問題のグローバル秩序

　熱帯林問題が極めて大きな世界の問題である以上、この問題を解決するためには、個人ではできない。なんらかの個人をつなぐネットワークか組織が必要であり、そのための組織としての国家及び国家群の参集が必要であろう。

熱帯林問題のグローバル秩序については、その秩序と問題とがマッチしているときに、その秩序があるとして、秩序を論ずることができる。戦後60年間、この問題が解決はおろかますますさらに悪化していることから、熱帯林問題はあまりにも大きな問題であるということは明らかであろう。とすれば、現在の熱帯林問題解決の国際的体制が、秩序と呼べるものか否かの検討が必要になる。そして、秩序と呼べるだけの体制でないにしても、その国際的体制は、動き回り、交渉し、呻吟していることは確かであろう。

熱帯林問題を扱う機関は、二国間のものと多国間のものとがある。これらの諸機関は、それぞれが成功裏に活動していっていると良いだろう。諸機関の役割は、それぞれ異なっている。諸機関同士の協調がよくないなどという批判もない訳ではないが、実際は、例外はあるとしても、よく協調していると言えよう。その最大の理由は、人の交流である。専門分野同士で、国際機関同士、人の交流が活発であるため、機関間の協調は、極めて高いと言えよう。

二国間の機関は、先進国が開発途上国に対し、経済技術援助を行うものであり、ほとんどの二国間援助機関は、熱帯林の分野の援助を行っている。二国間の援助の基本は、国同士の援助であるから、両者は対等の関係にある。すなわち途上国が、援助を要請し、それに対し、先進国である援助国が援助するか否か決めるということになる。この原則は、ある種の援助の弱点をももたらす。森林分野は、開発途上国の中でも政策における優先順位が低い。また経済援助では、必ずカウンターパート経費という途上国側が準備する予算が必要となるが、これが余り準備されない。したがって、森林関係分野の援助環境は必ずしも良いとは言えない。森林関係プロジェクトの実行の困難さは、これに加えて、プロジェクトの実行地が、遠隔地にあること、道路などの基本的インフラが貧弱なことなどがある。日本の国際協力機構、米国国際開発庁（USAID）、ドイツ技術協力公社（GTZ）、カナダ国際開発庁（CIDA）、英国国際開発省（DFID）、オーストラリア国際開発庁（AusAID）などが熱帯林分野で活躍しているが、森林分野の援助金額は、極めて少ない。

多国間の機関は、国際機関と呼ばれる。森林に関する国際機関は、国際熱

帯木材機関（ITTO）[2]、国連食糧農業機関、世界銀行、地球環境ファシリティー、国連森林フォーラム、生物多様性条約、ワシントン条約、世界貿易機関、国連環境計画、気候変動に関する政府間パネルなどがある。

　国連食糧農業機関 はイタリアに、国連環境計画はケニアに、世界銀行は米国に本部があるのに対して、国際熱帯木材機関の本部は日本にある。日本には、国際熱帯木材機関以外に国連条約機関の本部はない。国際熱帯木材機関のもう一つの特徴は、世界唯一の森林のみに関する国連条約という意味である。上記の国連関係機関は、いずれも熱帯林のことを扱っているが、経済や農林水産業といった全体の中の1分野として森林問題を扱っている。一つだけしか扱わないということは、当然、その一つの問題がその機関において最高のプライオリティを持ち、かつ専門性が高いことを意味する。国際熱帯木材機関は、熱帯林および熱帯木材に関する諸問題の解決のために作られたものである。

　具体的には、技術と人と資金を使って、事業すなわちプロジェクトを行い、熱帯林に関する、たとえば造林事業などの諸政策を現場に適用することを行っている。また、熱帯林に関する経営の基準・指標やガイドラインを作っている。一つひとつの熱帯林についての考え方や技術のうち、何が適切で正しいかについて従来は基準がなかった。国際熱帯木材機関は、1991年に世界で初めて、持続的熱帯林経営の基準・指標を定めた。この基準・指標は、森林認証制度の基ともなっている。また、国際熱帯木材機関は、熱帯林火災防止のためのガイドラインや生物多様性保護のためのガイドラインなど多くの熱帯林の分野でガイドラインを作成してきた。これらのガイドラインは、熱帯林に関する政策の実施を助けている。さらに国際熱帯木材機関は、熱帯林の伐採量などの扱いについて、熱帯林諸国政府と協議・交渉を行っている。マレーシアのサラワク州で熱帯林の減少が余りに進むので、伐採量を減らすことを提言、実行している。

　国連食糧農業機関は、食糧および農林水産物の生産流通改善、農村住民の生活条件の改善、および世界の栄養水準の向上を目的とする。国連食糧農業機関森林局は、森林関係情報の収集分析なども扱っている。

世界銀行は国際復興開発銀行（IBRD）のことで、国際開発協会も含まれる。世界銀行は、1980年代、森林問題の重要性に着目し、森林プロジェクトの展開を図り、その結果モニタリングを行った。その結果、多くの森林プロジェクトが、成功したとは言えないことがあきらかとなり、世界銀行の熱帯林プロジェクトの規模を著しく縮小した。世界銀行のモニタリングは、極めて客観的で、かつ手法の精度も高く、しかも、モニタリング結果を公表する。したがって世界銀行のプロジェクトが成功しなかったからと言って、世界銀行の森林プロジェクトの成功度が、他の二国間、多国間援助機関のそれに比べて低いことにはならない。援助機関の中には、モニタリングの精度が低く、透明度も低いため、援助の失敗が明らかにならないケースも少なくないからである。

1991年に発展途上国の環境保護を目的として、地球環境ファシリティー（GEF）が世界銀行の隣に設立された。これは、生物多様性、温暖化、水、土地の劣化、オゾン層の破壊などに関する環境保護プロジェクトを支援するために無償資金協力をすることである。熱帯林保護も対象である。

国連森林フォーラムは、リオデジャネイロでの地球サミットの際の森林原則声明を起源として国連社会経済委員会によって国連事務局に設置された。すべての森林の経営と保全と持続的経営を推進することを目的としている。2007年、国連森林フォーラムは「すべてのタイプの森林に関する法的拘束力を伴わない文書」を採択した。そこでは、森林の持続的経営のための国際的資金メカニズムの設置を目指している。

生物多様性条約は、1992年のリオデジャネイロにおける地球サミットにおいて締結された。この条約は、生物多様性の全ての要因を業務の対象とするもので、生物多様性の保護と持続的利用を志向するものである。本部は、カナダのモントリオールにあり、関係会議を開き、レポートを準備し、加盟国の生物多様性に関する活動を支援する。

絶滅の危機に瀕する野生動植物の国際取引に関する条約（ワシントン条約）の本部はスイスのジュネーブにある。この国際機関は、希少な動植物の保護を目的としており、近年とくに熱帯木材樹種の保護に力を入れ始めている。ワ

シントン条約の行っているプロジェクトは、例えば、ワシントン条約が希少であると考えている木本樹種の中央アフリカのアサメラ（Pericopsis Elata）、ラテンアメリカのオオバマホガニー（Swietenia macrophylla）、東南アジアのラミン（Gonystylus spp.）の資源が枯渇しないように利用及び貿易のガイドラインを作るというものがある。

　世界貿易機関は、貿易の自由化すなわち、関税の低減、数量制限の原則禁止を目的としている。貿易紛争処理機能もあり、木材貿易から生ずる紛争処理も扱っている。木材の不法伐採および不法貿易の取り締まりなどの検討の際、WTO諸協定に抵触するかなどが問題になる。

　国連環境計画は、環境問題の一つとして、森林問題を扱っている。本部はケニアのナイロビにある。気候変動枠組み条約は、気候変動問題に関する枠組みの条約であり、具体的な義務や制度は締約国会議の場で決まる。

　また、気候変動に関する政府間パネル（IPCC）は、1988年に世界気象機関と国連環境計画により設立された。IPCCは、人類の破壊的活動は、いくつもの生物の絶滅をもたらしていると述べている。人類とすでに絶滅した生物には、違いがあり、絶滅した生物は、その種だけが滅びるが、人類は自分と他の種と同時に絶滅を進める力と、逆に絶滅から、生き延びる力とを持っていると述べ、気候変動に関する世界の議論のリーダーシップをとっている。

　気候変動枠組み条約の第3回締約国会議が京都において開かれ、京都議定書が採択された。日本は1990年度比で、2008年〜2012年の5年間平均で、二酸化炭素について、1990年比で6％減という削減目標を義務付けられた。このためには、森林経営による吸収量として、1,300万炭素トン、すなわち1990年の排出量の3.9％程度の確保を目標としている。二酸化炭素吸収量の算入対象となるのは、1990年以降新たに造成された新規または、再植林、および適切な森林経営が行われた森林に限る。日本では、新たに森林造成が行われる可能性は少ないから、適切な森林経営の行われている森林が、算入対象になる[3]。このように、京都議定書は、極めて、革新的な環境保護措置であるが、削減量よりも、削減率に焦点が当てられていることは、新しい制度の実用性を考えればやむを得ないのであろう。また、排出権を購入し目標値

達成のための削減量に加えることができることになっているのは、世界全体で考えれば、排出を減らすコストが国により異なるので、コストの安い国で排出量の削減を図ろうという傾向になることも否めない。クリーン開発メカニズム（CDM）は、技術協力などを通じて、発展途上国の温暖化ガスの排出を減らし、自らが排出してもいい権利を創出する手法である。CDM 理事会は当該の事業が、温暖化ガス削減が実際に得られるか否か厳しく審査している。

　これ以外に非政府組織（NGO）がある。森林では、世界自然保護基金（WWF）、コンサベーション・インターナショナル、グリーンピースなどが活発な活動を行っている。以前は、NGO と二国間及び多国間援助機関との間に大きな対立があったが、近年は、緊張はあるものの、以前のような川の両岸にいるような対立ではなく、共同者としての関係にあると言えよう。大きな理由は、援助機関の側の森林に対する考え方が、木材から、より環境に移動したことと、NGO の側が森林を取り巻く特殊性を考えると援助機関と共同した方が、森林保護が図れると考えるようになったからと思える。少なくとも、お互いに影響し合い、協調関係の環境が育成されたのだろう。

　以上見てきたように、熱帯林問題には、世界の多国間及び二国間の諸援助機関及び NGO が携わってきたが、今まで解決できなかった。戦後 60 年を経て、今や熱帯林問題は、人類及び地球の環境問題のうち最大の問題の一つになってきた。

3　将来の新しい施策に向けての個人的考察

　極めて困難な熱帯林問題解決のために、現在の職務を離れて、個人として、世界の熱帯林及び環境問題関係者が、熱帯林施策を考える場合のブレイン・ストーミングの叩き台として、新しい施策のための基本的考え方を考察してみたい。

熱帯林減少の本質

　第1に熱帯林減少問題の本質は、環境問題である。人間の存在がなければ、環境問題は存在しない。熱帯原生林について、そのまま保護すれば、森林は残るという考え方に立てば、森林問題の解決の手法とは、生産性、正確さ、効率性といった人類の発展に必要な手法とは異なるものであろう。前述したように、農業開発も工業開発もこのような手法で解決できるし、そうしてきたと言えよう。しかし、熱帯原生林問題は、農業におけるような生産性を上げるとか、工業における効率性とか、運輸業における正確性とかによって改善され、原生熱帯林減少が止まるとは考えられない。

　また、熱帯林については、環境と開発という二つの並列の概念はもはや古くなったといえよう。熱帯林については、環境を考えない開発はもはや存在せず、したがってすべての開発には、環境保護が内在して行かなければならないと言えよう。

　第2に熱帯林問題の本質は、人間の生存問題である。森林は人類にとって重要であると考えている人がほとんどである。しかしながら、人類すなわち皆にとって、森林問題は大切であると考えている限り、この問題は解決しないであろう。森林保護は自分にとって重要であると考えられなければ、人間の行動パターンの上で森林保護のプライオリティは上がらない。心理学者フロイトによれば、人間の意識は顕在意識と潜在意識とに分けることができる。潜在意識が8割を占め、その潜在意識が人間の行動を規定する。したがって自分にとって重要であると意識すると、潜在意識に大きな影響を与える。すなわち、心の底から人間の行動が森林保護の行動に結びつくのである。

　第3に熱帯林問題の本質は、熱帯林が常に危険に晒されているということである。熱帯原生林が大きく減少すると分かり、かつ経済が豊かになると、環境保護の観点から対策が考えられ、何らかの保護が始まる。すなわち環境問題が騒がれる時とは、他に深刻な問題がない時であることは歴史が示している。しかし、その保護は、極めてわずかである。熱帯林は常に危険に晒されているから、経済が良くて森林減少が明らかになると保護の施策が打ち出される。そして、また他の急を要する事情が発生すると、森林保護など関係な

いと言って、また熱帯原生林は減少するという運命にある。この事情は地球上から、熱帯原生林がほとんど全て消滅するまで続くと言わざるを得まい。

　熱帯林問題を論ずると、土地利用問題に行きつく。都市中心部と原生熱帯林とは、環境保護の観点から言えば、両極端に位置する。都市から農村、ゴム、やし、カシューナッツなどの樹芸作物地帯、里山そして山村へと自然環境は段々と自然に近くなってくる。山村の次は、混牧林地帯、造林地帯、そして、天然下種更新と呼ばれる天然林の生育を助けるための施業地帯、そして、完全な禁伐保護地帯となる。有名な恒続林施業とは、この造林地帯の施業をいう。

　第4の熱帯林問題の本質は、総合性という点である。森林問題、中でもとりわけ熱帯林問題については、伝統的恒続林思想以外には、熱帯林自体としての学問または理論開発がなされてこなかった。森林火災が時目を集めれば、火災の観点から、砂漠化の時は砂漠化の観点から、生物多様性の時はその観点から、密輸の時は不法伐採の観点から、気候変動の時はその観点から論じられてきており、熱帯林それ自体の本質的総合性という観点から論じられてはこなかったのである。それぞれのアプローチは間違いではなく効果はあるが、熱帯林問題の解決には、総合的アプローチがどうしても必要である。

　森林認証を例に挙げよう。森林認証とは、木材を生産する森林が、持続的経営のもとに施業されているか否かを調べ、その木材が持続的経営の森林から、生産されている場合には認証を与えるものである。そもそも森林認証制度というものは、伝統的森林学の範疇にはなかった。1980年代、象牙をとるために多くの象が犠牲になり、象を守る機運が高まり、象牙消費国における象牙の利用を規制する仕組みが考え出された。この仕組みから熱帯林保護が影響を受け、その生産材である輸出木材のマーケットに注目し、恒続林の確立及び継続のインセンティブを与えようという仕組みが生まれた。これに対して、伝統的アプローチとは、森林自体に注目し、森林を持続的に経営し、持続的に経営する上で余剰の生産物たる木材を利用しようとするものである。

　森林認証制度が仮に世界的に広がったときに、森林問題は解決するのだろうか。熱帯林問題が悪化しているのは、世界がこのアプローチを理解し実行

しないからだろうか。当然この制度は一つの有効なアプローチであるが、このアプローチの熱帯林問題全体における位置づけが何であり、成功すれば熱帯林全体の何がどうなるのかという総合的なアプローチのアセスメントが必要であり、そうすれば、このアプローチの有効性はさらに高まるであろうと筆者には思われる。

　第5に熱帯林問題の本質は、国境の壁である。熱帯林は熱帯に存在する国の中にあり、その国が自由にすることが出来る国家の財産であり、その熱帯諸国家は人口が多く、経済発展途上国である。先進国には、熱帯林はなく熱帯林に何かしようとしても、間接的にならざるを得ない。すなわち、ある特定の国の中にある財が、国外の人々の生活、すなわち気候変動などの環境変化を呼び起こすという問題である。

木材生産量を基にした恒続林思想

　熱帯林の問題の抜本的解決がなされていない原因が、貧困で経済の問題であるにしても、抜本的解決の手法がないことも事実である。それは、北の国の温帯林・寒帯林と熱帯林とが、重要な基本的要因において異なるからである。北の国の森林技術の要諦は、恒続林技術であると考えられる。この恒続林技術とは、木材の成長を基とする考え方である。この木材成長量を対象にしている恒続林思想は、熱帯林に適用する場合、改良する余地がある。

1．恒続林技術を適用するためには、1区画にある全ての森林から、採取される木材が利用されるものでなければならない。温・寒帯林と異なり、熱帯林の木材は、樹種が多く、未利用樹が大多数を占め、1区画で利用される木材は、約1割である。
2．恒続林技術の適用のためには、地域住民が森林を破壊するような環境があってはならない。熱帯林地域においては、恒続林技術を利用しようとすると、どうしても、作業用道路が必要となる。そうすると、その道路を利用して地域住民が森林を伐採し農地化する。
3．恒続林経営のためには、豊かな土壌が必要であるが、熱帯地方の土壌は一般的に温帯地方よりも、熱帯ポドゾルなど、有機層が少なく造林が困難

である。
4．ブラジルの樹種数は約 8,000、アイスランドの樹種数は 3 であることからわかるように[4]、熱帯林の樹種数は極めて多く、また樹病や害虫も極めて多い。このため、単一樹種を前提とする恒続林の経営は容易ではない。
5．熱帯林の価値の重要なものは、種の多様性にある。種の数の少ない温・寒帯林を恒続林にするのと異なり、多種の恒続林というものは、容易ではなく、単一樹種の恒続林経営では、種の多様性、すなわち熱帯林の価値が失われてしまう。

総合的アプローチ

熱帯林が温・寒帯林と最も異なる点は、生物の多様性である。貧しい土壌の上に立ち、貧しい人々の隣にある、多様な樹種からなる森林に対する技術とはいかなるものかという観点から、熱帯林に特有な技術の確立を考えてみる必要がある。熱帯林問題の将来の抜本的解決のためには、新たな熱帯林問題解決アプローチの手法の確立が必要である。この問題は、あまりに解決が困難で、現存林学の手に負える規模及び深さの問題ではない。問題は、経済、生態及び社会の分野に広がり、かつ相互に関係しあっているため底の深い問題である。したがって、そのアプローチとは、総合経済学的であり、総合生態学的であり、かつ総合社会学的でなければならない。

総合経済学的アプローチ

総合経済学的でないと、援助国または、国際機関の一つの経済援助行為は、国内または国際的な経済バランスにある種類の経済的歪みを引き起こす。つまり何らかの経済生産行為に補助金をつけると、経済行為から生まれる産物の価格の競争力が強まり、補助金を付けられていない産物の経済生産行為に影響を与える。こうした影響が、国家及び社会にとって、マイナスにならないかを検討する必要がある。このために、援助行為すなわちプロジェクトを実行する時には、財務利益率だけでなく経済利益率も計算しなくてはならない。森林関係プロジェクトは、ほとんどの場合、上記二つの利益率が極めて

低く、森林関係に投資するよりも、銀行預金の方が有利となる。これが、森林プロジェクトが少ない理由である。

　上記で見たように、森林プロジェクトは、生物多様性、治山治水、社会的サービスなどの経済利益率に反映しないメリットがあるが、これらを計算するために、上記二つの利益率に加えて、環境利益率という概念が、20年ほど前に、米国で生まれ、米国内のいくつかの大学及び世界銀行内部で検討されてきたが、客観性が確立せずに今日に至っている。利益率というものは、絶対的なものでなければならず、環境利益率の絶対性について、コンセンサスが得られなかったわけである。ところが今この環境利益率の絶対性について、コンセンサスが得られる要因が現れた。それは、温暖化指標である。この温暖化指標によって、この環境利益率は、明白に計算することができる。この環境利益率の導入によって、森林問題の解決のドアが開くであろう。そうしなければ、プロジェクトの実行は、財務、経済及び環境の調和に歪みを起こすものとなろう。

総合生態学的アプローチ

　熱帯地帯は生物の生育の環境が良い。これは、ウィルスも、バクテリアも、雑草もはびこり易いということであり、このようなところで、単一樹種を前提とする恒続林は成立しづらい。しかし、短期伐期の人口造林地の経営が、成功するところもある。アフリカにおける燃料材生産造林やアジアにおける家具用チーク造林などである。

　しかし、一方原生熱帯森林は、生物多様性の観点から価値あるものである。原生森林は、治山治水機能も恒続人工林より高い。野生動物は、人工林より原生林を好み、人間も原生林の中の方がよりリラックスすることは、経験上も森林生成物質の研究でも明らかになっている。したがって熱帯原生林の価値は、極めて高く、温・寒帯林と同列で論じることは適正ではない。この分野においては、環境利益率の導入ではなくて、教育と同様のかけがえのない地球資源として、熱帯林を捉えるべきである。こうすれば、環境利益率は、高くなくても、森林プロジェクトを開始することはできる。ワシントン条約で

の評価の概念を入れ、希少な樹種の保護の観点から、熱帯林の保護は、進むと思われる。したがって、将来の熱帯林施策の検討にあたっては、木材だけに視点を置かずに、きのこなどの特用林産物も含めた恒続林を求める必要があるのではないか。そして、さらに進めて、熱帯林に住む昆虫などの動植物や、微生物なども含めた生態系としての生物多様性の森林そのものを恒続的に経営するとする新しい意味の恒続林思想が必要である。

総合社会学的アプローチ

　総合社会学的アプローチについても必要である。熱帯林減少の原因については、貧困であるが、貧困とは、雇用がないからであり、熱帯林周辺に住む一つの国で大体数百万所帯に及ぶ住民に雇用を与えることができるかという問題になる。考えうる将来、森林地帯に十分な雇用が創出され、貧困が撲滅される見通しはない。さらに、経済発展が目覚しいアジア諸国においては、森林の農地化によって、雇用を創出し、かえって森林減少を助長している。とするならば、この総合社会学的アプローチについては、基本的な人間の生き方に関する豊かになりたいとか、便利にしたいとか、能率よくしたいとかといった考え方の転換が必要である。すなわち、人間が資源を利用するのではなく、人間と地球の環境資源との共生を図るという考え方に転換せざるを得まい。国際社会、国家、地域社会ひいては国民一人ひとりが、資源と共生するという考え方に立って、熱帯林に接するような共生意識世界の体制をつくり上げることが、総合社会学的アプローチであろう。この考え方に立てば、人間が地球の生態系の一つと考えられることとなる。

将来の見通し

　土地区分問題のうえに、上記三つのアプローチを適用すると、森林問題の解決の光が見える。熱帯林問題解決には、国境の壁があり、熱帯林保有国の人口が増え続け、貧困がなくならない以上、熱帯林保有国の農地・放牧地は拡大し続け、過剰な燃材採取も止まないであろう。この押し寄せる人の圧力に対して、社会林業を展開し、造林事業すなわち恒続林経営を展開してゆく

ことが必要である。それでもなおかつ、保護熱帯林地域は縮小の一途をたどらざるを得まい。その動きは熱帯林がほとんどなくなるまで続くことは、戦後すさまじい勢いで減少していったアフリカ、アジア、およびラテンアメリカの多くの国々の熱帯林の減少の歴史を見れば明らかだろう。いかにして、この保護地域の減少を遅らせるかが熱帯林問題の核心であろう。熱帯原生林は熱帯林保有国のものであることは疑いのないことではあるが、同時に熱帯原生林は、地球の遺産でもあり世界の遺産でもある。この遺産が減少し続けることは止まらないとしても、少しでもどんなところでも、人口の圧力と戦い続け、何とか共生を図ることが重要であろう。このように、恒続林思想も、森林認証も、不法伐採防止も、社会林業も原生林保護のための防波堤として位置づけられる。このためには、先進国の資金がどうしても必要である。

　地球の北と南、その南で長い間、森林の取り扱いにおいて南は北のようになろうとして来た。その動きは、誰も止めることはできず、南は北のようになるだろう。そして、人間は「風の谷のナウシカ」を経験した後、地球という生態系に南独自の森を大切にするという世界をもう一度求めようとするだろう。地球という生態系は、そんな人間の身勝手にも母のように寛容にかつ強靭に対応し、失われた種は戻っては来ないだろうが、何とか答えてくれようとするだろう。

1　FAO, *Global Forest Resources Assessment 2005*（FAO, 2006）.
2　http://www.itto.or.jp/
3　農林水産省「地球温暖化対策における森林吸収源対策」（平成 16 年 11 月）。
4　FAO, 前掲書。

5章　日本フィリピン経済連携協定
── 開発と環境をめぐる論争 ──

テマリオ・リベラ　翻訳：千葉尚子

1　はじめに

　地域統合に向けた世界的な趨勢に従い、近年における日本の対外経済政策は、持続的経済成長や開発のために、東アジア地域規模の戦略を構築しようとしている。この戦略は、産業の生産性の向上や経済的成長を促進する基盤として、地域の膨大な資源と長期的可能性を明確に認識した上で成り立っている[1]。地域の主要プレーヤーとの緊密な経済的統合を通して、日本は、自国の経済力だけでなく、競争を増すグローバルな環境における政治的、外交的潜在能力を高めることも目指している。

　この東アジア戦略の重要な側面は、個々の国レベルはもちろんのこと、東南アジア諸国連合（ASEAN）のような地域的グループのレベルで経済連携協定（EPA）を結ぼうとすることである。日本のような発展した経済の観点からは、このような経済連携協定の追求は、地域的経済協力から得られる明白かつ広範な利益によってだけでなく、国際貿易交渉における、長年にわたる多国間関税引き下げ交渉の膠着状態の代替案としても推進されている。その上、日本の経済連携協定戦略は、ブロックとしてのASEANを含む、地域の様々な国家と経済協定を結ぼうとする中国のイニシアティブに対する反応でもある。2002年11月、日本とASEAN諸国は、包括的経済連携実現のための枠組みを検討する共同宣言に署名した。日本は、2001年から、シンガポール、メキシコ、フィリピン、マレーシア、タイ、インドネシア、韓国、イン

ド、チリを含む様々な国家と経済連携協定を締結するか、もしくは積極的な交渉を行っている。

　地域的経済圏のように、ブロックとしてのASEANも、日本、中国、欧州連合（EU）、インド、韓国、オーストラリア、ニュージーランドとの間に、6つの自由貿易協定（FTAs）を締結している。さらに、ASEANの個々の加盟国も、発展の様々な段階において、それぞれ異なる二国間の自由貿易協定の締結を目指している[2]。

　本章では、日本フィリピン経済連携協定（JPEPA）という、2006年9月に二国間で正式に署名されたが、完全実施を前にしてフィリピン上院による批准を待つ協定の交渉に含まれる、極めて論争的な問題のいくつかについて検討する。日本フィリピン経済連携協定は、フィリピンと他国との間で結ばれる最も包括的な二国間協定である。それは、物品の貿易、原産地規則、税関手続、貿易取引文書の電子化、サービスの貿易、投資、自然人の移動、知的財産権、政府調達、競争、金融サービス協力、情報通信技術、エネルギー、科学技術、人材育成、貿易と投資の促進、中小企業、放送、観光、紛争の回避と解決、ビジネス環境の整備などの分野に関する詳細な具体的合意事項を規定する[3]。世界貿易機関（WTO）の多国間協議において、投資や競争、政府調達に関する同様の問題（いわゆるシンガポール・イシュー）の多くが未解決のままであり、日本フィリピン経済連携協定の批判者は、この経済連携協定が批准されれば、フィリピンは、事実上、世界貿易機関によって現在合意されているよりもはるかに広範な自由化を表明することになると指摘する。

日本とフィリピンの経済的関係

　日本は、フィリピンにとってアメリカに次いで2番目に大きな貿易相手国である。フィリピンから日本への輸出のうち、約75％は、再輸出された電子機器（半導体や電子データ処理）機器、輸送設備や部品、薬品、建設資材といった工業製品である。たいていは、フィリピンで操業している外資系企業からの輸出である。日本への輸出のうち残りの25％は、家庭用製品（衣服、家庭用品）、食品、食品調整（生鮮・加工食品、水産物）、資源にもとづく製品（ココナッ

ツ製品、鉱物、林産物）である[4]。

　日本からフィリピンへの全製品輸入のうち、約96％は、電子機器、機械装置、輸送設備や部品、金属製品、薬品のような工業製品である[5]。過去10年の間、日本はフィリピンにおける海外直接投資（FDI）が純額ベースで2番目に大きな投資国である[6]。また、日本は、1990年代から一貫して、フィリピンに対する二国間政府開発援助（ODA）では、最大の援助国である[7]。

2　競合する開発戦略と日本フィリピン経済連携協定

　フィリピンの上院における日本フィリピン経済連携協定の批准過程では、協定案に対する反応は論争的なものであった。直接交渉にかかわったフィリピン政府機関や主要な支持者である大企業グループ、シンクタンク、研究者の主張によれば、日本フィリピン経済連携協定は、関税収入削減のようなコストがあることは認めたとしても、投資環境を改善するにつれて、所得を増やし、貧困を減少するので、全体的に見ると有益なものである。また彼らは、日本が同様の経済連携協定をシンガポールやインドネシア、マレーシア、タイを含む他国とすでに締結しているかまたは締結間近であることから、前述した明らかな利益を逃すことにより、フィリピンは地域の近隣諸国から遅れをとるであろうと主張する[8]。

　アドボカシーNGO、民衆組織や集団、批判的研究者、何人かの上院議員自身を含む日本フィリピン経済連携協定の批判者たちによれば、経済連携協定のいくつかの不公平な経済条項から見て、これはフィリピンに損害を与えるものであり、多くの憲法条項に違反し、また、有毒・有害廃棄物の輸入を許すことによって環境を危険にさらすものであると主張する[9]。日本フィリピン経済連携協定や類似した経済連携協定に対する強硬な反対派は、経済成長や開発というものは、国家が、規制のない自由市場に完全にさらされるよりも、特定の産業に対する保護主義と貿易、金融の自由化のバランスをとり、開発戦略において十分な柔軟性を発揮することによって、より適切に保障される

と主張する[10]。

物品の貿易

　論争の主要な点の一つは、両署名国の製品に対する市場アクセスに関することであり、日本フィリピン経済連携協定の批判者たちは、経済連携協定は、明らかに日本の農産品や工業製品に有利に働くと主張している。協定において、フィリピンは、米と塩を除く農産物への関税を撤廃する。一方、日本は、広範な魚や水産物を含む238品目の関税を「関税の削減または撤廃の義務」から除外することができる。関税撤廃から除外された水産物には、多様な種類のサケ、マス、ニシン、タラ、イワシ、サバ、冷凍魚の切り身、魚の肝臓や卵が含まれる。クロマグロ、メバチマグロ、キハダマグロも関税交渉の対象である。

　フィリピンの最大の輸出品であるバナナの関税は、11年間だけ毎年等しく課された後に撤廃される。もう一つの主要な輸出品のパイナップルも（協定の施行日から）5年間割当量を決められ、5年後に交渉の対象となる。砂糖の関税率は、協定の実施から4年経って再交渉される。さらに、関税割当は、小サイズのパイナップルや黒砂糖（muscovado sugar）、ソーセージのような他の農産物にも課されることになる。したがって、日本は、特に農産物、水産物に関して関税撤廃を免れようとしたり、関税または数量規制の撤廃によってフィリピンが競争上の優位性を得るか、さらに多くを輸出する能力を持ついくつかの生産物に対する関税の段階的廃止を先延ばししようとしている[11]。

　フィリピンは、大型・小型機械、電子機器や電化製品、自動車や自動車部品を含む、日本から輸入されるほぼすべての工業製品に関して、協定が施行されれば直ちに関税を撤廃することに合意した。日本フィリピン経済連携協定は、大統領令第156号が禁じているにもかかわらず、中古の四輪駆動車の貿易も認めている。これに対してフィリピンの最高裁判所は、大統領令第156号の有効性を確認した。中古の四輪駆動車の輸入は、国内の自動車組み立て工場に直接雇用されている約8万人の労働者や、関連産業で働く何千人もの他の労働者に対して深刻な脅威をもたらすものである。

したがって、日本フィリピン経済連携協定の批判者は、フィリピンは、主要な日本製品に対する関税については直ちに削減または撤廃することを容易に受け入れる一方、農産物や水産物のようなフィリピンの主要輸出品にとって重要になる関税削減に関しては、有利に交渉することに失敗したと指摘する。日本フィリピン経済連携協定の支持者さえも、フィリピンが年間37億から42億ペソを得ていた関税収入のように重要なものを失うことをしぶしぶ認めるが、より多くの海外直接投資を引き寄せ、新しい雇用の創出や収入の増大につながる産業環境の改善によって、失うものと得るものの相殺以上の利益が生まれると強調する。

憲法および法令上の問題

　フィリピンの有力な憲法学者や国際法の専門家には、フィリピン経済に適用される憲法および法令原則の一部に違反していると思われる日本フィリピン経済連携協定に反対して、多くの問題を提起する者もいる[12]。日本フィリピン経済連携協定の批判者は、日本フィリピン経済連携協定が違反したと思われる少なくとも6つの憲法条項を挙げている[13]。

　第1に、第12条2項である。これは、群島内での土地の取得やすべての天然資源の利用や調査をフィリピン国民とフィリピン企業、または少なくとも60％の資本がフィリピン国民によって所有されている団体に限っている。これに対して、政府関係者によれば、この原則はサービスに関する日本フィリピン経済連携協定附属書6の1-Bと、附属書7の1-Bにおける、製造業部門に関するフィリピンの留保で十分認識されていると指摘している。

　第2に、批判者たちは、日本フィリピン経済連携協定は、公益企業の経営を日本に開放しており、フィリピン憲法第12条11項に違反していると指摘する。そのことに対する反応として、政府関係者は、協定の附属書6において、日本国民を含む外国人は、最大40％しか公共企業の経営に参加できない旨制限されていると述べている。

　提起された第3の批判は、協定が憲法第12条14項によって制限されているすべての業務を外国人に開くことに対して向けられている。この問題は第

4の批判につながるものである。批判者によれば、協定は憲法第14条4項(2)に違反して、外国人に教育機関の所有や支配、管理への道も開くと断言する。一方、政府関係者は、これらすべての懸案事項は、協定附属書6の適切な箇所で十分認識され、保護されていると主張する。

最後の二つの憲法上の問題は、マスメディアと広告業に関するものである。協定の批判者は、日本フィリピン経済連携協定は、憲法に違反して、マスメディアと広告業の所有や経営を外国人に開放することになると強調する。政府関係者は、これらの問題への恐れを和らげるために、協定には、マスメディアに関する具体的な言明はなく、附属書6では、広告産業において外国人は、30％までの外国株しか保有を許されておらず、特別な制限を含んでいると指摘する。

フィリピンの有力な国際法の専門家であるフェリシアーノ元判事は、フィリピンの上院議院に提出した声明書の中で、これらの問題に関して、協定附属書6の中に見られる留保のリストは、フィリピンの利益を守るのに十分ではない可能性があると述べている[14]。フェリシアーノはまた、「協定が日本の国会によって批准されたことを考慮して、もはや再交渉できないのであれば、最善の代替案は、条件つきの同意であり」、「修正や挿入が『条件』として同意の決議に含まれるべきこと」を主張している[15]。

投資の問題[16]

日本フィリピン経済連携協定の反対者は、この協定が対象とする投資の定義が非常に広範であり、それは他の諸国と結んでいる既存の二国間投資協定における範囲よりもかなり広いと強調する。それゆえ、フィリピンは、他の諸国と締結したこれまでの二国間投資協定よりも多くの投資関連活動に対して内国民待遇を拡大しなければならなくなる。例えば、日本フィリピン経済連携協定は、「債券、社債、貸付金、その他の形態の貸付債券や、完成後引渡し、建設、経営、生産または利益配分に関する契約に基づく権利、あらゆる種類の知的財産権、また配当、使用料、利子、手数料などの利益やキャピタルゲイン、そして投資から生じるその他の収益」といった資産を投資として

包含している。さらに、日本フィリピン経済連携協定の批判者は、外国投資をひきつける最適な方法は、受入国側の政治的安定、法的な予測可能性、十分な訓練を受けた労働力、信頼性のあるインフラストラクチャーや通信設備、そして、全体的にはグッド・ガバナンスの実践などを確かなものにする古くから実証された方式であると反論する。それゆえ、国家がこれらの公共財を供給できるなら、より多くの投資を呼び込むために特別な二国間経済協定は不要であるという。

自然人の移動：看護師と介護福祉士の事例

自然人の移動に関する日本フィリピン経済連携協定の条項は、フィリピンおよび日本両国における、以下の6つのカテゴリーの自然人の入国と滞在に適用される。すなわち、1）短期の商用訪問者、2）企業内転勤者、3）投資家、4）自由職業サービスに従事する者、5）公私の機関との間の契約に基づいて高度な知識または専門的技術を必要とする業務を提供する者、6）看護師や介護福祉士である[17]。日本フィリピン経済連携協定によって開かれた新しい機会は、看護師と介護福祉士の入国である。

当然のことながら、日本フィリピン経済連携協定の支持者たちは、看護師と介護福祉士を受け入れる日本の準備が、フィリピンがつかむべき絶好の機会であると指摘している。しかし、日本フィリピン経済連携協定が利用可能にしたこれらの新しい労働の地位に付随する資格や条件とは何であろうか。これらの資格をよく調べてみると、所定の専門的資格と本国での実務経験だけでなく、日本語の能力や日本での労働、実地研修、看護師または介護福祉士の国家試験（日本語の試験）に合格することを含む、一連の厳しい条件が明らかになる。

日本で看護師になろうと志願する者は、以下の資格をもち、また以下の要件を満たさなければならない。1）少なくとも3年間、看護師としての実務経験がある（フィリピン看護師資格試験に合格した）有資格の看護師、2）6カ月間の日本における語学研修を含む看護師研修、3）公立または私立病院もしくは社会福祉施設における就労や実地研修、4）看護師の国家試験に合格することで

ある。看護の仕事の志望者は、まず3年間のビザが与えられる。国家試験に合格すれば、日本の有資格看護師と同等の給料と手当がつく仕事をすることが可能になる、新しい在留資格を得ることができる。しかしながら、国家試験に不合格となった受験者はフィリピンに帰国しなければならない。看護師の志願者は、日本への最初の入国時期から3年の間に、最多で3回国家試験を受ける機会が与えられる。

　介護福祉士に志願する者たちに関しては、最初の専門的要件は、4年制大学の学士号に加えて、フィリピンの技術教育技能開発庁（TESDA）からの証明書、または、フィリピンにおける正式に認可された看護学校の看護学の学士号の取得である。日本に入国後、志願者は以下の要件を満たすことが必要である。1）6カ月間の語学研修を含む看護福祉士の研修、2）最長4年間の公立または民間の介護施設での就労や実地研修、3）介護福祉士の国家試験に合格することである。また、国家試験に不合格の者はフィリピンに帰国しなければならない。

　日本で看護師や介護福祉士として働く機会は、十分にやる気を起こさせるものにはなっていないように思われる。例えば、日本語能力は、労働目的の短い期間の中で習得することが難しく、国家試験に合格する気力をくじくようなものである。この問題は、十分な組織的社会的支援システムによってもっと適切に対応できるだろう。しかし、多くの日本の病院や医療機関自体が、外国の受験者たちを受け入れ訓練するための政府の要件を満たすのに十分な人的、金銭的資源を欠いていることを認めていると指摘する専門家もいる[18]。医療従事者が得ることのできる長期的利益の一つは、労働期間における技術訓練と技術移転にある。しかしながら、日本語を習得して国家試験に合格するという、彼らが直面する困難を考慮に入れると、日本において、適度な長さの労働期間を安定して得ることに関しては、医療従事者の将来の見通しは不確かなものである。

　さらに根本的な問題は、フィリピン政府は、有能な医者を含む医療従事者の継続的な大量流出という、同国の保健医療状況に与える長期的影響を慎重に考慮したようには見えないことである。現在、この部門における大規模な

頭脳流出はすでに危機的段階にある。フィリピン政府は、経済的観点からだけではなく、国家の全体的な保健環境のためにも、日本がこれらの仕事を開放することの意味合いを見直す必要がある。

環境上の問題

フィリピンにおいて、日本フィリピン経済連携協定に反対して提起され、最も議論が紛糾している問題の一つに、貿易可能な物品リストの中に有毒・有害廃棄物が含まれているということがある。日本もフィリピンも、「有害廃棄物の国境を越える移動及びその処分の規制に関するバーゼル条約」の調印国である。しかもフィリピンには、「有毒物質及び有害・放射性廃棄物の規制を目指す共和国令第 6969 号」という国内法がある。

日本フィリピン経済連携協定の支持者たちは、環境を守り、有害で有毒な廃棄物に関税が課されないことで生じうるいかなる非合法な貿易も阻止するに足る条項があると主張する[19]。それゆえ、当事者に投資を促進するために環境に関する措置を緩和しないよう命じる第 102 条（環境に関する措置）や、健康、安全、環境に関連した問題に対する例外的な措置を認めている第 23 条（物品の貿易）、第 66 条（相互承認）、第 83 条（サービスの貿易）、第 8 章（投資）、第 114 条（自然人の移動）のような条項が引き合いに出される。しかも、政府の専門家は、貿易財として有毒・有害廃棄物を含むこと、またはそれらに対する関税撤廃は、廃棄物貿易に対して拘束力のある既存の輸入管理や規制が存在するので心配するにあたらないと断言する。努力すべき課題は、有害廃棄物を管理し、効果的に輸入管理を実施するための技術的な規制能力を高めることであると強く主張する[20]。

日本フィリピン経済連携協定の批判者たちは、環境を保護する日本フィリピン経済連携協定の条項には抜け穴があり、それらは、有毒・有害廃棄物が輸入される根拠になる可能性があると指摘する。例えば、「日本フィリピン経済連携協定の発効を阻止する連合（Magkaisa Junk JPEPA Coalition）」は、第 102 条をこのような弱点の一つとして注目する。なぜなら、この条項は、環境に関する措置を緩和しないものを、日本フィリピン経済連携協定の中で規定さ

れている 11 の投資関連活動のうちのたった三つに限っているからである[21]。つまり、第 102 条では、環境に関する措置が一時的に免除されないか緩和されないような三つの投資活動（設立、取得、拡張）が認められるが、第 89 条に挙げられているその他 8 項目の投資関連活動（経営、運営、維持、使用、所有、清算、売却もしくはその他の処分）については言及されていないのである。そしてこれらは、日本の投資家に対する内国民待遇が適用される投資関連活動の一部である。

日本フィリピン経済連携協定において認められている廃棄物貿易に対して高まっていく懸念に応え、日本の麻生太郎外相（当時）は、2007 年 5 月 23 日にフィリピンの外務長官であるアルベルト・G・ロムロ宛に外交書簡を送った。その内容は、以下の通りである[22]。

> バーゼル条約にしたがって、日本とフィリピンの国内法で定められ、禁止されている有毒廃棄物を、日本からフィリピンに輸出しないという安倍晋三首相の声明と意思、および、日本フィリピン経済連携協定（JPEPA）における関連条項が、両国の既存のおよび将来の国内法令、規則、規定の下でそのような措置の採用や実施を妨げるものではないとの理解を確認いたします。

麻生前外相の外交書簡に言及して、日本フィリピン経済連携協定の発効を阻止する連合は、この声明は日本からのなんら新しい言質を加えるものではなく、有毒廃棄物の監視に関するフィリピンの負担がかなり重いままであると強く主張する[23]。その上、同連合は、この外交書簡は有毒廃棄物のみを対象としており、日本フィリピン経済連携協定が貿易財と見なす有害廃棄物、オゾン層破壊物質、残留性有機汚染物質、核物質、核廃棄物の輸出に反対する確約がないと強く主張する。

3　結　論

　アジアの他の諸国と行った経済連携協定交渉における日本の経験とは対照的に、フィリピンの状況は、徹底的に論争が巻き起こった過程として突出している。大きな違いは、フィリピンの開発やアドボカシー集団、民衆組織、野党、憂慮する研究者が、交渉の様々な段階において協定の策定に参加する権利を戦闘的に主張していることである。フィリピンの上院によって開かれた公聴会では、様々なアドボカシー集団が批判を展開し、代替案を提示した。提起された協定案は広い範囲で議論され、メディアにおいて批評もされている。日本フィリピン経済連携協定は、フィリピンと日本の関係全体にかなり大きな影響を与えることになるので、様々な関係する集団や個人によって綿密に検討されることは正当なことであろう。

1　Japan Ministry of Economy, Trade and Industry, *White Paper on International Economy and Trade 2007*, (July 2007) を参照。日本の経済戦略の観点からは、東アジアには、中国、東南アジア諸国連合（ASEAN）10 カ国、インド、韓国、オーストラリア、ニュージーランドおよび日本の計 16 カ国が含まれる。
2　ブロックとしての ASEAN と個々の加盟国双方にとって、これらの FTA が憂慮すべき意味合いを有していることに関する議論については、以下を参照。Jenina Joy Chavez, "Building Community: The Search for Alternative Regionalism in Southeast Asia," pp. 1-10; Rene Ofreneo, "Neo-Liberalism and the Working People of Southeast Asia," pp. 11-22 in *Revisiting Southeast Asian Regionalism*. Focus on the Global South, December 2006, www.focusweb.org.
3　JPEPA（2006 年）の完全版については以下を参照。http://www.mofa.go.jp/policy/economy/fta/philippines.html.
4　データは、フィリピン貿易産業省輸出促進局（Bureau of Export Trade Promotions of the Department of Trade and Industry, Philippines）の統計（2006 年）に基づいている。以下を参照。http://tradelinephil.dti.gov.ph/betp/statcod3.sumprod.
5　データは、フィリピン貿易産業省輸出促進局による 2006 Summary of Merchandise Imports from Japan に基づいている。以下を参照。http://tradelinephil.dti.gov.ph/betp/statmimp3.sumprod.
6　フィリピン中央銀行（Bangko Sentral ng Pilipinas）の、原産地規則による海外直接投資（純額）に関する統計を参照。http://www.bsp.gov.ph/statistics/spei/tab9a.htm. 2002 年および 2003 年には、日本が、海外直接投資（純額）における最大の投資国であった。
7　日本の外務省のデータを参照。http://www.mofa.go.jp/policy/oda/data/2004/01ap_ea02.html.
8　JPEPA を支持する議論をまとめた方針説明書については、以下を参照。Josef T. Yap, Erlinda M. Medalla and Rafaelita M. Aldaba, "JPEPA Could Spur Growth, Cut Poverty,"

Philippine Daily Inquirer, 19 November 2006. http://opinion.inquirer.net/inquireropinion/talkofthetown/view_article.php?article_id+33511.
　　筆者は、フィリピン開発学研究所（Philippine Institute for Development Studies）という、政策立案研究に携わる非株式・非営利のフィリピン政府関連法人に所属している。
9　有力なJPEPA批判者には、Bayan Muna, Akbayan（以上、政党組織）, Magkaisa Junk JPEPA Coalition, Fair Trade Alliance などが存在する。
10　JPEPAに対する一連の批判的議論については、以下を参照。Rene Ofreneo and Nepomuceno Malaluan, "JPEPA Ratification: Threat Economics," *Business World*, 12 November 2007.
11　新しい協定において、両国の間で取引されるあらゆる種類の生産物に対する関税措置の細目に関しては、以下を参照。JPEPA, Annex 1, referred to in Chapter 2: schedules in relation to Article 18, http://www.mofa.go.jp/region/asia-paci/philippine/epa0609/annex1.pdf.
12　これらの憲法問題を提起した有力な法律の専門家に、退職した最高裁判事であり、世界貿易機関の仲裁裁判所にも勤務したFlorentino Felicianoや Merlin Magallona フィリピン大学元法学部長などがいる。
13　JPEPAに反対して提起された憲法問題の議論については、以下を参照。Joaquin G. Bernas, S.J., "JPEPA Reservations," *Philippine Daily Inquirer*, 12 November 2007, http://opinion.inquirer.net/inquireropinion/columns/view_article.php?article_id=100303.
14　Ibid. これは、BernasとFelicianoの声明書の見解である。
15　Artemio V. Panganiban, "Qualified Concurrence to JPEPA," *Philippine Daily Inquirer*, 11 November 2007 を参照。http://opinion.inquirer.net/inquireropinion/columns/view_article.php?article_id=100170.
16　ここでの議論の多くは、2007年9月27日にMagkaisa Junk JPEPA Coalitionから上院議員Miriam Defensor Santiago（フィリピン上院外交委員会委員長）に提出された、投資と経済に関する議論の覚書（Memorandum of Arguments on Investments and Economics）から引用されている。Magkaisa Junk JPEPA Coalitionは、JPEPAの批准に反対する運動を展開しているいくつかの組織で構成されている。
17　看護師や介護福祉士に関する協定の細目については、以下を参照。JPEPA, Annex 8 referred to in Chapter 9: Specific Commitments for the Movement of Natural Persons, http://www.mofa.go.jp/region/asia-paci/philippine/epa0609/annex8.pdf.
18　JPEPAの文脈における介護や移動の問題、またこれらの問題への日本の視点に関する優れた議論については以下を参照。Nobue Suzuki, "Carework and Migration: Japanese Perspectives on the Japan-Philippines Economic Partnership Agreement," *Asian and Pacific Migration Journal*, Vol. 16, no. 3 (2007), pp.357-381.
19　Josef T. Yap, et al., "JPEPA Could Spur Growth, Cut Poverty."
20　Ibid.
21　Magkaisa Junk JPEPA Coalition, "Memorandum of Arguments," 4 October 200. これは、Miriam Defensor Santiago 上院外交委員会委員長とMar Roxas 上院貿易産業委員会委員長に提出された。
22　Foreign Ministers' Letters on the Signing of the JPEPA (May 23, 2007), http://www.mofa.go.jp/region/asia-paci/philippine/epa0609/letter.pdf.
23　Magkaisa Junk JPEPA Coalition, "Memorandum of Arguments," 4 October 2007.

6章　地球の水環境と開発のガバナンス

高橋一生

1　世界の水問題の現状

水の世紀

　人体の約60〜70%は水分である。人間の生命そのものが水に依存している。ある意味で、この事実が水問題の中心にある。また、地球は「水の惑星（ブルー・プラネット）」と呼ばれるように、地球表面の約70%が水で覆われている。この惑星の45億年以上の歴史の中で35億年ほど前から水と生命のドラマが展開していると言われる。人間がこの歴史に関わったのは600万年程度のことである。

　35億年の生物と水の歴史の中で、世界の水問題が急に注目を集めるようになったのはごく最近のことである。1995年8月に当時の世界銀行副総裁イスマイル・セラゲルディン（Ismail Serageldin）は、「20世紀は石油をめぐる抗争の世紀だった。21世紀はほっておくと水紛争の世紀になってしまうかもしれない」と発言した[1]。当時の日本はバブルが崩壊してペシミズムの最中にあり、地球的課題に対する感受性が極めて落ちていた時代だったこともあり、ジャーナリズムもこの発言をまったく取り上げなかった。しかし、欧米のメディア、例えばニューズウィーク誌はこの発言を取り上げ、特集記事を組んだ。それが世界中で波及効果を及ぼしていくことになる。なぜセラゲルディンはこうした発言をしたのか。30数億年の生物と水との付き合いなのに、なぜ1995年なのか。

四大文明の発生を含めて人間の歴史は水との関係で展開してきた。そして水の利用可能性と人間生活との間に調和を保ってきた。だからこそ水が文明の源として位置づけられてきた。しかし、セラゲルディンは1995年になってはたと気づいた。1900年と1994年とを比較すると、世界人口は3倍、水の消費量は7倍になっている。100年前までは人類と水との間に保たれていた調和が崩れ、いきなり7倍の消費をする人間社会に100年間でなってしまった。これが問題を引き起こさないはずがない。セラゲルディン発言はこの問題意識を踏まえてのことだった[2]。

　地球は水の惑星だが、ほとんどが海水である。海洋の塩水は漁業資源の宝庫でもあり重要な役割を持つが、我々の社会生活で重要なのは淡水である。淡水は地球全体の水の3％に過ぎない。しかもそれがすべて使えるわけではない。千数百メートル以上の深層にある地下水はコスト面から使えない。バイカル湖の淡水も位置や深さの関係で使えない。解け始めている氷河も淡水が凍ったものだが、うまい具合に使用できない。生産活動や飲料水などに使用できる淡水は0.01％にも満たないと言われる。これが出発点である。

水の消費

　このわずかな水資源がどのような形で使われているか。世界全体の水消費の約70％は農業用水である。国や地域によって差はある。例えば、日本は世界でも稀な水問題の少ない国であるが、実は「仮想水（virtual water）」の視点から観れば問題の渦中にある。つまり、世界の水利用の中の70％が農業に使われるということは、日本に輸入される農産物自体も実質上の水そのものであり、日本は世界一、二を競う食料輸入国である。それを収穫するまでに使われる水が膨大な量になる。例えば、1 tの小麦やとうもろこしを生産するのに約1,000 tの水を必要とする。1 tの牛肉を得るためには8 tの穀物飼料が必要で、それだけの穀物を作るのには、8,000 tの水を消費することになる。身近な例で考えると、300 gの牛肉をオーダーすると、通常の25 mプール（浅いところで90cm、深いところで2 m半、7コース）の一杯分ぐらいの水を消費してそれが得られる。エネルギー換算で食料自給率40％を切った日本は、60

％以上の食料を外国から買っている。そのことは世界の貴重な水も買っていることになる。世界の水が逼迫し、世界貿易機関（WTO）農業交渉がもし進捗すれば、今まで以上に食料つまり実質上の水を買い漁ることで、これまでのように限られた国からの批判とは異なり、世界の多くの国からの日本叩きが行われる可能性が高い。しかもその時は日本は貧しい人々の生命を脅かす国として、すなわち安全保障上の脅威を与える国として位置づけられかねない。

　その他の水の主な利用分野として生活用水がある。上下水道のうち、特にトイレやシャワーなどに使われている。工業用水では、特にICチップスのような精密工業では水の質も非常に高いものでなくてはならない。また、ますます重要になっているのは環境を保全するための水である。特に森林と水とは相互関係にある。つまり森林がしっかりしていないと保水力が弱くなり、森林は水が供給されなかったら崩壊する。上流地域の土壌が河川を通じて海水に流れ込む状況によって、近海漁業が豊かにも貧しくもなる。また、レクリエーション施設としての沿岸地域を豊かにもするし、崩壊もさせる。

　多くの場合、我々が使う淡水は河川や湖沼からのものである。河川の中でも世界的に重要なのは、国境をまたいで流れる国際河川であり、現在262本ある。かなり長い間261本と言われていたが、今世紀初頭に東ティモールの独立によって1本増えて262本になった。これらの国際河川の流域に、世界人口の約60％が住んでいる。

　しかし、その安全な水にアクセスできない人々が世界で12億人いると言われる。人間が生命を維持するために必要な水量は1日2ℓ程度だと言われる。しかし、他にもいろいろな形で我々は水を使っている。例えば、東京では平均で一人1日に370〜380ℓぐらい使っている。圧倒的に多いのがバス・シャワーとトイレである。世界の多くの場所で、水道水が安心して飲めない。先進国でも消毒はしてあるが、美味しい水道水が飲めない国が非常に多い。日本では1980年代頃からボトル・ウォーターが市場で買われるようになった。それは1960年代から70年代にかけて環境意識が高まって、水を病原から守るため殺菌に努力した結果、病気にはならなくなったが水道水はまずくなっ

たため、人々が飲料水を買う行動をとったからである。これはとりもなおさず水道システムに対する消費者の批判だった。水道当局はこの批判に対応するため、サービスや質の向上のための研究投資をした。そのため、ここ数年では東京の水も飲んでもまずくない水になってきた。しかし、世界的に見ると東京のような場所は極めて少ない。安全な水に対するアクセスがない人々が12億人というのは、水道水にアクセスできないという意味での数字に過ぎない。しかし、水道が存在するとしても「安全な水」という基準に当てはまらない場合ほとんどなので、この12億人という数字は過小評価された政治的な数字であると思う。

世界の水問題の特徴

これを国単位で見ると、1998～2000年に筆者を含む世界水ビジョン委員会で作業をした際には約10カ国、現在では15カ国前後で水が逼迫している「ウォーター・ストレス・カントリー」である。これが今後30数カ国から50数カ国になると予想されているのが、世界の水の状況である。

要約すると、世界の水問題を考える際には三つの側面を考える必要がある。まず第1に、量の側面は、地球の水資源の0.01％がどのような意味を持つかが出発点になる。第2に、水の質の問題については、実際に飲める水なのか。ここ10年ほどの研究で力を入れているのがブラキッシュ・ウォーターの開発である。これは純粋水ではないが、まあ使える質の水である。使用済みの水をろ過して精製するのはそれほど投資を必要としない。それは最も多く水を消費する農業には適している。第3には、水は偏在するもので、場所によっては多すぎて洪水となり、少なすぎると干ばつになる。この両方が同時に起こる場合がある。その偏在性をいかに配分するか。これら三つの側面を念頭に置いて世界の水に関する主要な問題を考えたい。

2　水と紛争

水のストレスと紛争

　スーダンのダルフール地域では、史上最大規模の人道危機が発生していると言われている。既に10万人以上の犠牲者、200万人の難民と数多くの国内避難民が発生している。通常メディアで報道されるこの紛争の構図は、スーダン国内のアラブ系民兵に対して政府が軍事支援を行ってアフリカ系住民を死に追いやっているというものである。その対立の原因はほとんど報道されていない。国連もアフリカ連合も平和維持を試みている。国連は平和維持活動（PKO）を発動しようとするが、中国がそれをブロックする。よく言われるのは、中国はそこから石油資源を買っているからだと言われる。これが一般的な理解である。ところがスーダンの内務大臣によれば、原因は水資源に対するアクセスとコントロールをめぐる対立であるという。政府は中立で、生命の問題だから人々が必死になって闘っているという。どちらが本当なのか。この二つのストーリーの間には矛盾がないかもしれない。少なくともこの危機の根底に水問題があることは事実なのだろう。問題は、国際社会がそこに無知であったことである。

　安全な飲み水に対するアクセスが本当に紛争を引き起こしてしまう問題なのか。あるいは紛争をさらに悪化する要素なのか。あるいは見かけ上の相関関係に過ぎないのか。グレイクによる*The World's Water 2006-2007*という報告書にある2002年の統計により、安全な水にアクセスできる国が60％以下の国を見てみる。アジア地域では5カ国非常に低い地域がある。アフガニスタンは13％、カンボジアは34％、東ティモールは52％、ラオスは43％、タジキスタンは58％の人々だけが水にアクセスがある。これらの国々でしばらくの間紛争を経験していないのはラオスだけである。あとの4ヵ国は紛争国である。オセアニア地域ではパプアニューギニアが39％と低い。パプアニューギニアはブーゲンビル紛争が分離独立運動に発展している紛争国である。アフリカ地域では、北アフリカも含めてアフリカ大陸にある53カ国のうち21

カ国で水に対するアクセスが非常に低い。アンゴラ50％、ブルキナファッソ51％、チャド34％、コンゴ46％、コンゴ民主共和国46％、赤道ギニア44％、エチオピア22％、ギニア51％、ギニアビサウ59％、マダガスカル45％、マリ48％、モーリタニア56％、モザンビーク42％、ニジェール46％、ナイジェリア60％、シラレオーネ57％、ソマリア29％、スワジランド52％、トーゴ51％、ウガンダ56％、ザンビア55％。この中で、過去20年間紛争が起きていないのはブルキナファッソ、マリ、ザンビアの3カ国だけである。場合によっては、ナイジェリアも紛争国に入るかもしれない。こう見るとアフリカ地域でも水に対するアクセスが非常に低い国と、国内が紛争に巻き込まれた国との間の相関関係が非常に高い。

国際河川と紛争

　国際河川は、アフリカ地域に60、アジア地域に54、ヨーロッパ地域に71、北米地域に39、南米地域には38存在する。水不足になると、当然のことながら上流国と下流国とで水争いが起こる。それを回避するためにいろいろな対応がなされてきたが、最初に国際協力が明確な形になったのは、19世紀初頭の1804年8月15日にフランスとドイツ諸侯との間で締結されたライン川に関する協定である。この時期はナポレオン戦争の最中であったが、ライン川に関しては国際協定が結ばれた。その結果、航行の自由を保障するために国際ライン川委員会が作られた。また、それを管理する長官職が置かれて、この職に対してはフランスもドイツ諸侯も管理権が及ばないことが規定された。これが国際公務員の誕生である。その後、このライン川協定は何回も改定される。

　ライン川に関しては、15世紀頃からヨーロッパ諸国による共同管理案も含めて様々なアイデアが出てきたが、本格的に実現したのはフランス革命によるものだった。フランス革命の3年後の1792年、革命政府は河川の航行自由宣言をした。それはまず、様々な領主が支配していたフランスの領土内の河川を自由にした。そして、フランス国内を流れる国際河川も航行の自由のレジームの下に置くという宣言であった。これは、フランス革命を推進したブ

ルジョワジーによる商業活動をできるだけ効率よく行うために革命政府がとった交通分野に関する一連の施策の一環である。それまでもいろいろな試みはあったがうまくいかなかった。しかし、フランス革命期にはブルジョワジーの力によって、ドイツ諸侯もフランス政府に押し切られる形で協定を結ぶことになった。それが戦争の真最中に起こった象徴的なことである。つまり、放っておくと紛争になってしまうことが国際協力の源泉にもなりうる。ここで働いた力はブルジョワジーの力だった。

　ライン川の例をはじめとして、19世紀ヨーロッパでは一連の国際河川委員会が作られたが、比較的うまく機能したのはライン川とダニューブ川である。ダニューブ川の場合、これを推進したのはダニューブ川の沿岸諸国ではなくイギリスだった。イギリスは19世紀半ば頃に深刻な食糧供給問題が生じ、難しい状況にあった。食糧供給の問題が出たのは直接的には1840年以来のアイルランドでの飢饉がアイルランドの人々をアメリカ移民として追いやっていった。それでアメリカ自身が大きくなっていった側面がある。もう一方で、アイルランドだけではなくイギリスも穀物を輸入しないと国民の食糧を賄えない危機に陥った。当時新しい穀物生産地域は、ダニューブ川沿岸だった。そこからイギリスが穀物を輸入する必要があった。輸入するとなるとできるだけ効率よく、できるだけ手数料等も低く、安定して輸入できないと国民の暴動に繋がりかねないので、ダニューブ川の航行自由に関するヨーロッパ河川委員会の主たる推進国はイギリスだったのである。

　また、アジア地域では中国、ミャンマー、タイ、ラオス、カンボジア、ベトナムを流れるメコン川の開発が第2次世界大戦後大きな課題になってきた。ただし、具体的な行動はほとんどとられていない。1958年には国連開発計画が中心になって、メコン川委員会を作った。しかし、冷戦期で西側陣営に属する下流諸国だけが参加した。したがって、メコン川下流委員会と改称された。冷戦後には中国を除く全体のメコン委員会ができた。現在でも中国がどう参加するかが大きな課題になっている。中国にとって難題はエネルギーである。重要なエネルギー源の一つが水力である。水力発電にとってメコン川上流地域は非常に重要である。したがって主に発電用の巨大ダムをいくつも

計画した。そのうち5基ほどのダムが既に完成した。しかし、上流国だけの利益で行動すると川の水量などが変わり、下流に位置する国が困る。カンボジアではメコン川から逆流して流れ込むトンレサップ湖で漁業で生計をたてていた人々がいるが、水量が減少して漁業が成り立たなくなっている。希少資源である魚もいなくなる状況も出てきた。そこで下流に位置するASEAN諸国が共同して国際交渉するが、上流国が下流国より強く、しかも大国なので交渉が難航している。

　逆の例がナイル川である。下流にはエジプトが位置する。その上流に青ナイル、白ナイルの二つの支流があるが、その片方はビクトリア湖まで続いている。この上流地域には10カ国ほど存在するが、ここ数年でエジプトとの間でナイル川を国際レジームの下に置いて共同管理する動きが出ている。これは下流に位置する大国エジプトと国際河川の上流国が強いという二つの要素が存在したことに加えて、国際河川レジームの下で共同管理するのであれば世界銀行も積極的に協力するスタンスを明確にしたことがある。

　インドとパキスタンの間を流れるインダス川も似た状況が見られる。両国は1948年にイギリスから分離独立して以来、紛争が絶えない。1958年に世界銀行が介入して、両国がインダス川の紛争地域の共同管理に賛成するのであれば、世銀がこの地域のダムや灌漑に関する投資と共同管理に協力する提案をし、それが受入れられた。本来であればパキスタンよりインドの方が大国で、しかもインドが上流国にあたるので均衡が成り立たない。しかし、当時インドは日本と並んで世界最大の世銀の債務国であった。そこで、世銀の介入によって交渉が合意に達した。共同管理下のインダス川は、1962年のインド・パキスタン紛争の際にも共同管理が続いた。国際河川262本のうち、国際レジームの下に置かれているのは、せいぜい15～16程度である。今後も様々な紛争の可能性があるが、それを国際レジームの下に置くためには上流国と下流国の均衡と有力な第三者の関与が重要な役割を果たしうる。ダニューブ川におけるイギリス、ナイル川やインダス川における世界銀行などの例を念頭に置いて、問題を考えていく必要がある。

　国際河川に関しては、国連の国際法委員会でモデル条約が作られた。この

国際河川条約案の基本構造は、水に関して上流国と下流国に平等なアクセス権があるということになっている。しかし、この条約を批准している国はほとんどない。これは国際河川をめぐる政治力学を現実的な形で処理しようとするのではなく、望ましい原則を作りそれを押し付けようとしたので受入れられないのだろう。歴史的には、初期には航行の自由、20世紀には資源としての河川水の利用、そしてここ十数年は国際河川そのものが汚染されて環境保全水としての重要性が高まっている現実がある。今後は、これらの要素を全て含む国際河川レジームをデザインしていかなくてはならない。そうでないと国際河川をめぐる紛争が激化しかねない。

増える水紛争

「紛争と水」の歴史については、グレイクによる *The World's Water* が年表を更新している[3]。最初にリストアップされているのは、紀元前3千年のスメリアの「イアの洪水」と呼ばれる。『聖書』では「ノアの方舟」で知られる。これを出発点として数えるべきかどうかは定かではないが、これを含めて170件リストアップされている。このリストでは、過去5千年の歴史の中で、過去17〜18年以内のものが42%強占めている。これは確かに大変な状況である。

具体例をいくつか見ると、アフリカのケニアでは2000年前後に水飢饉に直面して、人間と猿との間に水戦争が発生した。政府が水タンクを積んで村に水を配給していたら、その水を目がけて猿が集団で押し寄せてきた。猿も生死をかけた同じ状況に直面していたのである。その結果、人間が8名、サルが10匹死亡したと記録されている。

パキスタンのパンジャブ州とシンド州でも2001年の渇水時に村人の暴動が発生した。この暴動が主要都市の方にも波及して、カラチで4発の爆弾によって多数の犠牲者が出た。同年、隣国のネパールのボージプル県の解放戦線が水力発電施設を爆破して地域一帯を停電に追い込んだ。これを契機にマオイストが7基の小規模ダムを爆破した。その被害や犠牲者数は定かではないが、地域住民の生活がさらに悪化したことは想像に難くない。

アフリカのソマリアでは、2004〜06年の飢饉によって井戸の管轄をめぐる「井戸戦争」が発生している。井戸戦争の兵士たちは「井戸兵」、その指導者は「井戸将軍」、彼らの戦死で残された「井戸未亡人」たちが出現している。

1997年のアジア通貨危機では国際通貨基金や世銀の介入で状況が悪化し、インドネシアでは経済危機だけではなく社会危機、政治危機まで発展した。その過程でイスラムのファンダメンタリズムが台頭した。マレーシアの首相はそれを警戒したが、イスラム教徒との連合を強調する副首相との間での権力闘争に波及した。イスラム教徒の支持を先取りして獲得しようとした首相は「アンチ・チャイニーズ」を主張した。これは反シンガポールを意味する。95％の水をマレーシアから得ているシンガポールに対してその供給を遮断すると宣言してイスラム教徒の喝采を浴びた。シンガポールからすれば、国家安全保障の問題として捉えられ、ゴー・チョクトン首相はシンガポール軍に対して出動命令を出して緊張が走った。日本にとっての石油輸送ルートであるマラッカ海峡地域は日本の生命線でもある。結局かなりの額の投資をシンガポールからマレーシアに対して行って、新しい港湾投資に使う形で決着ついた。その結果、マレーシアのハブ港の地位が上がり、長期的に見るとシンガポールにとっては、地域一帯のハブ港としての地位が危うくなり、経済を多様化せざるをえなくなっている。もう一つは、この緊急事態の結果、シンガポールでは海水の淡水化が強力に推進されるようになった。

このように90年代以来の「紛争と水」の特徴として三つのことが言えよう。一つは開発がらみの水紛争の増加。もう一つは、テロリズムが関わる紛争が多発している。これに加えて、環境起因の紛争も出現し始めている。

3　水と貧困

前述したように東京では一人あたり1日約3百数十ℓ使っているが、人間は最低約2ℓの水を飲めば生きることができるとされる。食事や洗面など生活で使う水を含めると最低60ℓぐらいは必要である。これを前提にして水ス

トレスの国が、どれほどあるかという状況は、筆者が関わった世界水ビジョン委員会の報告書『世界水ビジョン』[4]が公表された2000年当時は、10ヵ国ほどが水ストレスのある国だとされていた。その後、これが急増して2003年時点で15ヵ国になった。さらに2006～07年にかけての統計では27ヵ国になった。『世界水ビジョン』の作業時点では、世界中から動員した科学者や統計資料に基づいてもしかしたら2030年に35ヵ国、悪くすると50ヵ国ぐらいが水ストレスの国になってしまうかもしれないと予測していたが、この予測よりもずっと悪い状況になっている現実がある。

国連開発計画『人間開発報告書』(2006年版)[5]に掲載されているミレニアム開発目標に関する統計数字には、水へのアクセスが50％台以下の国のリストがあり、これを人間開発指標の下位30ヵ国ほどのリストと突き合わせると、90％近くの確率で一致する。つまり貧困国と水問題を抱える国とがほぼ重なる状況が見て取れる。

国単位で見た場合には前述したようなことが言えるのだが、現実的には都市化の問題と密接に関係している。統計によると、アフリカでは都市化率が毎年5％ずつ高くなっている。また、国連ハビタットの推計によれば、2007年末までに世界の都市人口が地方人口と逆転し、世界人口の半分以上が都市に住んでいることになる。都市と貧困と水の問題がどういうことなのか、二つの典型的な状況を挙げておく。

一つは、途上国の大都市には、ほとんどその周辺にスラムを抱えている。スラムにはほとんど水が引かれていない。そこには水売り商人が水を売りに来る。その水は住宅地域で水道水をポリバケツなどに汲み、それをリヤカー等で運搬して持ってくる。多少大きなタンクをピックアップトラックに積んで運搬する場合もある。世界水ビジョン委員会での作業データでは、同じ途上国の都市の山の手地域の住民に対して、スラム地域の住民は15倍の値段を払っていた。収入が極めて低い人々が15倍の値段を払って水を買う状況があった。現在では20倍以上の格差が広がったとの報告も受けている。支払う金はないが、水がないと生きていけないので、ある限りの金を使っても飲料水を入手しなければならない状況になっている。

第2に、多くの場合に都市は河川の周辺地域に形成される。水へのアクセスは生命線となりうるからである。しかし非常に早い速度と広い規模で都市化が進むと、河川から一定の距離を置きながら、河川の水にアクセスができる地域に住むことが困難になる。河川からより遠くに行くか、より近くに行くしか選択肢がないのが新しく都市に入ってきた貧困層の人々である。遠くに行けばどうなるか。これはジェンダーの問題としてよく指摘されるが、女性が水を取りに行くことは大変な労働である。それを避けるために河川近くに居住すると、時々起こる氾濫で溺死する。世界の自然災害の中で最も多いのは溺死である。それは途上国の大都市の貧困層が危険を承知のうえで河川の近くに住んでいる社会構造上の問題のためである。

4　水資源開発への投資

　紛争や貧困と水の問題にどのように対処すべきかが水資源開発への投資の課題である。21世紀水ビジョン委員会が提言を出した2000年時点で、先進国については水に関する投資は何とかなるという計算が出た。途上国に関しては、2000年から20〜30年間にわたって毎年1,800億ドル投資し続けないと水不足が非常に厳しい状況になってくると予測した。その資金をどうするかが最大の課題であった。当時年間の政府開発援助（ODA）は4百数十億ドルだった。その4倍以上の資金を水だけに投資する必要がある。ところが現実にはODAで水資源に使っているのはせいぜい30億ドル程度だった。現在でもODAはせいぜい年間700億ドルぐらいで、その倍以上の資金が途上国の水問題の解決に必要である。このギャップをどう埋めるか。どうしても民間部門の投資が必要になる。民間のビジネス・セクターは善意だけでは動かない。投資したら見返りがなくてはならない。となると、何らかの形で「水には経済的価値がある」という認識をしなくてはならない。民間資金をどのように使うかが最大のテーマになった。

　その結果、2000年の第2回世界水フォーラムに世界水ビジョン委員会が提

出した『世界水ビジョン』報告書で採用された考え方は、フルコスト・プライシングの発想だった。それは、最低限投資した分に見合う価格を水に対して付ける。それ以外の方法はないという結論だった。それ以来、この問題がずっと大きなイデオロギー的問題になっている。「水は生命に関わる人権問題だから、誰にとっても自由にアクセスできるべきではないか。水に高いお金を取るのは何事だ」ということで NGO の一部が大きな運動を展開している。しかし、『世界水ビジョン』で出したフルコスト・プライシングの表現には、明確な方針がある。それは「貧困層には特別の配慮をしつつ、原則としてフルコスト・プラシングの方向で水政策を運営すること」という表現になっている。委員会 21 人のメンバーの中でフルコスト・プライシング概念の導入に反対したのがロバート・マクナマラ（Robert McNamara）世界銀行元総裁と筆者だった。最後に「貧困層に対する特別の配慮をしつつ」という表現を挿入することで決着した。この方式の具体的方法としてはバウチャー制度など様々な手法がある。それらに対して国際支援をするはずだった。ただし、これが全然実施されない。なぜだろうか。

　その当時世界の水に対する投資のうち民間投資は約 5 ％だった。それを徐々に 10 ％、20 ％、30 ％と上げてゆくことが必要だと考えていたが、駄目だった。なぜか。それは 9.11 事件の影響である。テロリズムに対して、水施設は非常に脆弱である。ほとんどの場合、水施設は地方自治体が管理している。地方自治体には地方議会がある。その議会がテロ問題で非常に緊張した。多くの場合、警察も地方自治体が管轄しているが、民間部門に水管理を任せることは警察を動員した安全管理が難しいとされ、民営化の流れが失速した。このため、投資が喚起されていない。その結果、毎年 1,800 億ドル投資しないと大変なことになると予測したことが現実に起こっており、水ストレス国が 2000 年に予測した以上に増加している。

5　水ガバナンスと人材育成

　途上国で水の状況が悪化している状況をどうするか。そこに出てくるのがガバナンスの問題である。水分野のガバナンスは、古代には早い者勝ちだった。つまり、使った人が無償で使う。それだけだった。その状況をどのようにつくり出すかが、政治の一つの重要な目的だった。中国では孔子の時代から「水を統治する者が国家を統治する」と言われているが、それは中国だけではない。これは、世界中でそうであり、20世紀を通じて重要な課題であることが分かった。しかし、世界的な水のガバナンスが全くなかった。この事実が1990年代に水問題が世界に浮上してきたとき、最初に水とガバナンスのことを考え始めた人たちを驚かせた。21世紀には水の問題が深刻になるに違いない。これははっきりしている。しかし、それに対応するガバナンスのシステムがない。そういう状況で前述した1995年にセラゲルディン発言があり、水のガバナンスに対応する行動が現実になり始める。

世界水協議会

　翌年1996年には、二つの世界的な組織ができた。一つは、世界水協議会（WWC）である[6]。この目的は、学会やNGOなど世界中に存在する水に関する既存組織の上に協議会を置き、世界の水問題や基本的な政策課題に関する協議をすることによってどのような行動をとるべきか方向付けをしようとする性格のものであった。メンバー制を取り、水問題に対する専門性と会費納入など一定の資格審査を通過すれば、メンバーになれるようにした。その結果、政府や研究機関、企業、地方自治体など世界の水問題の主要なアクターはほぼここに加入することになった。現在、約40％が企業もしくは企業的な色彩を持つ組織がメンバーとなっている。初代会長はエジプトのムハマド・アブザイド（Mahmoud Abu-Zeid）灌漑水資源大臣で、彼が力強いリーダーシップを発揮した。その後、カナダとフランスの出身者が引き継いでいる。同協議会の本部はフランスのマルセイユにあり、財政的にはメンバーからの会費とマルセイユ市の拠出で成り立っている。

世界の水問題を議論しているが、これまで主に三つのことを実施してきた。第1は、世界水フォーラムを3年おきに開催してきた。1997年にモロッコのマラケッシュで開催した第1回世界水フォーラムに4百人ほど参加者があり驚いたが、2000年にオランダのハーグで開催した第2回フォーラムは5,700人に急増した。第3回フォーラムは2003年に滋賀、京都、大阪の淀川水系をイメージして日本で開催したが、世界から2万4,000人の参加者が集まった。2006年メキシコシティーでの第4回フォーラムにも2万人が集まり、2009年にはイスタンブールで第5回フォーラムが予定されている。「巨大な会議は意味がない」という批判も強くなっているが、世界水フォーラムは水分野に関わる様々な背景を持つ人々が一堂に会する場を提供している。それと同時に第2回以降は、各国の水関係大臣会合も開催され、政府間合意による行動プログラムなども出始めている。

第2は、水分野に関する世界の賢人会議を設立し、個々の問題に解答を出していくマンデートを与えている。まず総論として、1998年に21世紀水ビジョン委員会が設置され、2000年の第2回世界水フォーラムにその報告書を提出した。21世紀を象徴する21名から成り立つもので、筆者はアジアからの代表だった。議論は非常に活発で、1万6,000人ほどの世界中の水分野の学者を動員して、21世紀の水状況を検討し、人類がどう対処すべきかビジョンを作成した。これに基づいて各論としていくつかの分野の委員会がつくられることになっている。国際河川をめぐる紛争予防の委員会の設置についても検討されているが、まだ実現していない。

第3に、水分野の総合的な政策志向のジャーナル『水政策（World Policy）』を発行している。

世界水パートナーシップ

世界水協議会とほぼ同時に、世界水パートナーシップ（GWP）が創設された[7]。世界全体あるいは特定地域の政策アプローチを議論するのが世界水協議会だが、草の根レベルで世界全体の水問題に対応する形で出来たのが世界水パートナーシップである。草の根ベースで水の問題を扱う際に一つの共通の枠

組みを考えることになったのが統合的水資源管理（IWRM）という概念である。水利用については古来より様々な方法がとられてきたが、最も効果的なものが統合的水資源管理と称されるようになった。内容としては、河川流域の住民、NGO、青年団体、地方自治体などすべての関係者が参加する形で河川を管理する方法が最も効果的で効率が良いとするものである。1930 年代アメリカのニューディール政策の例として挙げられるテネシー川流域開発公社を通じて出てきた発想で、ホワイト博士がその提唱者だった。1940 年代末までに、彼がやってきたことをレビューして提示し、それが徐々に世界に浸透していった。当時はまだ NGO という表現がほとんど使われていなかった。NGO という用語は 1945 年に国連憲章第 71 条でようやく出てきたところでまだ一般化していなかったが、実態としては住民組織等の NGO が非常に重要であるという発想だった。彼らが中心になって水管理をする手法を世界に普及すれば、淡水の効率利用は格段に改善する。従来は、河川の水の 30％を有効利用できれば良い方であったが、これを 70％ぐらいに上げることはこの手法を使えば不可能ではない。実際に 70％に上げれば 21 世紀の水問題はほぼ解消できるという計算もあり、統合的水資源管理を世界中で実施してゆく使命を持つ草の根アプローチが世界水パートナーシップの目指すものである。

水のグローバル・ガバナンス

　世界水協議会と世界水パートナーシップが両輪となり、水のグローバル・ガバナンスの形成をリードしている。おそらくこれは 21 世紀に多様化する国際機構の一つのパターンを作りつつあると思う。すなわち、一つの要素としては政府、企業、NGO 等が同格で参加する国際機構である。もう一つは、発想としてグローバルな視点と土着的な視点との両方を包み込んだアプローチである。その両方の要素を持つ意味で、これは 21 世紀的なグローバル・ガバナンスの構造となりうるのではないか。

　今後どのように展開するのか。国際関係の側面から見ると、水問題に大きな興味を持っているのは、先進国ではフランス、スウェーデン、カナダ、オランダなどである。途上国では、南アフリカ共和国、ブラジル、エジプト、イ

ンド、トルコなどである。それぞれ背景が違うが、例えばフランスでは水問題は大統領マターになっている。前回のG8サミットがフランスの担当だった際、シラク大統領はその開催地を躊躇なくエヴィアンに指定した。主要議題も水だった。なぜか。それは世界最大の水企業であるリヨン水公社（もともとは公社だったが私企業になった。しかし、今でもリヨン水公社と呼ばれている）を抱えており、リヨン水公社の利益はフランスの国家利益であると、それを位置付けている。世界水ビジョン委員会にもリヨン水公社の会長がプライベート・セクターからメンバーとして入っていた。

　各国の水問題に関わる行政組織の特徴として、先進国については関係する省庁が非常に多い。日本では7つの府省が関係している。明治政府以来、農林水産省と建設省（現在は国土交通省）とが対立してきた。建設省としては、国有の一級河川の管轄という視点がある。その一方で、水利用の7割が農業分野であり、特に稲作が多い日本では時代によって8割を農業用水が占めていたので、農林省の管轄下であるとも主張される。最近では、環境省も加えて、7府省が日本では関係している。アメリカでは14省庁が関係しており、先進国のほとんどでそのような状況である。ところが開発途上国に関しては、主要国のほとんどが水資源省を持っている。例えば、前述したエジプトのアブザイドは灌漑水資源大臣であり、これに相当するものが南アフリカ共和国にもある。ブラジルでは水資源庁という独特の政府組織を持っている。途上国の場合には基本的に経済が農業から出発しているので、その段階で水を中心にした政府組織が形成された。

　先進国と途上国の政府組織を見ると、世界水協議会と世界水パートナーシップという21世紀的な国際機構、プラス古典的な国際機構を作っても良いのではないかと思う。途上国の水資源省庁がイニシアティブをとる連合体として、非常に有意義な新しい国際機構ができるのではないかと思う。

水のグローバル・ガバナンスを担う人材

　水のグローバル・ガバナンスを担う人材育成は、どのような状況にあるのか。従来は、ダムや堤防、あるいは都市の上下水道に関わる土木の人材育成

がなされてきた。それから、水文学の研究者も養成されてきた。水が蒸発して雲になり、雨となって降り、河川から海洋に流れる一連の水循環システムを見る。水問題はグローバル性が出てきたと同時に、かなり地域性もある。日本の気候はヒマラヤあたりの気候システムと関係しており、その観察精度を高めることによって日本の気候を予測している。アジア・モンスーンも一つのシステムとして水文学の研究対象になっている。化学の側面から水そのものの性質がどういうことなのかという研究も一つの重要な分野になっている。このように個々の分野での知見の蓄積はあるのだが、全体を見通す水に関する研究がない。日本の国家政策として、科学技術分野は予算を伸ばそうという合意が形成され、それを執行するために5分野に特化して予算を配分すると科学技術戦略に関する会議で決めたが、当初はそこから水が落ちていた。結局、環境分野の一つとして水にも重点を置くことになった。

　その準備のための委員会は十数名で構成されたが、社会科学分野は筆者だけだったというのが非常に象徴的で、社会科学以外分野がほとんどの水の専門家となる。しかも、世界中ほぼ例外なく土木分野の人たちが中心である。そうだと、どう水を流すかという発想しか出てこない。「それが人間の生活との関係で何を意味するのか」、「政策をどうやったら、どういう結果が出てくるのか」という研究はほとんど未着手である。

　必要なのは、水全体として見ていくことである。そのためにアシット・ビスワス（Asit Biswas）が大きな貢献をすることになる。彼はインド人で国籍はカナダで、今はメキシコにある第三世界水資源研究所の所長をやっている。オックスフォード大学の教員も兼ねている。彼と筆者とで、世界水資源協議会の共同議長をやっている。彼は、若い世代を水問題全体に統合させるように育成する必要があるとのことで、2002年から毎年世界中から水に関する何らかの分野での博士課程修了者の中から優秀な人材を集め、1年間の特訓によって、水問題を総合的に判断できる人材にするプログラムをつくっている。ストックホルムの水研究アカデミーを一つの中心にして実施している。ストックホルムでは毎年8月に水問題に関する世界的会議を開催しており、それを主催しているのがストックホルム水アカデミーである。そこが毎年授与す

る「水分野のノーベル賞」とも呼ばれる「水賞（Water Prize）」があり、2007年の受賞者はアシット・ビスワスだった。彼の実践を中心にして現在議論しているのは、大学院レベルで水問題に関する一種のプロフェッショナルスクールを創設しないと十分な人材を世界に供給できないのではないかということである。人材育成に関しても、多様な分野に分散した知見を、水のグローバル・ガバナンス構造と同様に、水のプロフェションを統合した形で育成する方向にある。

---

1 http://www.serageldin.org/water.htm
2 世界の水問題については、高橋裕『地球の水が危ない』（岩波新書、2003年）、村上雅博日『水の世紀―貧困と紛争の平和的解決に向けて』（日本経済評論社、2003年）を参照。英語文献は、Ken Conca, *Governing Water*（MIT Press, 2005）, I. H. Olcay Unver, Rajiv K. Gupta, and Aysegul Kibaroglu, eds., *Water Development and Poverty Reduction*（Springer, 2003）, Peter Gleick et al., *The World's Water 2006-07*（Island Press, 2006）.
3 http://www.worldwater.org/conflictchronology.pdf（October 12, 2006）.
4 世界水ビジョン川と水委員会『世界水ビジョン』（山海堂、2001年）。
5 国連開発計画『人間開発報告書2006』（国際協力出版会、2007年）。
6 http://www.worldwatercouncil.org/
7 http://www.gwpforum.org/

第 III 部

新しい秩序のエージェント

7章 アフリカと「国際秩序」

―― 草の根の視点から ――

舩田クラーセンさやか

1 アフリカへの「まなざし」

　地球環境と持続可能な開発をめぐる国際秩序の現状と課題を考えるとき、アフリカをどのように位置づけるべきなのだろうか。本章では、まず昨今のアフリカをめぐる言説とその動きを確認しておきたい。そのうえで、「国際秩序」がアフリカに与えてきた影響とアフリカが新しい「国際秩序」に与える影響について考察する。また、中国やインドといった新興諸国とアフリカの関係という視点からもアフリカと「国際秩序」の関係を考え直してみたい。

日本から見たアフリカ

　まず、「アフリカ」という言葉を聞いて、現在の日本の人びとが思い浮かべるイメージはどのようなものであろうか。大学生にこの質問をすると、飢餓、紛争(「民族」対立、難民)、重債務、貧困、HIV／エイズ(感染症)、干ばつと洪水、欧州への移民、といったほぼ同様の答えが返ってくる。飢餓、紛争、難民という順番は、1980年代後半からいわゆる「アフリカ問題」として注目されてきた順番である。その後、重債務、貧困、HIV／エイズ、感染症、干ばつと洪水、さらに最近では気候変動や欧州への移民というイメージもアフリカと結びついている。

　これら以外に、イメージされる具体例としては、野生生物や砂漠も多い。映画の影響もあって、ルワンダ大虐殺(映画『ホテル・ルワンダ』[1])、子ども兵(シ

エラレオネ）もよく挙げられる。「子どもの笑顔」というのもなぜかよく出てくる。また、「ほっとけない（ホワイトバンド）」や「もったいない（ワンガリ・マータイさん）」というフレーズとも結びついている。「暑さ」や「黒さ（人種）」という言葉をイメージする人も多い。若い世代だけでなく、ロータリークラブや経営者の懇談会などで同じ質問をしても、ほぼ同様のイメージが挙げられる。

つまり、日本における一般的なアフリカ認識の傾向としては、「混沌とした、問題だらけの、救いようのない大地」というイメージがあるといえる。その一方で、子どもたちの笑顔に象徴されるように、「貧しくとも笑っている、生き生きとしている」というイメージもある。いずれにせよ日本とアフリカの関係は、「遠くて関係が希薄な大地」という前提がある。同様の質問を欧米や中国の人々にしても、最初の２点については同様の傾向がある。つまり、これらについては、日本だけでなく欧米やアジアでも共有されているイメージであることが分かる。

「国際社会」から見たアフリカ

では、なぜこのようなアフリカ認識が生まれてくるのだろうか。これを「国際社会」とアフリカとの関係の変遷から確認しておきたい。

昨今のいわゆる「国際社会」におけるアフリカをめぐる話題は、2000年頃から国連や先進国の市民社会、さらに政府間でも注目を浴びてきた。その理由の一つが「ジュビリー 2000」という市民社会からの債務帳消しキャンペーンだった[2]。そして 2000 年の国連総会で採択された国連ミレニアム宣言で、アフリカの貧困問題が一躍注目を集めることになった。これが国連ミレニアム開発目標として国際公約化した。もう一つ重要なイベントが、2002 年に開催されたヨハネスブルグ・サミットである。1992 年にブラジルのリオデジャネイロで開催された地球サミットから 10 年目にあたる年に、南アフリカで「持続可能な開発に関する世界首脳会議」が開催されたことによって、さらにアフリカが注目された。こうした中で、先進諸国における関心も高まり、2005年には「アフリカ問題」が G8 サミットのアジェンダとなり、市民社会にお

いては「貧困を歴史に（Make Poverty History）」運動が世界的なうねりを生み出した。

この運動は日本では、「ほっとけない　世界のまずしさ」キャンペーン、別称ホワイトバンド・プロジェクトとして実施され、日本でも大変な関心を呼んだ。世界のどこかで3秒に一人、子どもが亡くなっている。その原因が貧困をめぐる病気や紛争で、その多くがアフリカで起こっている出来事であることを認識してもらい、世論を喚起しようとした貧困撲滅のための世界的な運動であった。

国連ミレニアム開発目標には8つの目標がある。中でも第1の目標「極度の貧困と飢餓の撲滅」については、「1日1ドル未満の人口を半減させる」、「飢餓人口を半減させる」ことが目標になっているにもかかわらず、中間時点での統計では、アフリカ地域、とりわけサハラ以南アフリカ地域は、その達成が最も困難な地域となっている[3]。子どもの栄養状態のデータを見ても、アフリカに栄養不良の子どもが集中している[4]。貧困、飢餓人口、栄養不良、子どもの就学率などのどのデータを見ても、非常に多くの指標がアフリカに問題が集中していることを示している。そのため、世界が等しく豊かな生活をおくるためのキャンペーンとしては特にアフリカに焦点を当てるべきだという国際的な合意が2000年頃から形成されつつある。アフリカへの社会的関心が高くなかった日本も、徐々にこうした世界的な運動の中に取り込まれつつあるのが昨今の状況である。

「アフリカ問題」がG8サミットのアジェンダとして取り上げられるようになったのは、90年代後半から比較的最近の現象である。とりわけ2002年カナダでのカナナスキス・サミット、2003年フランスでのエビアン・サミットでは主要アジェンダとして取り上げられたが、これを決定的な流れにしたのは2005年英国でのグレンイーグルズ・サミットだった。グレンイーグルズ・サミットに向けて、トニー・ブレア首相（当時）はアフリカ委員会（Commission for Africa）を設置して、アフリカ人と「国際社会」が一緒になって「アフリカ問題」を解決するための提言をまとめた。貧困や栄養不良といった問題がアフリカに集中することを示す「アフリカ問題（The African issue）」という

用語が使われているが、グレンイーグルズ・サミットをめぐる状況によって、この地域的課題がグローバルな課題として取り上げられる重要な契機となった。それは英国政府だけが主導したことではなく、それを後押しする市民の動きが存在したことを認識する必要がある。英国の市民社会やU2のボノをはじめとするセレブたちがブレア政権と手を組んで、先に紹介した貧困を歴史のものにしてしまおうというキャンペーンを大々的に張り、グレンイーグルズ・サミット開催時には数十万人の人々が行進をした。「アフリカ問題」が先進国の市民社会の課題として認識され、それを一般の人々が共有・支持したのは、おそらく歴史において初めての出来事であったと考える。

このグレンイーグルズ・サミットに続き、2007年にドイツで開催されたハイリゲンダム・サミットでも「アフリカ問題」は主要アジェンダになった。しかし、政府だけでなくドイツの市民社会も、グレンイーグルズと比べると「アフリカ問題」への取り組みは弱い印象があり、グレンイーグルズ・サミットでのG8各国の約束履行も引き出せなかった。政治的な成果は薄かったが、欧州の大陸でも市民社会がアフリカのために動いたということは重要である。

2　世界におけるアフリカの位置の変遷

以上の「アフリカ問題」をめぐる世界的な関心の高まりについて言えば、活動家としての視点からはある程度の成果も感じられるが、その背後に潜む問題について看過するわけにはいかない。したがって、次にアカデミックな批判的視点から「国際社会」のアフリカ認識傾向の変遷を整理してみたい。

前述したとおり、現在の「国際社会」からアフリカに向けられた「まなざし」を要約すると、「アフリカ問題」という概念に象徴されるように、「困った問題を抱え、救うべき対象」としてアフリカが認識されている。つまり、援助や支援の「対象」、あるいは「受動的なアクター」というイメージが強いといえる。前述したトニー・ブレアが委員長となったアフリカ委員会の報告書にも、アフリカに関わる理由として、「ヒューマニズムの共通のつながりを

認識するため」という表現が象徴的に盛り込まれている[5]。そして、同報告書では、「アフリカ問題」は、「ヒューマニティの問題」であると繰り返し述べられている。現代世界においてアフリカに貧困が集中し、特にアフリカの子どもが栄養不良に陥っている現実を考えると、それを救うのは当たり前であるし、国境は関係なく、肌の色も関係なく、人間として必要なことである。だからヒューマニティの問題であると。ヒューマニティへの挑戦という言説には訴えるものがあり、重要でもある。

　しかし、アフリカの人々はどう考えているのだろうか。アフリカ諸国の政府はともかく、アフリカの市民社会では、これらの問題を「ヒューマニティの問題」とは言わない。植民地支配の遺産などのような捉え方もよくされるが、アフリカの市民社会の人々は、もっと批判的に「不公正の問題」であると言っている。つまり、西欧諸国や世界がアフリカの問題に関わるのは、アフリカの人々から見ると当然であると映る。なぜかというと、これは「正義の問題」であると考えられているからである。現在の世界構造（特に、南北関係）が不公正なのであって、それを解消することはチャリティではない。その不公正な世界構造を変えることは、特に北側の人間にとって「正義の問題」だと彼らは主張する。英国で行進をした人々の中にアフリカの市民社会の代表も大勢おり、彼らは繰り返し「We want justice」と訴え続けた。繰り返し叫ばれたもう一つの言葉は、「尊厳（dignity）」である。これは、ヒューマニティと似ているが違う概念である。「我々は尊厳を持っている。だから我々は威厳をつけなければならない」という言い方をする。つまり、彼らが欲しているのはヒューマニティの対象として施しを受けることではない。施しを受けるとなると、アフリカ側が受動的な立場に立つことになる。援助もあくまでも「受ける」対象になる。南の人々が言っているのは、「援助をください」ということではなく、「人間としての尊厳を持つ対等なパートナーとして扱って欲しい。そして、そのために北側が本来すべきことをしてほしい」と言っているのである。「貧しくても、困難に直面していても、尊厳をもって、この不公正な状況を変えたい。そのためにあなたたちは何ができるのか」と問われている。このことはぜひ認識しておくべきである。

この文脈から、2005 年のグレンイーグルズ・サミットの動き、あるいはミレニアム開発目標の設定を、かつての「白人の責務 (White man's burden)」[6]、つまり白人は世界の中で最も人種的に優れているので世界を救わなければならないという植民地主義・帝国主義の上塗りの表れではないかという批判が最近出ている。今日から考えると驚くような表現であるが、実はかつて日本にも日本を頂点とする大東亜共栄圏構想があり、植民地支配が擁護された時代があった。西欧世界のアフリカへの関与については、このような批判を受ける部分もないわけではないが、図式的な批判だけでは捉えられない変化があるように思う。ただし、昨今の「国際社会」のアフリカ認識もまた歴史的遺産だとしたら、これまでのアフリカ認識の変遷を知っておく必要がある。そうすることで、過去から現在に至る道筋を十分理解し、安易なレッテル貼りを乗り越えた連帯を考え直すことができると考えるからである。そこで、次にアフリカ認識の変遷と実像を整理して紹介したい。

ヴァスコ・ダ・ガマまで

日本はアフリカとの関係が薄かったので日本のアフリカ認識を分析するよりは、ヨーロッパからのアフリカに対する「まなざし」の変遷を 15 世紀までさかのぼってみたい。なぜ 15 世紀までかと言うと、15 世紀末には、ポルトガルのヴァスコ・ダ・ガマが初めてアフリカ南岸を経て、インド洋やアジアまで行くルートを開拓したためアフリカ認識が大きく変わるからである。

それ以前の中世におけるアフリカとヨーロッパの関係はどのようなものだったのか。当時のヨーロッパのアフリカ認識は、地図を分析するとより明確になる。15 世紀のカタルーニャ（後にスペインに組み込まれる）の地図を見ると、手に黄金を持つ王らしき人物や城やキャラバン隊が北アフリカ部分に描かれている。つまり、ここではアフリカは黄金のある場所として認識されていた。同じ頃のもう一つの地図にはイベリア半島とガーナが描かれている。ガーナはゴールド・コーストと呼ばれており、まさに黄金の海岸だった。この地図には、どこで黄金が産出され、どのようにヨーロッパに運ばれるかが詳細に描かれている。

黄金の在りかとして認識されていたアフリカだったが、そこに到達するまでの道のりには危険が伴った。当時の地図には、7つ首の魔物が棲んでいる様子、困惑した天使がイエス・キリストに相談している様子、竜が口から反吐を吐いている様子などが描かれている。つまり、この時期のアフリカは富の産地としてだけではなく、難関としてのアフリカのイメージがあった。

その一方で、魔女狩りや迷信が深かった中世ヨーロッパよりもかなり高度な文明を持ち、発展するアフリカの存在もあった。東アフリカのエジプト文字やエチオピアのアムハラ文字は有名だが、西アフリカにもナイジェリアのハウサ文字など既に高度な文明があった。このように、ヨーロッパから見ると、富が集積したアフリカは難関の地であり、憧れの場所でもあった。

16世紀から19世紀末の「アフリカ分割」まで

ヴァスコ・ダ・ガマ以降のアフリカは、19世紀末の「アフリカ分割」で各国に分割されるまでは、世界的な商取引の対等なパートナーとして認識されていた。「対等」と言っても、アフリカの人々すべてにとって「対等」であったわけではない。

よく知られているように、この期間は三角貿易がなされた時代であり、アフリカから何十万という数の人々が奴隷として船でアメリカ大陸に連れて行かれた時期でもある。19世紀初頭に奴隷貿易は禁じられていくが、特に東アフリカ地域では19世紀半ばまで止むことなく続けられた。この頃の写真を見ると、奴隷たちがキャラバン隊を組んで内陸部から象牙や貴金属を運ばされている様子が見て取れる。このような貿易活動を仕切っているのが、まさにアラブ商人やアフリカの地元の首長などであった。つまり、当時貿易という点では、アフリカの王国と西欧世界は「対等」な共犯関係のパートナーであったということである。既にこの時期、アフリカの一般の人々は、世界的な構造の中で奴隷として扱われる立場に置かれるようになっていた。そして、この構造化は、西欧で発達した資本主義の世界化と不可分につながっている。資本主義世界経済の発展において、アフリカからの奴隷がアメリカに行き、その奴隷労働によってプランテーションで一次産品が作られ、その一

次産品がヨーロッパに輸出・消費される。そしてヨーロッパからは工場生産された毛織物などの工場製品をアフリカやその他の地域に押し付ける三角交易構造がまさにこの時期に作られていった。その三角交易の中で確かにアフリカの王様や首長たちはある程度対等に扱われたわけだが、その構造の中で最も底辺の立場に置かれたのが奴隷という非人間的存在として扱われたアフリカの人々であったことを忘れてはならない。

「アフリカ分割」から「脱植民地化」

　奴隷貿易は19世紀末になくなったが、それに代替されたのが直接的なアフリカ支配であった。この頃にはアフリカの国王や首長たちは既に西欧世界の共犯関係のパートナーではなく、国王すらも下に置かれた。つまり、支配して矯正されるべき「子ども」としてアフリカが認識されるようになったのもこの頃であった。当時のオランダの宗教雑誌の絵画を見ると、白人の宣教師の周りに黒い子どもたちが群がっている様子が描かれている。「アフリカの人々は働かない。働かないから改宗させて勤勉にさせよう」ということが当時は真面目に言われていた。人間が人間を支配する制度は西欧のヒューマニズムと本来は相容れないはずなのだが、植民地化する理由としてそれがまかり通った。「アフリカは、未開の土地で、人々は教育もない。だから、教育を受けなければならない。仕事を一生懸命しないから発展しない。だから、仕事をするようにキリスト教を広めて支配して育てなければならない」という言い方がなされた。実際、教会学校では、「矯正労働」と称して、子供たちが教会のプランテーションで長時間労働させられることは多かった。こうして、この時代になると、ヨーロッパとアフリカの関係は完全に主従の関係になった。

　この頃の象徴的な写真に、4人のアフリカ人に一人の白人が輿に担がれているものがある。長年調査をしてきたモザンビークでこの時期のことを聞き取り調査すると、白人たちがアフリカ人の前に姿を現すとき、たいてい輿に乗った状態で現れたということであった。現れた白人を見て、多くのアフリカの人々は、「歩けない人種か、病気なのか」と思ったという。自分で歩けな

いから担がれているのだと思われていたのである。しかし、よく見たら自分で歩ける。すると、「歩けるのに歩かないのはどういうことか」とアフリカの人々は思った。そして、「白人たちは怠け者なのか、あるいはアフリカ人に担がれたい欲望を持っている」ということが分かったという。だから、アフリカの人々に、植民地支配が確立していった時期を象徴するものは何かと問うと、「白人が輿に乗って現れたこと。そして、黒人がそれを担ぐようになったこと」という回答がよく返ってくる。

「脱植民地化」から1980年代まで

この19世紀末以降の植民地支配の抑圧を経て、20世紀中盤にアフリカ諸国は独立し始める。1960年は「アフリカの年」と呼ばれたが、1960年から1970年の間に瞬く間に多くのアフリカ諸国が独立した。この時期にアフリカに関わった多くの人が、新興アフリカ諸国に満ち満ちていた希望とエネルギーを今でも語って止まない。この変化は、「非植民地化決議」や「反アパルトヘイト決議」など、国連に新しい課題を突きつけるようにすらなっていた。

アフリカ各地で、新しい国づくりが始まった。1963年にはアフリカ統一機構（OAU）が結成され、アフリカ諸国間の統一、連帯の促進、国家の主権・領土を守り、新植民地主義と闘うことを目的として発足した。このように、それまでの「支配されなければならないアフリカ」観とは異なり、アフリカは新しい創造のエネルギーに溢れる地域として内外に理解されるようになったのである。

構造調整による大打撃から2000年まで

しかし、1980年代も半ばになると、アフリカ諸国の行き詰まりは明確になった。国づくりの困難の中、冷戦対立に巻き込まれ戦争やクーデータなどが頻発する一方、東西両陣営による大量援助が独裁政権を長引かせ、アフリカ諸国の限界はこの時期露呈しつつあった。そこに、IMF／世銀による構造調整の導入、冷戦対立終結による援助の引き上げが重なり、アフリカ中で経済・政治・社会のすべてで大混乱が生じ始めた。このような事態から出てきたア

フリカ認識は、「混沌圏」としてのアフリカ認識である。

　世界で勃発している紛争を世界地図に示すと、アフリカにかなり紛争が集中していることが分かる。特にアフリカの紛争の一つの特徴として、死者が多い点が挙げられる。そこで、アフリカの紛争は人を殺す傾向が高いと認識される。こうして、「自分たちで自律や統治ができない大陸だ」というイメージが形成されてきた。

図1：アフリカにおける紛争による死者数[7]

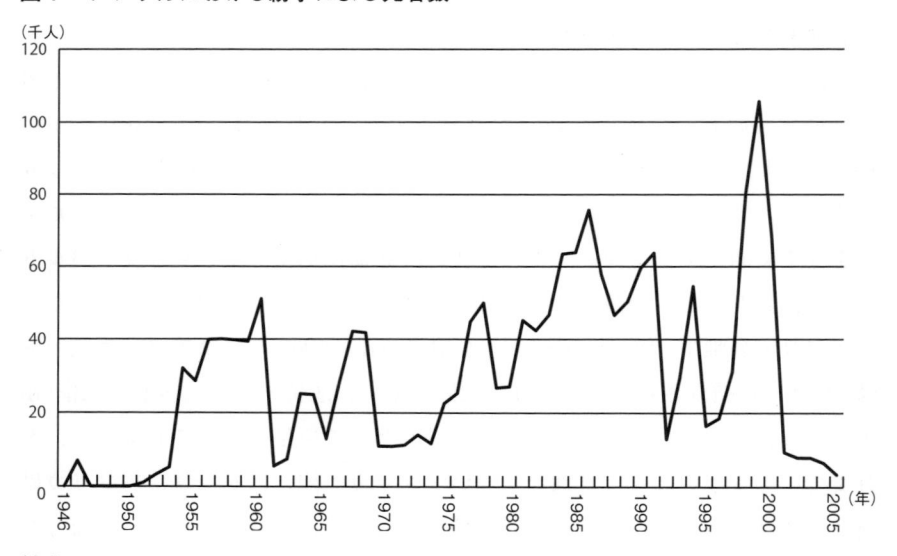

(出典：CSCW, The Battle Deaths Dataset, 2006)

　アフリカでの紛争による死者数の推移（図1）を見ると、恒常的に紛争が生じているが、1990年以降のポスト冷戦期に多くの犠牲が出ていることが分かる。1994年に山が見られるのは、ルワンダでの大虐殺の結果であるが、1999年から2000年の間にはアフリカの様々な場所で紛争が生じたために、急激に死者数が増加している。

　冷戦終結直前に導入され始めた構造調整は、アフリカ諸国に大きな影響をもたらした。政府財政の「健全化」と称して緊縮財政を求めたため、多くの諸国で、政府機関での雇用が打ち切られ、社会福祉の分野が切り捨てられ、

各種の補助金が削減されたため食料価格が高騰し社会不安が広い範囲にわたって広がっていった。また、支援の延長については、複数政党制の導入が条件とされたため、独裁政権が急に揺らぎ始め、政治的な競争が持ち込まれるようになった。その結果、長年築いた既得権益を守るために、独裁政権側が様々な手法で暴力を用いるようになった。他方、反政府勢力もまた、暴力を手にするようになった。そこで犠牲になったのが一般の人々であった。

そうした紛争の典型例が 1994 年のルワンダ大虐殺であった。当時の政権が、複数政党制移行によって権力を脅かされ、それを退けるために政治問題を「フツ対ツチ」という民族対立の問題にしてしまった。そして、権力温存を図るため、当日のルワンダ政権関係者は、少数者の「ツチ」の人々を大多数の「フツ」の脅威として認識させ、扇動し大虐殺を行った。

債務危機、構造調整による混乱、頻発する紛争といった 1980 年代から 90 年代全般にかけてのネガティブな出来事は、ルワンダ大虐殺やソマリアにおける「人道危機」に至り、「救うべき対象としてのかわいそうなアフリカ」というイメージが形成されていった。少し前までは「自ら統治できない混沌としたアフリカ」のイメージの方が強かったが、2000 年になると、「自らを救えないかわいそうなアフリカ」イメージが国際的に拡大し、助けなければならないという言説が広がった。

このように 15 世紀から現在までのアフリカ認識の流れを概観すると、最初は憧れの地から取引のパートナーとなり、その後支配されて子どものように扱われ、次にせっかく大人になったのに自分で自分の始末もできないとの扱われ方をして、最近ではまた助けなければならない赤ちゃんのようなアフリカという扱いを受けるようになった。しかし、後述するように、近年になって中国やインドなど新興諸国とアフリカの関わりが急速に進展しており、さらにアフリカのイメージが変わりつつある。現在、私たちはそうした変化のまっただ中に立ち会っている。

3　アフリカと「国際秩序」再考

　今後のアフリカと「国際秩序」を展望する前に、そもそも「国際秩序」とは何かを再考しておきたい。歴史的な地図を見ると、世界を一つとして認識する世界地図が出現するのは比較的最近のことである。大航海時代のポルトガルは、先駆けて世界地図を作成したが、その地図の脇には魔物の顔が描かれており、世界に恐る恐る関わっていたことが分かる。インターネットやテレビ報道を通じて、リアルタイムで世界各地の紛争や貧困や災害に対して心の痛みを共有するようになったのは、やはり20世紀も後半の出来事である。

　前述したように、英国では市民社会と政府とが一緒になってアフリカや貧困の問題を世界規模の運動として繰り広げようとしているが、こうした英国のイニシアティブはどこに由来するのだろうか。歴史的に見ると、この貧困撲滅キャンペーンから1世紀以上前の19世紀に英国で奴隷貿易撤廃運動が起こっている。市民社会が世界を一つとして捉えて国際的な働きかけをした最初の事例はおそらくこの奴隷貿易反対キャンペーンだったのではないか。それを主導したのが英国の市民社会で、後に政府も国を挙げて取り組むようになる。そして、この取り組みは英国内に留まらず、世界を股にかけたものとなっていった。例えば、英国海軍が奴隷貿易撤廃条約締結後も東アフリカにて奴隷貿易を続けていたポルトガルの商船に乗り込んで、これを摘発していたことからもこれは分かる。この奴隷貿易反対キャンペーンにおいても、「ヒューマニティ」が重要なキータームとなった。

　奴隷貿易反対キャンペーンは、それそのものとして非常に重要であった。同キャンペーンが、当初どれほど多くの困難に直面し、献身的な市民によって成し遂げられたものであったのかを知れば、なおさらである。しかし、世界規模で展開される奴隷貿易がなくなることは、この時期の英国の利益にとって重要なことであった。なぜなら、英国は、いち早く産業革命に成功し、一次産品の供給よりも市場の確保を不可欠としていた上に、より安価な価格での一次産品生産を手中に収めつつあった他の欧州諸国を牽制する必要に迫られていたからである。英国の奴隷貿易反対キャンペーンの世界化が、当時の

英国と世界を結ぶ経済構造の転換を狙っていたことを考えると、現在の貧困撲滅キャンペーンもまたそのような構造転換の中に将来位置づけることができるかもしれない。これについては、まだ時間が必要であろう。

　20世紀を振り返ってみると、様々なルールや秩序が作られて世界に広がった世紀であったということができるだろう。国民国家体系など、それ以前から存在する秩序もある。しかし、それらが世界的に拡大し、アフリカにも原理原則として強要されたのは20世紀の特徴であろう。しかも、世界的に拡大したこれらの原理原則が、最も厳しい挑戦に直面している地域はおそらくアフリカ以外にはないであろう。

　例えば、ソマリアやコンゴ民主共和国で起きている状況を考えると、既に「国民国家」体制が成り立ってない。コンゴ民主共和国はここ10年の間に分裂してしまう可能性がある、あるいは「破綻国家」状態を続けると多くの人が予測している。他方、ソマリアは、もはや国家と呼べない状態となっている。

　「民族自決」原則についても、アフリカでは必ずしも通用しない。例えば、モザンビークでは民族集団が26ある。言語で数えると約百存在する。26がそれぞれ「民族」主体として自決するというのは現実的ではない。アフリカでは、民族集団が違えば違うほど結婚を勧める傾向がある。血が濃くなるのは好かれないので、同族同士で結婚するのはタブーである場合もある。したがって、多様な民族集団が入り混じった形で暮らしていることは当たり前のように多い。ルワンダ大虐殺の際にも、周りの人間も自分自身もどちらの民族集団に属しているかなど分からないため、植民地時代に作られた「身分証明書（民族集団名が記載）」で色分けされたほどであった。したがって、アフリカでは、民族集団ごとに領土分割する前提が成立しない。

　そもそも「民族」とは、何を指すのか。この問いに答えるには、アフリカ独特の社会構造を考えなければならない。アフリカの社会では、土地に人がついてくるのではなく、人に土地がついてくる。日本では村に人が出入りするが、土地としての村は動かない。しかし、アフリカの村は3年〜7年おきぐらいに場所を変えることが多かった。筆者が調査しているムホコ村は、7

年後には場所が変わっていた。なぜかというとムホコ村は首長について動いているので、先代が亡くなって次の首長が異なる場所に行けば村も移動する。つまり、アフリカでは村は人とともに動く。したがって、紛争の際にも領土を奪い合うのではなく、人を奪い合う結果となっている。私たちの常識とはかなり違う現実がある。

「国際社会」における重要なルールとなっている「主権在民」や「基本的人権」についても、ルワンダやスーダンのダルフール紛争のように国家を担う政府側が人民を殺す現状をどう考えるべきなのか。諸論はあるが、国民国家の最も重要な役割は、自国民を保護する義務である。イラクで日本人が誘拐された時には「自己責任論」が出てきて日本でも認識が少しおかしくなっているが、国民を守ってもらえるが故に国民は政府に様々な権利を付託しているのである。

このように、アフリカでは、「国際秩序」の原理原則と呼ばれているものが成立しない、あるいは実態と乖離しているように見える。では、国家の役割をどう考えるべきであろうか。そもそも、アフリカにおける「国家論」と日本のような国を対象とする「国家論」の間に、何か互いに参考にできるような基礎を共有しているといえるだろうか。例えば、日本では「国家を超えること」が重視される。日本のようにナショナリスティックな言説の強いところ、しかもそのことが他国だけでなく自国民の権利を侵害してきた国では重要な論点であるが、アフリカのように「国家を超えて」という前に、その国家自体が成立しない場合はどうなのか、という問いを投げる必要がある。

「国際社会」がアフリカを必要とする

さらに、「国際秩序」の原理原則は時代によって変化する。変化ばかりすると、「原理原則」と呼ぶべきではないかもしれないが、アフリカ地域の現実とのギャップの存在に対応するために生み出されてきたと解釈できる新しい原則や概念群も存在する。

そうした例の一つは、「ベイシック・ヒューマン・ニーズ」概念である。医療・保健や教育や水など基礎生活分野のニーズは人権であるという言い方は

70年代からなされてきた。政府が機能しないところで、ベイシック・ヒューマン・ニーズを守ってゆくべきかという問いかけの背景には、やはりアフリカでの経験があった。

　もっと分かり易い事例は、「人間の安全保障」概念である。従来の安全保障は国家安全保障だったが、それが「人間の安全保障」に変化してゆく。その契機となったのが、やはりアフリカであった。国家安全保障を重視すると内政不干渉の原則が前提となるが、国家あるいは政府が人々を殺しているアフリカではそれが成り立たない。さらに、国家安全保障を考えると大多数の人は貧しく暮らしているアフリカの人々のニーズに応えることができないことから出てきた概念である。

　また、従来の国家観には一様に国家が存在するという前提があったが、アフリカの現状を踏まえて「破綻国家」や「失敗国家」とかいう表現がされている。それは否定的な意味だが、新しい認識でもある。

　もう一つは、「ガバナンス」。「グッド・ガバナンス」の重視がよく叫ばれた時期がある。これもやはり、アフフリカの「バッド・ガバナンス」への注目があったからこそと考えられる。これらの概念が内政不干渉を超越して、「国際社会」の介入を擁護することにもつながる。また、地域機構に期待される大きな役割にもつながる。

　以上から言えることは、アフリカの現実が国際的に重要なキー概念の変容をもたらしたという意味で、ネガティブな意味での「寄与」があったという指摘である。ただし、やはり気になるのは、依然としてアフリカはむき出しの対象や客体であって、「国際社会」と呼ばれるものが直接介入してもよい地域として認識されている点であろう。例えば、アジアで何かあった場合には、「国際社会」や国連は、周辺諸国や地域機構に相談せずに物事を進めることはほとんど不可能であるが、アフリカにおいてはそうではない。「国際社会」は、アフリカにおいては「秩序を強要・擁護するアクター（主体）」として登場し、アフリカは「秩序を実現するための不安材料にまわるアクター（客体）」として理解されてしまっているのである。

　このように「国際社会」を国際秩序形成、あるいは維持の主体であると考

えると、果たしてアフリカは「国際社会」に入るのか、入らないのか。この問いを考えたのは、筆者がモザンビークに選挙支援で入った時である。平和維持活動（PKO）の一員として赴任したので、筆者の存在は一応「国際社会の一員」としてのものであった。そこでアフリカの紛争後の社会に対して何か果しうる役割があるはずだと当初は考えていた。しかし、よく分からなくなってきたのは、平和維持活動にはアフリカ各国から来ている軍隊や警察、あるいは筆者自身のような選挙監視員が大勢いる。彼らは「国際社会」の一員なのか、それともアフリカ人だから違うのか。そこが分からなくなった。紛争地から見ると、明らかに平和維持活動関係者は「国際社会の代表」なのだが、例えば彼らがボツワナの警察として本国に帰ったら、彼らは「国際社会の一員」とは呼ばれない。なぜか。それはアフリカ人だからなのである。なぜアフリカは「国際社会」には入らないのかというと、前述したように、アフリカは秩序形成実現のための客体であって、秩序形成のための主体ではないという認識が暗黙のうちに存在するからではないだろうか。

　例えば、50年後にアフリカが豊かな社会になり、日本で内戦があって、平和維持活動部隊がアフリカから来るという現実を想像できるだろうか。その時に、アフリカは「国際社会だ」という日が来るだろうか。むしろ、アフリカが存在するからこそ「国際社会」が存在するとは考えられないだろうか。救うべき主体、秩序形成を働きかけるべき地域を持たない「国際社会」や「世界」は、果たして「国際社会」と呼ぶ意義があるのだろうか。アフリカがあるからこそ、「国際社会」がある。逆説的にいうと、「国際社会」がアフリカを必要とする傾向があり、だからこそ救うべきアフリカの存在に焦点が当てられるという見方もできる。

4 今後の展望

アフリカから見た変化

　では、アフリカは一方的に客体であり続けるのか。アフリカに主体性はないのか。2000年頃に「アフリカ開発のための新パートナーシップ（NEPAD）」[8]が策定され、アフリカ諸国は新しいパートナーと一緒にやっていきたいと宣言した。NEPADでは加盟国が相互の政治状況等をピア・レビューするという新しい変化があった。2002年にはアフリカ連合（AU）が結成された[9]。従来は隣国の紛争に介入するアフリカ諸国は存在したが、平和構築や平和創造のための介入はやってこなかった。アフリカ連合はこれを実施しようとしている。例えば、スーダンのダルフールにアフリカ連合軍が展開しているのはその表れである。つまり救ってもらわなくても、自分たちで自分たちの問題は解決したい、そのためのリーダーシップによる政治的決断と意識、そしてその動きを後押しする状況が生まれている。最近はアフリカの問題はアフリカ独自で解決しようとするアフリカ側からの主体的イニシアティブの動きがある。

　援助の傾向としても、二国間援助よりもNEPADを通じた援助やアフリカ開発銀行を通じた援助がなされるようになっている。2007年ガーナで開催されたアフリカ連合総会では、「アフリカ合衆国」構想が議論された。リビアのカダフィ大佐によるリーダーシップではあるが、そのような動きが出ている。そこには、一方的に客体化されることに対する反発がある。NEPADもアフリカ連合もアフリカ大陸全土を包括的動きである。アフリカにも多様性があり、アフリカの一国一国を丁寧に見ることは、西洋や日本の「まなざし」を打破する重要な契機となりうるが、アフリカ諸国側も実は一国一国では力が弱いから、敢えてアフリカという括りで行動することで世界の政治力学の中でもっと力を得ようとする傾向がある。

新興国の出現とアフリカ

　もう一つ同時並行して、2005年あたりから顕著になってきたのは、インドや中国がアフリカに進出するようになったことと、アフリカ経済が軒並み成長していることである。世界の貿易輸出に占めるアフリカの割合は、アフリカ諸国独立前の1948年は8％あったのに、現在は1％に過ぎない[10]。日本とアフリカの貿易については1％以下である。世界銀行のレポートによると、直接投資については、アフリカに対する直接投資の世界の1.8％に過ぎない。南アジアも低いが、ラテンアメリカの9.2％と比べるとかなり低い。

　しかし、最近はアフリカの経済成長が著しい。日本の経済成長よりはるかに上回っている。3％以上、あるいは4.5％以上の成長をしているところが目立つ。特に、石油産出国の成長は目覚ましい伸びを示している。中でも赤道ギニアの成長率はすさまじいが、この国は独裁政権が36年も続いている。ガボンなど石油産出国のほとんどが軍事独裁政権である。ナイジェリアは少し違うが、赤道ギニア、チャド、アンゴラ、スーダン、コンゴ共和国など、石油産出国では民主化が進展しないことがはっきり分かり、貧困にも結びついている。

　しかし、最近顕著な経済成長を示しているアフリカ諸国は、石油だけが原因ではない。世界的な一次産品価格の高騰がアフリカに好影響を及ぼしている。2000年と2005年の世銀によるデータ比較によると、エネルギー（石油）だけでなく、鉱物資源、農産物、食料、その他の一次産品の価格指標も全て上昇していることが分かる[11]。

　ちなみに世界の一次産品市場に占める中国とインドの割合が高くなっており、特に中国の石油需要とインドの宝石需要が高いのが分かる。そしてアフリカ諸国と中国やインドとの輸出入の伸びが最近顕著に伸びている。従来はヨーロッパの旧宗主国との貿易関係が強かったが、最近ではほとんどのアフリカ諸国で中国やインドとの貿易がヨーロッパとの貿易、あるいはアフリカ大陸内の貿易をはるかに凌ぐようになり、この傾向は当分変わらないだろうと予測されている。最近の中国からの対アフリカ直接投資は、多くが資源志向のものであるが、必ずしもすべてが資源志向というわけでもない。

これからの「国際社会」とアフリカを考えるとき、中国やインドのアフリカ進出による貿易拡大は何を意味するのか。「国際社会」とアフリカの関係は、これらの新興国の出現によって変化するのだろうか。アフリカのリーダーにとって（一般住民ではない）は、それはこれまでの「国際社会」の言いなりにならずに、貿易、援助、軍事力を維持できる可能性が広がっていることを意味する。その意味で対等なパートナーとして中国、インドの役割を歓迎している傾向にある。しかしその結果、一般の人々が非常に困っているのは、人権抑圧や侵害、紛争、資源搾取、汚職がどの国でも強まっていることである。なぜならば、2005年ぐらいをピークに民主化促進や「グッド・ガバナンス」の要求が強まり、アフリカのリーダーたちもそれなりに応えてきたのだが、ここに来てもうそうしなくても投資をしてくれるパートナーが見つかったからである。ただし、それで中国やインドだけを責めるわけにはいかないのは、同じような経験は冷戦期にも存在したからである。日本も含めて、西側も東側も同様のことをしてきたことを考えると、遅れて来た中国やインドも同様のことをしているだけであるとも解釈できる。

　中国の出現によって、「国際社会」とアフリカの関係は変わり始めている。一方的な客体ではなく、主体としての認識も形成されつつあるが、その認識が果たしてアフリカの草の根の人々にとって役に立つ認識かというとそれは大きな疑問である。前述したように、経済成長に沸く国ほど石油産出国である。政治的に独裁政権であり、そのような国ほど貧困が構造化していることをどう考えるべきなのか。これこそが今早急に問われている問題である。この問題にどう関わるのかが、1993年以来「東京アフリカ開発会議（TICAD）」を開催してきた日本に問われている。

気候変動問題とアフリカ

　また、2008年G8サミット（洞爺湖サミット）でアフリカや貧困の問題とともに気候変動の問題が扱われることもチャンスとなりうる。なぜならば、気候変動の影響はどこで一番如実に現れるかというと、赤道近辺で最も影響が強いと言われているからである。それは海面温度の上昇とも関わっている。2007

年は東部アフリカとガーナは大洪水に見舞われたが、前年までは大干ばつだった。また、その前は大洪水だった。世界中を見渡しても、アフリカほど気候変動や地球温暖化に加担していない地域はない。アフリカ全体の二酸化炭素排出量はすさまじいほど低い。しかし、気候変動の影響を受けて、その影響によって人命が失われる傾向が高いのがアフリカなのである。アフリカでは、インフラストラクチャーが整備されておらず、ほとんど農業に頼って生きており、その農業も天水農業で灌漑施設も少ない。したがって、小規模の災害が発生するだけで生活に多大な悪影響を及ぼす。日本でも世界でも気候変動に関わる現象は発生しているが、先進国ではそれですぐに人が死ぬことは少ない。天災が人災にならない理由は、やはりその国のインフラストラクチャーの状況や生活のあり方、経済力があるからなのである。アフリカではそれらのどれもが整っておらず、なおかつ赤道近くにあるために大きな影響を受け、最も多くの人の命が奪われる。しかし、先述のとおり、最も気候変動の原因に加担していない。だから、正義の問題や不公正・公正を考える際に、なぜアフリカばかりに悪影響が出るのかをリアルタイムで二酸化炭素を排出し続けている先進国の住民として考える必要がある。それはまさに、アフリカの抱える問題に対して、我々は、「ヒューマニティ」の問題としてではなく、「正義」の問題として取り組むべきことを意味している。こうした観点から考えるためには、洞爺湖サミットがアフリカと気候変動という二つの柱を持つのは良い機会となるであろう。

1　テリー・ジョージ監督『ホテル・ルワンダ』2004 年。日本では 2006 年に公開。
2　http://www.jubileedebtcampaign.org.uk/
3　http://www.unmillenniumproject.org/documents/table_01.gif
4　国連世界食糧計画（WFP）「ハンガーマップ」http://www.jawfp.org/goods/hunger.html
5　http://www.commissionforafrica.org/
6　William Easterly, *The White Man's Burden* (NY: The Penguin Press, 2006).
7　Bethany Ann Lacina and Nils Petter Gleditsch, "Monitoring Trends in Global Combat : A New Dataset of Battle Deaths," *European Journal of Population*, 21 : 2-3 (2005), pp.145-165. より作成。
8　2001 年 7 月のアフリカ統一機構首脳会議において「新アフリカ・イニシアティブ」として採択され、2001 年 10 月に「アフリカ開発のための新パートナーシップ」と改称された。

9　2002年7月にアフリカ統一機構を発展改組して発足。
10　Harry G. Broadman, *Africa's Silk Road: China & India's New Economic Frontier* (Washington, D.C.: World Bank, 2007).
　　http://siteresources.worldbank.org/AFRICAEXT/Resources/Africa_Silk_Road.pdf
11　前掲書、Figure 5, p. 9.

8章　環境と貧困をめぐるグローバル企業の社会的責任

石田　寛

1　はじめに

　環境と貧困をめぐるグローバル企業の社会的責任という壮大なテーマを考えるときに、これから企業に就職する若い世代が企業に求められる社会的責任とどのように関わってゆくのかが重要なポイントとなる。企業の社会的責任（CSR）という美辞麗句が本当に実現できるのかと思っている人たちに向けて、どのようにこれを普及浸透させてゆくかを考えて行動して欲しい。

　本章では、まず、企業の社会的責任について簡単に概説する。次に、企業はビジネスを展開していく中で、様々な社会と経済のバランスをどうとるのか。とりわけ、グローバル化する社会は刻一刻と課題やニーズが変わる。一人ひとりの好みも変わるが、65億人以上の人々が地球上で暮らしていると、その課題やニーズは急速かつ多様に変化する。この外部環境の変化を企業がどのように的確にとらえて自らの経営戦略に落とし込めるのかが重要な観点となる。その中で、外部機関、外部の格付け機関などの動き、またはメディアの動きに触れる。次に、実際に人類はどのような課題やニーズに直面しているのかに言及する。その上で、「グローバル企業の社会的責任」とは何かを考察する。グローバルな社会的要請の把握と対処すべき課題を抽出し、環境と貧困をめぐるグローバル企業としての社会的責任の事例としてBOP（Base of the Pyramid）ビジネスにも言及する。

2　CSRについて

企業に求められる社会的責任

　まず、企業に求められる社会的責任とは何なのだろうか。CSRが叫ばれるようになった時代背景として、市場の持続的成長の実現への期待があるように思う。顧客、従業員、株主・投資家、取引先、競合他社、地域社会等、企業を取り巻く利害関係者（ステークホルダー）への影響を考慮に入れず、自分勝手なビジネスを続ければ、市場そのものが行き詰まってしまう。株主投資家（シェアホルダー）だけを意識して、どのように配当を出すかということに偏ってしまうビジネスもこれまでしばしば見られた。しかし、多様なステークホルダーや社会的問題を意識しながらビジネスを展開することが持続的成長の実現につながると考えられるようになったのである。

　また、市場における自由の特権の享受についての時代認識の変化もある。これは企業倫理、モラルに関連している。つまり、各企業が自由なビジネス活動を求めるのであるならば、自らの力で自らを律する能力を身につけなければならないという認識である。その能力こそが「CSR体制」なのである。もしこうした体制を敷くことができなければ、企業に与えられた自由という特権ははく奪され、結果として事業の継続が不可能となる。このような認識変化も時代の流れの一つである。

　残念ながら多くの企業におけるCSR活動の傾向は、CSRというと法令遵守（コンプライアンス）に限定して認識されたり、環境・社会問題への対応に限定されて考えられている。あるいは、多様性（ダイバーシティー）に特化して、女性の管理職登用問題に限定して捉えられている場合もある。まだ日本企業では、社会的分野での取り組みが遅れているが、それだけでは実際のCSRを正しく理解されているとは言えない。各地域や社会の特性を活かし、本業のビジネスを通じた社会的責任に取り組んでゆくことが重要である。企業が「社会貢献をする」と言って、非営利組織（NPO）や非政府組織（NGO）にお金を寄付しても、自社の利益が上がって寄付を継続できれば良いが、利益が下が

ったために減額せざるを得ない場合、NPO や NGO は困ってしまう。NPO や NGO にとっては、中長期的な戦略を立てたくとも、その実施に必要な資金の安定した確保ができなくなってしまう。

本業を通じた CSR 活動

そこで重要になるのが「本業を通じた形での CSR」である。そこで重要となるのが、本業におけるステークホルダーとの関係である。例えば、ステークホルダーとの関係がうまくいっていれば、地域社会における雇用拡大・地域貢献、NPO・NGO へのボランティア活動・技術支援、顧客に対する魅力的な商品供給・誠実な対応、政府に対する納税・遵法、従業員への報酬・福利厚生、株主・投資家への配当・株価上昇、サプライヤーとの安定取引・取引拡大などがうまくゆくと考えられている。逆にこれらの関係がうまくいかない場合には、工場閉鎖によって失業者が増え、従業員のリストラなどが生じる。株価下落や経営悪化になると、企業は信用を失ってしまう。倫理違反の行為が生じると、すべての関係が崩壊することにもなる。企業の本業においては、いつも顧客、株主・投資家、地域社会、取引先、競争相手、従業員との関係を日々のオペレーションに関連づけている。その項目は、環境マネジメント、リサイクル、品質、顧客満足、情報開示、個人情報の保護、多様性、労働、業界団体での取り組みなど多岐にわたる。

しかし、企業に配属され、実際に日々の仕事をマニュアル通りにこなしていると自分は何に向かって仕事をしているのかが見えなくなることもある。伝票を右から左、下から上に流す作業をしていると、徐々に物事を自分で考える主体性がなくなることもある。そこでは、一人ひとりのモラルが非常に重要となる。モラル・センスを一人ひとりがきちんと持つモラル・インディビジュアルが存在する企業こそが CSR を支えることができる[1]。経営者が「CSR をやる」と言っても、従業員が動かなければ本当の CSR は実現できない。器を作っても、魂が入っていなければ CSR は意味をなさない。社員に「あなたの CSR に対する考えは何ですか」と聞くと、「そもそも CSR は何ですか」と聞かれるときがあるが、それでは困る。しかし、実際にはこの部分を考えて

ゆかなければならない。日本の企業も海外の企業も、この原点が課題として残っている。

CSR の秘訣

　CSR 概念を整理しておくと、第1に、CSR は環境問題や社会貢献の活動だけに特化したものではない。その原点は、企業とその企業を取り巻く利害関係者との関係性にある。どのような価値観でそれぞれのステークホルダーと関係を持つことができるのか。これまで認識されていなかったステークホルダーも出現しうる。また、このステークホルダー間のパワーバランスに対する認知が重要であり、時代の潮流をとらえているかを意識する必要がある。

　CSR とは、何も新しいコンセプトではなく、過去から実際に企業が取り組んできた活動の総和である。抽象論ではなく、各企業できちんとその活動や業務を整理することが必要である。本業を通じ各分野での実績について、対外的に説明する責任を果たすことが重要である。その結果として、あらゆるステークホルダーの満足度を高め、信頼関係を作ることが目標である。それができれば、社会と企業の持続的な成長の可能性を見出すこともできると考えられる。

　CSR は業務の推進プロセスを司るものであることを踏まえて、実際に CSR を実現し、成功させる秘訣は4つのバランスを保つことである。第1は、自社の利益と社会のニーズのベクトルを常に合わせることである。第2は、ステークホルダーの信頼を得ることである。第3は、企業の経営戦略には中長期的な5年計画もあれば短期のものもあるが、常に短期と長期の視点を明確に分けて CSR 戦略をどのようにそれらの中に落とし込むことができるかを考えなければならない。第4は、財務情報と非財務情報を明確にして透明性を高め、対外的に説明を果たすことが重要である。CSR は、財務諸表には直接表れない目に見えない無形資産である。何が CSR で、これをどのように測ればよいのかが非常に分かりにくい。これを可視化することが、いま全世界で注目されている[2]。

日米欧のCSRに関する取り組み

　CSRの定義が難しいのは、国や地域によってCSR概念が異なることにも起因する。日本のCSRの考え方は、ヨーロッパ、アメリカ、他のアジア諸国、アフリカ諸国とも違う。したがって、CSRを国際的に議論する際には、その国や地域の歴史、文化、社会的背景を考えた上で考えてゆく必要がある。

　ここでは日米欧の相違点を考えてみたい。日本は、第2次世界大戦後に急激な経済成長を遂げているが、CSR概念の原点は石田梅岩（1685～1744）や渋沢栄一（1840～1931）らによって、既に網羅されていたとされる。日本におけるCSR概念は、従業員の人間性や人間関係の視点から考えて経営責任がどうあるべきかが重視されている。最近の文脈では、企業の不祥事が起きている背景の中でどのようにそれを正さなければいけないのか、あるいは環境問題について企業価値をどのように正すことができるのかという視点からCSRの機運が高まっている。キヤノンの賀来龍三郎氏の言葉を借りれば、「共生」（ともに生きる、Living and working together for the common goods）という考え方が日本のCSRに最もよく当てはまるのではないかと思われる。

　一方、アメリカにとってCSRは何であるのか。これにもいろいろな考え方があり一概には言えないが、一つとしては、自分たちが利益を上げることに対して悪意は全くない。むしろ神から与えられたタレントを有効に活かさなければならないという認識がある。そのような考え方から、お金は稼いでも、その分いろいろな財団を作るなどして社会貢献する動きも見られる。そうした意味での地域貢献や寄付行為が一つの特徴として挙げられよう。もう一つは、公害、環境問題、原発事故や不祥事といった諸問題への対応について、アメリカでは民間セクターが強い主導権を持っている。CSRの動きもそこから出てきた。さらに、もう一つの特徴は、社会的責任投資（SRI）である。これはファンドマネージャーたちが社会的な責任を果たしている企業を評価し、その株に投資するとことである。このSRIファンドの動きが急成長している[3]。

　ヨーロッパについては、比較的狭い地域に多くの国々がまとまっている。その中で、重要となるのは自分たちにとっての人権と尊厳である。だからヨー

ロッパのCSR概念では、人権としての雇用、労働をどのように守ることができるのか、人間の尊厳などが基本として認識される。日本からは共生、アメリカはどちらかと言えばステークホルダー間の考え方、ヨーロッパが人間の尊厳。これら三つのコンセプトが交わって、CSRの浸透・普及を目指すビジネスリーダーのネットワークである経済人コー円卓会議（Caux Round Table）では、1994年に「企業の行動指針」が作られた[4]。これは日米欧の経済人による円卓会議がきっかけとなり1986年にスイスのコーで創設されたが、現在はアメリカに本拠を置き、アメリカ、ヨーロッパ、アジア、オセアニア諸国に拠点を持つグローバルなネットワークとなっている。

3 外部環境の変化とCSRの認識変化

CSRの規格化と国際標準化

　企業を取り巻く現実の外部環境の変化を見ると、ミレニアム開発目標、SA8000、Sustainable Asset Management (SAM)という三つの大きな動きがある（図1を参照）。ミレニアム開発目標とは、貧困や飢餓の撲滅など、全人類的な課題を組み込んだ国際開発目標である。Social Accountability 8000 (SA8000) は、児童から一般労働者まで、全労働者の基本的人権を保護する規範を定めた規格である。SAMとは、財務面だけでなく環境や社会、または企業に関わる全ステークホルダーへの配慮・貢献を統合的に経営に取り入れるかについての企業評価である。このような枠組みで、いま企業は評価されている。日本の企業も欧米の企業も、この文脈で自分たちがどう評価されているかを気にしている。

　これら三つの関係を見ると、環境と貧困をめぐる課題はかなり広範囲にわたっている。例えば、環境の持続可能性の確保については、ミレニアム開発目標とSAMに関わっている。児童労働撤廃や強制労働撤廃については、SA8000とSAMに共通している。とりわけ「開発のためのグローバル・パートナー

図1：CSRを取り巻く国際的な動き

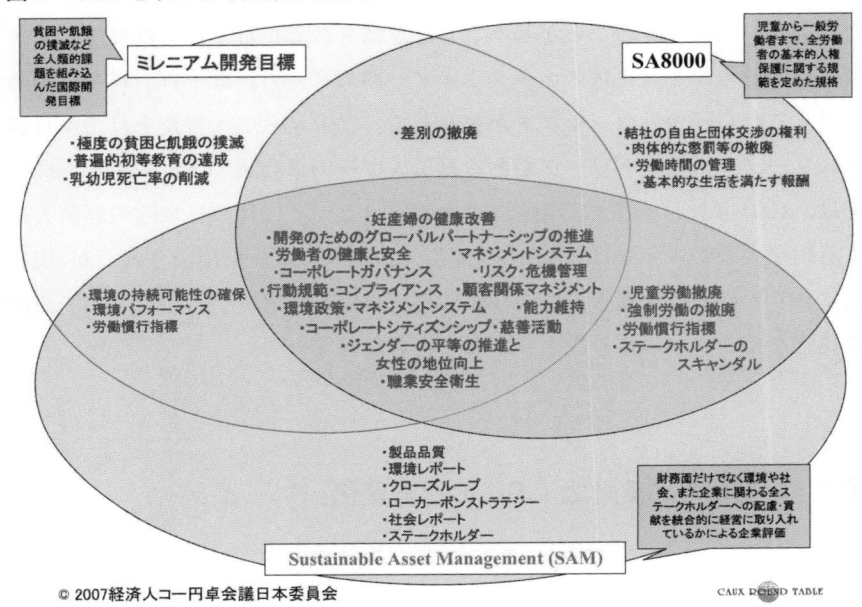

ミレニアム開発目標
貧困や飢餓の撲滅など全人類的課題を組み込んだ国際開発目標

- 極度の貧困と飢餓の撲滅
- 普遍的初等教育の達成
- 乳幼児死亡率の削減

- 環境の持続可能性の確保
- 環境パフォーマンス
- 労働慣行指標

- 差別の撤廃

- 妊産婦の健康改善
- 開発のためのグローバルパートナーシップの推進
- 労働者の健康と安全　・マネジメントシステム
- コーポレートガバナンス　・リスク・危機管理
- 行動規範・コンプライアンス　・顧客関係マネジメント
- 環境政策・マネジメントシステム　・能力維持
- コーポレートシティズンシップ・慈善活動
- ジェンダーの平等の推進と女性の地位向上
- 職業安全衛生

- 製品品質
- 環境レポート
- クローズドループ
- ローカーボンストラテジー
- 社会レポート
- ステークホルダー

SA8000
児童から一般労働者まで、全労働者の基本的人権保護に関する規範を定めた規格

- 結社の自由と団体交渉の権利
- 肉体的懲罰等の撤廃
- 労働時間の管理
- 基本的な生活を満たす報酬

- 児童労働撤廃
- 強制労働の撤廃
- 労働慣行指標
- ステークホルダーのスキャンダル

Sustainable Asset Management (SAM)
財務面だけでなく環境や社会、また企業に関わる全ステークホルダーへの配慮・貢献を統合的に経営に取り入れているかによる企業評価

© 2007経済人コー円卓会議日本委員会　　　CAUX ROUND TABLE

シップの推進」などの項目については、3者に共通して重視されていることが見えてくる。このように21世紀にビジネスをする際には、単純に企業の収益性や成長性を追求してゆくことではなくなっており、こうした点についても企業の責任として関わってゆくことが非常に重要となってくる。

　もう一つ、非常に重要なのが国際標準化機構（ISO）の動きである。CSRもいよいよ規格化や国際標準化する動きが高まってきている。しかし、実際にこの問題を考えると、前述したように、CSRは経営そのものに関わっているので、多くの国々でCSRの規格化や国際標準化について大きな議論となっている。一方で、ガイドラインだけで良いのか、もっと踏み込んだ形で第三者認証までとるべきでないかという意見がある。また他方では、とりわけ日本やアメリカを中心とする産業界では、そもそもビジネスというのは差別化のチャンスがあるから成立しているわけで、どの企業も同一の規格化や標準化をしてしまっては、社風や経営理念から商品についてまでも規格化してしまうことになりかねず、ビジネスは成り立たなくなるという意見もある。日本

の経済産業省などもそのあたりの動きに非常に神経を尖らせている。

　ところが発展途上国にとっては、そうでもない。多くの途上国政府では、まだCSR概念が浸透していない。途上国へCSRについての講演に行くと、政府が必ずしも信頼されていない状況が分かる。自分たちの政治指導者はきちんと市民のために考えているのかというと、そうではないと。そのような意味で政府の働きが本当に信頼できるのかどうかという点に大きな問題を抱えていることを背景に途上国の経済界や産業界では、逆にきちんとISOで規格化することを支持する立場であることを明確に打ち出している。ある程度これが明確になっていれば自分たちもそれを遵守すれば良いという考え方である。このように先進国でも途上国でもISOの動きは非常に注目されている。実際にどこまでCSRを規格化すべきか、または第三者認証までとってゆくのが良いのかという議論は、グローバルな秩序形成に重要な影響を与えうる。

　中には次のような意見もある。「ISO14001のようなマネジメント規格では意味がない。規格の制定にあたってはステークホルダーの参画も積極的に認めるべきだ」とか「ガイドラインではなく第三者認証制度を前提とした規格とすべきである。規格化は発展途上国の生活の質の改善に資するものであるべきだ」といった意見である。このような意見が強くなるのに伴って、いかなる規格化に反対を表明していた勢力（産業界、特に日本やアメリカ）にとっても、第三者認証を目的としないガイドラインの策定を認めざるを得なくなってきているのではないか。しかし、どのようなガイドラインができようが、「企業が自らの取り組みによって、いつまでにどれだけ効果を上げたか」をきちんと測定できるかどうかという視点が非常に重要である。「CSRはファッションだ」とか「ブームだから、自分たちのブランドや評判を上げよう」といったイメージアップや宣伝にCSRを使われては困るという議論もなされている。

格付け機関やメディアの対応

　格付け機関やメディアはどのようにこの問題を見ているのだろうか。具体的例として、『ニューズウィーク』誌に掲載された「世界企業ランキング500」

の評価を見てみたい[5]。従来の企業のランキングは、財務的得点の評価項目でなされていた。例えば、収益性については、資本営業利益率（営業利益÷総資本）の平均値や売上高営業利益率（営業利益÷売上高）の平均値で評価される。成長性については、売上高の年平均成長率や営業キャッシュフローなどが指標となる。安全性については、インタレストカバレッジ・レイシオ（＜税引前利益＋支払利息＞÷支払利息）などの評価項目である。ところが近年に至っては、コーポレート・ガバナンス（企業統治）をはじめとするCSRの視点や従業員、社会、環境についての得点がランキング要素として盛り込まれるようになった。イギリスのCSR格付け機関EIRIS社による評価項目および結果を活用しながら『ニューズウィーク』誌が採点した評価には、企業統治や従業員に関するもののほか、社会に関する評価として、人権保護の総合評価、調達先の労働条件向上へ向けた対策、様々なステークホルダーに対する取り組みの総合評価、顧客・取引先との関係についての総合評価、社会貢献活動などが考慮されている。環境に関しては、環境問題への取り組みの総合評価や環境負荷削減のパフォーマンスが採点されている。利益だけを上げていれば良いとされた時代からすると、大きな変化である。

　格付け機関やメディアによるこのような評価は、実際にどの企業に投資し、その企業の株を売買するかに携わるファンドマネージャーからの要望にも反映されている。経済人コー円卓会議日本委員会の調査によると、CSRに積極的な将来性のある企業についてどのような側面を評価するかという質問に有力なファンドマネージャーは、まず第1に経営者トップのCSRへのコミットメントがどれほど得られているか、第2に単に財務的なレポートや投資関連（IR）情報として財務諸表を公表するだけでなく、いかに非財務情報を公表することができるかであると答えている[6]。日本企業のCSRレポートは、2007年にはおそらく1,000社を超える勢いで発行される。これはかなりの規模だが、いかにこのCSRを自分たちなりに本業の操業プロセス構造に表現しているかが第3のポイントになっている。そして第4に、主導的企業としてサプライチェーン・マネジメントに行動を起こしているかが重要である。消費者が顧客である場合と違い、企業が顧客である場合のCSRには若干の違いがあ

るが、製造業の原材料や部品がベストの品質でない市場で競争してゆけない。自動車業界の場合、約80％は取引先が製造しているとされる。化学製品を扱う業界にとっても、取引先との関係は重要である。このうちの1社にでも不正行為などがあった場合、またたく間に親会社の責任になりうるし、社会的な信用を損ないかねない。その意味で、関連しているグループ、取引先全てのサプライチェーンにおいて誠実に対応しているかどうかが盛り込まれている。サプライチェーンについては、急成長する中国でも大きな課題になっている。中国に進出する多くの日本の企業も、例えば中国のサプライヤーとこのような形でCSRを実施できるかが、現状の課題である。

収益性だけでない要素を盛り込んで評価しているのは、格付け機関やメディア、あるいはファンドマネージャーだけではない。例えば、アルバイトをしていて15分休憩があったとして、スターバックスとドトールが近くにあったらどちらに行くか。その選択にはどのような評価がなされているかを考えてみてほしい。それはメディアや企業からのメッセージをどのように顧客が受け取っているかにかかっている。そうした情報やイメージが人々の頭によぎって、商品や企業が選択される。実はその選択プロセスの中に既に多くのCSRの要素が入っている。それだけCSRは身近なものでもある。

そうした中でスターバックスコーヒージャパンについて興味深い新聞記事があった[7]。同社は都内で消費期限切れのケーキを2個売ったことをホームページや新聞で告知し、商品回収の「おわびとお願い」を掲載したという。このような情報開示によって、自分たちは社会から見られているという意識が社員にも浸透すれば、より一層その会社の評判、期待、信用、信頼が高まってゆくかもしれない。このようなところにもCSRの動きが見てとれる。

4　人類が直面している課題とニーズ

CSRは企業人が社会的課題をいかに正確に把握するかにかかっているが、企業組織の狭い範囲で5年間、10年間仕事をしていると、「社内の常識は世

間の非常識」という傾向に陥りやすい。特に環境問題や貧困問題などいろいろな問題が挙がる中で、企業経営者、支店長クラス、部長級クラスに「各事業所の地域社会で活動している中で、周辺地域における社会的課題をご存知ですか」、「周辺地域のニーズにあった対応をしていますか」という質問をすると、十分に把握されていないことが多い。「自分たちの会社の特徴、弱みは何ですか」と聞くと次々に項目を挙げられるのに、「皆さんの家庭の中、地域の中でどのような問題が起きていますか」と聞いても分からないのである。それだけ狭い範囲の中での仕事をしていることなりがちである。こうなるといかに社会的課題をいかに正確に把握できるか、地域社会やグローバル社会の課題やニーズの変化に敏感に反応できるかが極めて重要であることが分かる。

　社会的責任の重要性を考えるうえでの課題やニーズには、貧困問題、環境問題、ホームレス・若年層の失業・自殺の増加、犯罪と不安感の増大、在住外国人の増加と偏見、食の安全性への信頼低下、コミュニティの崩壊、不登校児童・生徒の増加（特に公立小学校の学級崩壊）、ドメスティック・バイオレンスと児童虐待の増加、情報化社会の負の影響、急速な高齢化、女性就労への障壁などが挙げられる。大学生や若い世代であれば知っていても、企業人には分からない課題もある。例えば、コミュニティの崩壊と言っても「本当にコミュニティが崩壊しているのか」という反応が多い。急速な高齢化などは企業の人々も反応するが、ホームレス、環境問題については必ずしも十分に意識されていない。女性就労への障壁や食の安全性への信頼低下については、ジェンダーによる意識の差異も存在する。また、すべての産業セクターや企業において意識が低いわけでもない。

　例えば、HIV／エイズの事例を検討してみたい。日本国内においては、1994年に国際エイズ会議が横浜で開催された後、いくつかの企業でエイズ対策室が設けられた。CSR関連の課題としてHIV／エイズ問題を取り上げる日本企業はまだ数少ないが、自動車業界では本田技研工業がホンダ・タイランド社のエイズ孤児基金を立ち上げた。他産業では、ボディショップ・ジャパンがイオン、タワーレコード、MTV等との強力によるキャンペーン展開をし

ている。このような活動の企業にとってのメリットは、社会派企業としてのブランドイメージの向上や、社会貢献に従事することによる社員のモチベーションや意識向上もあるという。

建設業界では、HIV 感染者が増加の一途をたどるベトナムの南部において「健全な労働者の安定を確保する必要がある」ということで、鹿島、大成建設、新日本製鉄の共同企業体がこの問題に取り組んでいる。ダムや施設を建設するために多くの現地労働者を雇用する際に、安定した従業員の確保は企業にとって死活問題である。次々に従業員が入れ替わると、業務指導だけでもコストや時間がかかってしまう。知識や技術の確実な向上と伝承のためには、しっかりした体制を作らなければならない。また、将来的な消費市場の確保にも影響を与えかねない。

欧米では HIV ／エイズに対する関心は比較的に高く、大企業ほど何らかの形で HIV ／エイズ対策を CSR の一環として行っている傾向がある。特に、自動車関連産業の貢献がクローズアップされることが多いようである。例えば、ダイムラー・クライスラー社の問題意識としては、南アフリカにおける労働人口の減少があった。取り組みの内容としては、無料の HIV ／エイズテストを実施し、早期発見および医療機関の有効利用率の増加を図った。また、コミュニティ全体の理解の促進のために、従業員の家族へのサポートや既に感染した従業員への支援（HIV 感染者の現地労働率は 9.6％）を実施している。同社のシュレンプ会長（当時）は、2003 年 HIV ／エイズ世界経済人会議の座長を務めるなど企業イメージの向上にも少なからず貢献した。前述した建設業界と同様に、労働力の安定確保は同社にとってのメリットにもなる。

企業の立場としては従業員とその家族を対象としてこのような取り組みをしているが、自社社員だけでなく、企業の工場が進出している地域コミュニティに向けても何かしらの対策をしてほしいと多くの NGO が指摘事項として挙げている。実際にこうした対応ができるのかどうかがグローバル企業にとっての課題となりつつある。最近の NGO と企業とのダイアローグでも同様の指摘があった。ある企業では、HIV ／エイズ対策として現地工場のトイレでコンドームを配置していた。しかし NGO が求めているのは「工場の従

業員だけではなく、もっと地域向けの対策をして欲しい。そうでないと、従業員も困る」という主張であった。例えば、床屋さんがエイズになっていなくなったら誰が散髪をするのか。地域社会全体を見て対応を考える必要があるということである。

5　グローバル企業の社会的責任

社会的要請の把握

　環境問題にしても、貧困問題にしても社会の課題を的確に認識しなければ適切な行動ができない。しかし認識さえすれば、行動に直結するわけでもない。その企業にとって何ができるのか、自分たちができる範囲を見つけてゆかなければならない。百件、2百件の課題を出す企業もあるが、それらを直ちに全部について取り組むことができるわけではない。せいぜい10件ぐらいのことから取り組み、徐々にレベルを上げてゆくことが必要である。今年はここまでしかやれないが、来年、再来年、5年後にはここまでやれるだろうという計画性が重要である。いま自分の会社にある課題をすべて認識することが重要だが、経営方針や経営戦略から照らして合致しているものを優先的に取り組む。しかし、他にも十分に取り組むことができていない問題があることを内外に情報発信すべきである。こそしてそれらを全部テーブルに載せる。これが潜在的なリスクの危機管理（ポテンシャルリスク・マネジメント）である。

自社の利益と社会の課題やニーズとのバランス

　企業は利益を度外視して社会貢献やCSRをしても意味が無い。しかし、社会の課題やニーズも把握しなければならない。ここが難しいところであるが、ここをきちんと網羅して体制づくりをすれば、必ず中長期的に見てステークホルダーとの信頼関係が構築できるのではないかと思う。要は、バランス感覚

が大切である。われわれ一人ひとりにとってもバランスは大切であるが、企業にとっても社会にとってもバランス認識が必要である。企業のバランスとしては、リスクとオポチュニティのバランスが、社会のバランスとしては社会のニーズの把握と対処すべき課題の抽出のバランスが必要である。

それらを踏まえたうえで、最も重要な三つのバランスは、(1)短期視点と長期視点のバランス、(2)企業の成長と社会の発展のバランス、(3)企業が提供する価値のステークホルダー間のバランスである。多様なステークホルダーが存在するが、どこに注力して、どこに優先順位を置くかという価値観のバランスを見定めなければならない。これがある程度出来てくると、自分たちが何をすべきかが明確になり、持続的な利益のある成長する企業が見えてくると思われる。

こうして社会の課題やニーズを的確に捉えて本業を通じた社会的責任を果たすと、従来ありがちであった、「自分たちはこういうことをやっている」とステークホルダーに向けて一方的にアクションを起こして、発信していたような独りよがりの活動にも変化が表れてくる。そうではなく、相手の立場に立った形で何が自分たちに期待され、求められているのかを把握する感受性や情報の感度を管理するアンテナが重要となる。これらの諸点については、例えば、日産自動車の『サステナビリティレポート2007』に示されている[8]。

社会的要請について、国際社会からの要求水準は高まっている。開発途上国ではグローバル企業に対して公的役割を求める傾向が強くなってきている。それは、途上国政府の機能が十分に機能していないという問題もある。そうした中で対処すべき課題としては、まず、グローバルな課題として、地球環境問題、人権・貧困・感染症などの問題が挙げられている。さらに、現地固有の問題として、現地の公害、地域社会との関係が長期的に企業の財務や経営に重要な影響を及ぼす要因となっている。

BOPビジネス

BOPとは、もともと「ボトム・オブ・ザ・ピラミッド (Bottom of the Pyramid)」、つまり経済ピラミッドの底辺に位置する人々を意味する言葉であった。最近

では「ベース・オブ・ザ・ピラミッド（Base of the Pyramid）」という表現をするようになった。つまり、BOPビジネスとは、先進国の企業の視点から見れば、「貧困層を顧客に変える次世代のビジネス戦略」として紹介されている[9]。ただし、「民間企業は貧困層を搾取するもの」という疑念を多くの貧困層が抱いている。したがって、留意すべきポイントは、CSRの要素を盛り込んだ形で「正しい道徳的なこと」を行うことが不可欠である。つまり、顧客ニーズを確保しながら、顧客への価値を最大限にするビジネスをどう展開するか。そして、顧客の文化を尊重して、事業運営におけるマーケティングやコミュニケーション活動を効果的に実施できるかが重要である。これらのことをしっかりと考えなければならない。それが本業を通じたCSR活動につながってゆく。

　しかし、実際には多くの企業が自社の視点か抜け出していない。図2に示したように、横軸に「自社の視点」、縦軸に「社会の視点」をとると、どこで事業を展開しているのかの位置づけがよく分かる。この枠組みで整理してゆくことは、将来的にCSRの財務的影響度を分析する一つのベースにもなる。自分たちが取組むアクションプランが、自社の影響と社会の影響度のどこに位置づけられるかによって優先順位、重要性を把握することができる。CSRは幅広いのですぐに全てを網羅できない状況があるが、その中でマテリアリティ（重要性）を理由づけするための表でもある。CRT日本委員会では、このマテリアリティの概念を盛り込んだ形で、各企業のCSRの取り組みを社会と自社の視点から位置づけ、社内でコンセンサスを得られやすいようにCSRを可視化するためのツールを開発した。ここでは企業にとっての影響度、優先順位はまず利益を上げることである（X軸）。ところが社会が企業に求めているものは、社会貢献活動である（Y軸）。寄付や従業員によるボランティア活動への参加などが社会貢献活動として位置づけられる[10]。

　自社の視点と社会の視点とが交差する領域に、貧困問題に対する国連ミレニアム開発目標やBOPビジネスが位置づけられると考えられる。社会にとっても企業にとってもWin-Winになる関係をどのように構築してゆくことができるか。それを本業のビジネスにつなげる企業がこれから注目されるよ

図２：本業を通じた CSR 活動

社会の視点

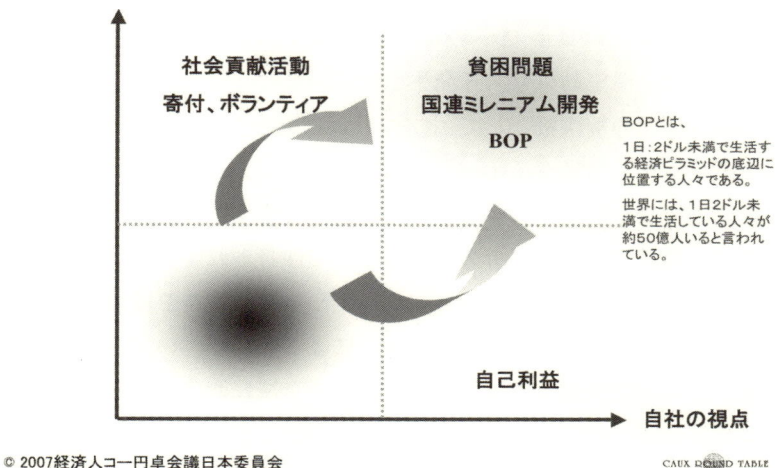

社会貢献活動
寄付、ボランティア

貧困問題
国連ミレニアム開発
BOP

BOPとは、
1日：2ドル未満で生活する経済ピラミッドの底辺に位置する人々である。
世界には、1日2ドル未満で生活している人々が約50億人いると言われている。

自己利益

自社の視点

© 2007経済人コー円卓会議日本委員会　　　CAUX ROUND TABLE

うに思う。

　グローバル社会においてBOPとは、1日2ドル未満で生活している経済ピラミッドの基底に位置する人々のことである。世界には1日に2ドル以下で生活している人々が約50億人いると言われる。世界の推定人口は、約65億人である。それを考えると、ほとんどの人々が毎日2ドル以下で生活していることになる。先進国で暮らしていては想像がつかないかもしれないが、それが現実である。先進国での暮らしぶりは、ごく一部の人々に限られた環境であることを認識しなければならない。一部の人々が享受する恩恵をピラミッドの基底に位置する人々へも広げようとするのがBOPビジネスである。実際に世界銀行グループの国際金融公社（IFC）もこの動きに注目してきている。

アフリカに光を

　環境と貧困に関して、国際金融公社が進める一つの注目すべき事例として、底辺の人々に光をという趣旨で、2007年に「アフリカに光を（Lighting Africa）」というプロジェクトが立ち上がった[11]。照明についてBOPが抱える問題は、まず約16億人もの人々が、照明を主に灯油などの燃料に依存して

いる点である。全世界で燃料をベースにした照明の年間消費額は380億ドルと言われ、そのうち170億ドルがアフリカで消費されている。このような質の劣る照明に多くのお金（収入の20%以上）を支払っている。しかも、灯油等による照明は、温室効果ガスを発生させている。

　これらの問題の解決策として、「アフリカに光を」イニシアティブでは、省エネで長持ちする発光ダイオード技術（LED）を利用し、各種の低コスト電源から照明の提供をしようとするものである。技術革新によってエネルギー効率が良く、環境にも良く、耐久性もある点で注目されている。グローバルに展開する照明関連企業によるBOP市場参入を市場調査や現地スポンサー紹介などによって支援し、発光ダイオードによる照明器具の導入・拡大のための金融や市場環境整備も支援する。アフリカ全域における世界銀行グループのイニシアティブのパイロット・プログラムとしても位置づけられている。

　参加企業としてのメリットは、国際金融公社の市場調査結果を共有できること、流通販売を行う参加現地企業と直接コンタクトが可能なこと、低リスク・低コストのプログラムへの参加できること、今後の現地BOP市場で低価格の照明器具を製造販売する投資については企業の自由判断であること、自社開発商品については報告義務がないので知的財産権を厳守できることなどが挙げられる。フィリップス社（オランダ）、オスラム社（ドイツ）などが参加している。今後、日本の企業も自分たちの本業の特徴や技術的な強みを認識して、BOPビジネスに参入することを期待している。

マラリア撲滅に向けて

　もう一つの事例として、世界保健機関、ユニセフ、国連開発計画、世界銀行などのイニシアティブによって2000年からマラリア撲滅計画が推進されているが、この計画において企業とのパートナーシップが推進されている[12]。世界保健機関の推計によれば、世界では年間3億人以上がマラリアに感染しており、年間百万人以上が亡くなっていると言われる。その多くがアフリカの熱帯地方に集中しており、とりわけ抵抗力の弱い5歳未満の子どもたちが感染している。乳幼児死亡率の削減やマラリアなどの感染症の蔓延を防止す

ることはミレニアム開発目標にも掲げられているが、気候変動によってマラリア感染がさらに増加する可能性も指摘されている。

　このパートナーシップにおいて、日本企業の住友化学が開発したオリセット・ネットという蚊帳が大きな注目を浴びている。これはマラリアを媒介する蚊を防除するため、蚊帳を織る糸の原料である合成樹脂に防虫剤を練り込み、徐々に防虫成分がにじみ出て、洗濯をしても5年間は効果が持続するという技術を活用した蚊帳である。さらに、この技術をアフリカに移転し、タンザニアの現地工場で蚊帳を生産して1,000人の雇用を生み出しているという。

　技術移転によって、現地雇用を生み出し、製品の売上げも伸びる。そこで新たな市場も生まれる。このように、BOPビジネスは今後もますます注目されてゆくだろう。

1　スティーブン・B・ヤング『CSR経営-モラル・キャピタリズム』（生産性出版、2005年）を参照。
2　経済人コー円卓会議日本委員会では、これを測定するためのプログラムを開発することに成功し、日本の企業で相次いで導入している。
3　日本の金融業界では、まだSRIは停滞か微増といった状況である。しかし、金融業界は他の産業にも影響を与えるので、金融業界が本業として社会に何を貢献できるのかが明確に見えてくれば、さらに新しいファンドも作られて、日本でも広がりうると思われる。
4　経済人コー円卓会議日本委員会、http://www.crt-japan.jp/
5　『ニューズウィーク日本版』「世界企業ランキング500」（2007年7月4日号）44～60頁。
6　経済人コー円卓会議日本委員会による調査（2007年3月）。
7　『日本経済新聞』「ネットと文明」（2007年6月27日）。
8　日産自動車『サステナビリティレポート2007』10～24頁。
　　http://www.nissan-global.com/JP/DOCUMENT/PDF/SR/2007/SR2007_J_p10-24.pdf
9　C. K. プラハード『ネクスト・マーケット 「貧困層」を「顧客」に変える次世代ビジネス戦略』（日経ビジネス、2005年）。2007年3～6月に世界銀行東京事務所で「CSRと途上国ビジネス」セミナーシリーズを開催し、CRT日本委員会はモデレーターを務めた。
10　マテリアリティとは、「サステナビリティ報告書に記載する情報は、報告書を利用するステークホルダーの意思決定に実質的に影響を及ぼすと思われる課題および指標を明示すべきである」とする考え方であり、従来の網羅性重視の報告書への反省から生まれた。もともとは財務会計の考え方だが、これを短期の財務的影響だけでなく、長期的な社会・環境的影響にまで拡げた概念である。マテリアリティの概念は、報告書の観点に留まらず、持続可能な長期的な企業の成長を測るアプローチとして、調査・格付機関や投資家も関心を示している。
11　http://lightingafrica.org/
12　http://www.rbm.who.int/

9章　市民社会から見た地球環境と自然エネルギー開発
——持続可能なエネルギー社会に向けて——

大林ミカ

1　NGOから見た気候変動問題と国際社会の取り組み

危険な気候変動はもう始まっている

2007年のノーベル平和賞は、映画『不都合な真実』などを通じて気候変動問題に関する啓発活動をしているアル・ゴア前米副大統領と国連の「気候変動に関する政府間パネル（IPCC）[1]」が受賞した。気候変動問題は既に安全保障の問題になっており、平和を維持する上で気候変動問題の解決が欠かせないことが世界的に認知された結果である。

2007年に取りまとめられたIPCC第4次評価報告書で指摘された最も重要なことは、地球温暖化は人間活動による温室効果ガス排出増加が原因であると断定したことである。第1作業部会は、温暖化は既に起きており、最悪で2100年までに2000年に比べて6.4℃温度上昇するシナリオを描いている。過去100年に世界の平均気温は0.74℃上昇しており、今すぐ温室効果ガスの排出を止めたとしても、今までの排出でさらに0.6℃上昇すると報告している。第2作業部会は気候変動によって今まさに大きな影響を受けていることを指摘している。洪水や干ばつ、感染症被害の増加、水不足の直面、サンゴの白化などが懸念される。第3作業部会ではどのような緩和策があるかを提示している。6つのシナリオを示し、2015年頃に温室効果ガスの排出をピークにして2050年頃の排出が2000年レベルの半分になったとしたら、自然環境に

影響を与えない最低限と言われるレベル、つまり工業化前より2℃までの上昇に抑えられるかもしれないと報告している。しかし、このシナリオは示された6つのシナリオの中で、最も達成が困難なものである。

気候変動問題の国際交渉

　気候変動問題の正式な国際交渉プロセスは、国連気候変動枠組み条約締約国会議である。リオサミット（1992年）で条約署名が開始され、1994年に発効した。翌95年から毎年、締約国会議（COP）が開催され、1997年に日本で開催された第3回締約国会議において京都議定書が採択され、先進国に削減義務が課せられた。しかし、京都議定書は発効要件に達するまでに7年あまりかかり、2005年にようやく発効した。京都議定書で定めている第1の約束期間は2008年から2012年の期間であり、新しい約束期間を定める必要がある。市民社会や非政府組織（NGO）は「第2約束期間」も京都議定書の精神のもとに行われるべきだと主張している。つまり、枠組に参加するすべての国が、国際的な義務を持った削減目標を約束するというものである。2013年以降の将来枠組みについては、2007年12月にバリで開催される第13回締約国会議で正式に開始され、2009年までに合意することが期待されている。次期枠組み交渉はさらに困難になることが予想され、ここで開始されないと第1約束期間終了時までに間に合わないのではないかと多くの人々が考えている。

気候変動問題のアクター

　気候変動問題には、様々なアクターが存在する。気候変動の最新の科学的知見を発表するIPCC、世界第2位の温室効果ガス排出国でありながらも京都議定書の約束を反故にした米国、世界最大の排出国となった中国や急激に排出を増やすインドのような途上国（排出量は多いが途上国であるがゆえに現在のところ排出削減の義務を課せられていない）である。このようなアクターが集まって国連の枠組みの中で議論をしている。ところが国連の枠組みは幅広い参加で、すべての国が利害関係に基づいた主張をする。京都議定書がなかなか発効しなかったのもそこに原因がある。多国間交渉が遅々として進まないので国連

外での議論も盛んになっている。その一つが主要国首脳会議（G8サミット）である。各国首脳が集まるときに気候変動問題に関するメッセージを発することによって国連の議論を加速させようという観点からは重要な試みである。

　国連交渉の構図としては、まず先進国等（京都議定書における附属書I国）における大きなグループとして欧州連合（EU）が存在する。旧東欧諸国が加盟して現在27カ国となっているが、気候変動交渉では積極的な立場をとっている。EU加盟国ではないスイスと経済協力開発機構（OECD）に加盟した韓国とメキシコも「環境十全性グループ」として積極的な立場をとっている。そして、「G77および中国」と呼ばれるいわゆる途上国グループ（非附属書I国）が存在する。しかし、途上国グループには実に様々なアクターが存在し、主張もまったく違う。中国は世界最大の排出国の一つであり、経済的に急成長を遂げている。同様に成長を遂げながら排出を増加させているインドもグループの一員である。その一方で、加速する温暖化が引き起こす海面上昇によって国土が水没の危機に瀕するツバルのような島嶼途上国が存在する。また一方では、化石燃料、特に石油を生産している国があり、気候変動対策をとると石油が売れなくなると反対し、それに対する補償金の支払い要求をする産油国勢力がある。産油国の主張は欧州をはじめとする先進国には受け入れられないものなので、そこに対立が存在する。

　日本、カナダ、ロシアは京都議定書に批准しているが、京都議定書未批准国である米国、オーストラリアなどとともに「アンブレラ・グループ」と呼ばれる非EUの先進国グループを形成している。このグループは、EUに対抗するためにEU提案である気候変動対策に対する積極的な約束や途上国に対する譲歩をあまり受け付けずに、常にEUや途上国と対立しながら国益を前面に打ち出した交渉をしている。

　これらの構図をベースとして、正式な国連のプロセスとして気候変動枠組み条約締約国会議や京都議定書の締約国の会議（COP/MOP）が展開されている。国連外のプロセスとしては、米国が主宰する主要経済国会合や主要国首脳が議論するG8サミットなどがある。特に、2005年にイギリスで開催されたG8グレンイーグルズ・サミットでは、気候変動とアフリカが主要議題と

して取り上げられた。そこでは、「気候変動問題は地球の安全保障に関わる問題だからすぐに行動を始めなくてはならない。京都議定書の次の将来枠組みの議論を始めよう」とイギリス政府が呼びかけ、グレンイーグルズ対話が設定された。これはG8主要国だけではなく、そのほかにも温室効果ガスを大量排出している途上国を入れた20カ国（G20）を集めて、将来枠組みで主要な要素となると思われる技術的、政策的な協力体制などについて対話が始まった。2007年にはドイツのハイリゲンダム・サミットがあり、2050年までに世界全体の温室効果ガス排出量を少なくとも半減することを真剣に検討する声明が出された。その後、2007年9月にはパン・ギムン国連事務総長主導による国連ハイレベル会合やジョージ・ブッシュ米大統領の主導によって主要経済国会合が開催された。2008年の北海道洞爺湖サミットでは、前述した第13回締約国会議の結果によって、その内容と2008年のG8議長国である日本の立場が大きく影響される。京都議定書を採択した第3回締約国会議も極めて重要な会議だったが、今後の締約国会議を含めた国際交渉ではますます重要かつ難しい展開予測されている。

2　危険な気候変動を防止するために

ヨハネスブルグから生まれた積極的な取り組み

　気候変動に関する国連交渉やG8プロセスだけでなく、現実的で具体的なプログラムを実施してゆくことで気候変動を防止しようとする各国の取り組みも始まっている。2002年の持続可能な開発に関する世界サミット（ヨハネスブルグ・サミット）では京都議定書の発効が期待されていたが、そこでは発効条件に至らずに実際の発効は2005年にずれ込んだ。さらにはその前年の9・11テロ事件によって世界が戦時状況に突入しており、ブッシュ米大統領をはじめヨハネスブルグを訪れなかった主要国の首脳も多かった。そのためヨハネスブルグ・サミットの重要性が低下してしまった。そこでEU諸国が考え

たのは、具体的な気候変動対策の取り組みである自然エネルギーを推進する約束をここで行うことによって、会議の重要性を高めようとするものだった。ヨハネスブルグではEU諸国を中心に2020年までの世界全体の自然エネルギー導入目標を定めることが提案された。ところが米国や日本政府、産油国の反対に阻まれて、世界全体での自然エネルギー目標値達成の約束ができなかった。

このような状況の中、自然エネルギーを推進する意志を持つ国々だけでも集まり、目標値を設定して努力してゆこうとする動きがヨハネスブルグで生まれた。一つは、EUが作ったヨハネスブルグ・自然エネルギー連合（JREC）で、各国が自然エネルギーの目標値を定め、それに向かって政策的な研究や情報交換を行うものである。もう一つは、イギリス政府が主導権をとり、自然エネルギーと省エネルギーの促進のためのネットワーク（REEEP）を作り、途上国での自然エネルギー・プロジェクトを実施するものである。さらにもう一つは、ドイツ政府が自然エネルギーの国際交渉会議を開催すると宣言した。そして約束通り、2004年にボンで自然エネルギー2004国際会議（ボン2004）が開催された。そこでは156カ国が集まり、自然エネルギーの促進政策について議論がされた。ここでは中国などの途上国も大胆な自然エネルギー政策を発表した。この会議を受けて、翌2005年には北京で自然エネルギー国際会議が開催された。国連の正式なプロセスではないが、こうした具体的なプロジェクトには中国も積極的に参加して政策を進める試みが生まれている。さらに2008年3月にはワシントンで自然エネルギー国際会議が開催されている。ボン2004をきっかけとして生まれた21世紀のための自然エネルギー政策ネットワーク（REN21）も、レポートの発行、グレンイーグルズ対話や国連持続可能な開発委員会（CSD）への参加など多様な活動を展開している。

伸び続ける自然エネルギー

自然エネルギーに対する市場の反応を見ると、自然エネルギーなどクリーンな技術に対する世界の投資推移は大きく伸びている。2004年から2005年は81％の勢いで伸びており、2006年は43％伸びた。セクター別民間投資で

見ると、最も伸びが大きい自然エネルギーは太陽光発電（PV）、次がバイオ燃料、そして風力の順である[2]。市場はこのように動いており、各国政府も様々な政策によって自然エネルギーを促進しようとしている。例えば、2007年のEU首脳会議では、2020年までに自然エネルギーの導入の割合をEU全体で20％に増やす数値目標を設定した。ドイツは自然エネルギーで世界を主導している国だが、「自然エネルギー法」に2020年に電力の20％、あるいは1次エネルギーの10％を自然エネルギーにする目標を明示している[3]。実績としては、2007年までに2,062万kWの風力発電、283万kW以上の太陽光発電を導入し、21万4千人の雇用規模に成長している[4]。2010年の目標電力のうち12.5％を自然エネルギーでまかなう目標も存在するが、既に2007年にこれを達成した。この半分の約6％は風力発電でまかなわれており、風力発電だけで原子力発電の6〜7基分の電力を生み出している。日本が導入容量世界一だった太陽光発電も2005年あたりからドイツに抜かれて、現在では日本が追い抜けないほどの勢いで伸びている（図1参照）。

図1：日本とドイツのPV容量導入比較

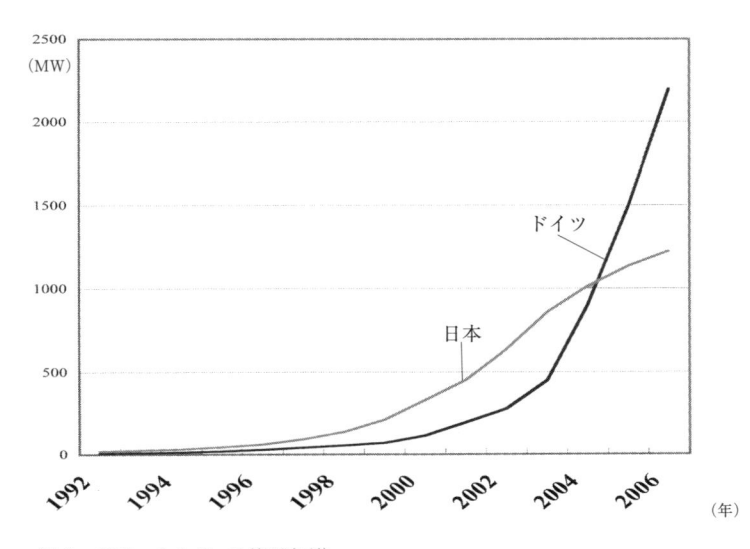

（出典：環境エネルギー政策研究所）

ドイツの自然エネルギー推進政策に学び、中国も「自然エネルギー法」(2006年2月) を導入した。2010年に電力容量で6,000万kW、2020年に1億2,000万kWの自然エネルギーを導入することを宣言している。

　その他の諸国では、スペインでは、新規の建築物に関して太陽光発電、太陽熱の利用を義務づけた。インドでは、風力発電産業が爆発的に拡大している。このように、自然エネルギーは世界で伸び続けている状況がある。

自然エネルギー源別状況

　それぞれの自然エネルギー源ごとに世界と日本の状況を概観する。まず太陽光発電は、世界で2003年頃から急激に伸びている[5]。とりわけ、電力網につながっている連系型の太陽光発電が伸びている。日本でも太陽電池をつけている家が見られるが、主に都市部や先進国で伸びているのが連系型である。途上国では、その場で発電してその場で利用する独立型の太陽光発電も行われている。

　日本では、これまで太陽光導入の際に出していた政府補助金が2005年3月に終了した。このときの補助金は1kWあたり2万円だった。約3kWの太陽光発電をつけると、安くても約200万円以上はかかる。したがって、6万円の補助金はそれほど大きなものではなかったが、政府が支援しているという市場での牽引シグナルの役割を果たしていた。実質的には太陽光発電の普及を下支えしているのは、各電力会社が自主的に導入している「余剰電力購入メニュー」だが、政府の補助政策が終わったことによって、電力会社から見直し議論が盛んに出されている。これは、太陽光発電をつけた家で発電量が自分で使う電力量より大きくなった場合、余った電力を自分が購入した電気の値段と同じ値段で電力会社が買い取ってくれる制度である。例えば、100発電して50を使用したら、残った50は電力会社が同じ値段で買い取ってくれるので相殺される。それによって自分の設備投資が回収できることが期待されるものである。

　前述の通り、ドイツでは太陽光発電が大変な勢いで伸びている。1992年当時のドイツには太陽光電池はほとんどなく、世界では日本が先行していた。

しかし、その後差が広がり、2000年の新しい政策の導入により伸びに拍車がかかった。2004年の政策見直しによりさらに伸びが顕著となり、2005年には日本を追い越し、世界一を独走している。太陽電池の生産に関しては、日本はなお世界一を保持しているが、日本の主要な太陽電池のメーカーであるシャープ、京セラ、三洋、三菱は、欧州で集中する需要に対応してこぞって欧州市場に進出し、そのため国内市場はないがしろになっているのが現状である。総じて日本の国内市場は伸び悩んでおり、電力の余剰電力購入メニューの廃止や買い取り価格引き下げが決定すれば、壊滅的な状況になる。そうなってしまったら、200万～300万円かかる太陽電池を導入する個人はほとんどいなくなってしまうだろう。いずれにしても2010年には485万kWという国内目標があるが、それは到達不可能であろう。

　風力発電についても、世界の発電量は太陽電池と同様のパターンで伸びている。しかし風力発電の単位はギガワット（GW）なので、メガワット（MW）単位の太陽光発電と比較すると、ものすごい勢いで伸びている。世界の風力発電の状況を概観すると、ドイツが90年代初頭からずっと伸びていり、さらに最近では非常に大きく伸びている。当初1位だったのは米国で、80年代からカリフォルニア州を中心に伸びていたが、97年にドイツに抜かれている。デンマークは80年代から伸びており、風力発電では米国に次ぐ世界第2位の風力発電導入国だったが、最近は第4位に落ちている。

　実はこれらの国々すべてに同様の政策の採用が見られる。そもそも米国で風力発電が80年代に非常に伸びたのは、カリフォルニア州で大きく自然エネルギーが推進され、特に風力発電に対して投資が集中した結果世界一の風力発電地域になっていた経緯があった。まずは連邦レベルで自然エネルギーに対する補助政策が導入されたことに始まる。自然エネルギーによる発電をした場合には、それを電力会社は必ず買い取らなくてはいけない、買い取りを拒否してはいけないという、「グリッド（電力網）への優先接続」が保証された。さらに、カリフォルニアでは、当時石油ショックにより高騰していた石油価格に基づいて自然エネルギーの購入価格を定めた。それによって自然エネルギー事業の安定性を確保した。実際には、その後一旦は石油価格は下落

していったため、自然エネルギー事業、特に投資回収の容易な風力発電にとって有利な制度となり、企業や投資家たちがこぞって風力に投資し、カリフォルニアでは爆発的に風力発電が伸びた。

　自然エネルギー事業は最初の設備投資はコストがかかるが、燃料代が無料なので運転コストがほとんどかからない。しかも設備は原子力や火力などの大規模発電と違って管理維持コストも大きくはかからない。ものすごく儲かるビジネスではないが、安定した利益が持続的に得られるビジネスである。価格が設定されれば、年ごとの風量は安定しているので、どのぐらいの利益が期待されるか予測可能性が高い。それのため事業計画も立てやすく、設備投資のための融資が提供されるようになる。

　ヨーロッパではこの例をまずデンマークが学び、同じように発電した量に基づいて利益を還元してゆく方法をとった。さらに90年代にドイツが同様の政策を太陽電池と風力発電に導入し、現在ではスペインやその他多くの国が導入、風力発電の育成に成功している。

　一方、日本ではまだ風力発電容量の伸びが小さく、現在世界第13位にとどまっている。日本でとられている法律は2010年まであるいは2014年までに一定の自然エネルギーを電力会社に供給するように義務付ける法律である。2010年の目標値が全体の1.35％、2014年の目標値が全体の1.64％である。これらの目標値は非常に低い（図2を参照）。前述したように、2010年までに12.5％というドイツの目標と比較すると約10分の1なので、自然エネルギーを推進するメッセージを与えるものにはなっていない。目標値そのものにはドイツではダムなどの水力発電も入っているため、日本も水力発電を入れると遜色ない目標であるという異論が政府から出されるが、そもそも、これから伸ばす量がまったく違っている。また、目標値に向けた自然エネルギーを電力会社は供給しなければならないのだが、法律で定めた日本独自の「再生可能エネルギー」の中には「ゴミ発電」も入っているので、買い取る方の電力会社にとっては、ゴミ発電でも風力発電でも良い。そのため、買い手市場となっており、風力やピュアバイオマスなどの自然エネルギーだけが優遇されて大きく伸びる形にはなっていない。

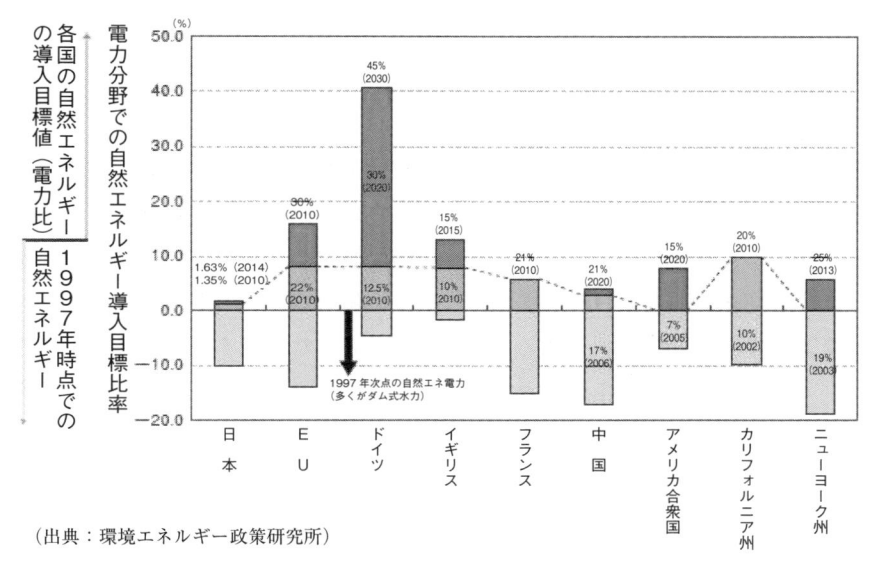

図２：主要国の自然エネルギー普及目標

縦軸左：各国の自然エネルギーの導入目標値（電力比）／1997年時点での自然エネルギー
縦軸右：電力分野での自然エネルギー導入目標比率 (%)

- 日本：1.35% (2010)、1.63% (2014)
- EU：22% (2010)
- ドイツ：12.5% (2010)、30% (2020)、45% (2030)
- イギリス：10% (2010)、15% (2015)
- フランス：21% (2010)
- 中国：17% (2006)、21% (2020)
- アメリカ合衆国：7% (2005)、15% (2020)
- カリフォルニア州：10% (2002)、20% (2010)
- ニューヨーク州：19% (2003)、25% (2013)

↓1997年次点の自然エネ電力（多くがダム式水力）

（出典：環境エネルギー政策研究所）

　次に、最近メディアでも話題になっているバイオ燃料には何種類かある。運輸用のバイオ燃料についても、バイオディーゼルとバイオエタノールの２種類がある。前者はディーゼル発電やディーゼル車に使われ、後者はガソリン車に適用される。これら２種類のバイオ燃料生産量が伸びている。

　世界のトレンドをまとめると、2010年、2020年に向けて各国で目標値策定の議論が活発化してきている。実際に、バイオ燃料生産量は世界各国でいろいろな話題とともに伸びてきている現象がある。とりわけ運輸用燃料としてのバイオエタノールが大きな注目を集めているが、その一例として、バイオエタノールをそのままガソリン車に95％ぐらいまで自由に注入することができるフレックス自動車（FFV）が占める新車の割合が、ブラジルでは８割、スウェーデンで５割という状況になっている。例えばスウェーデンなどのガソリンスタンドでは、バイオ燃料を置くことが義務付けられているので市民がそれに対応する車を持っていれば、バイオ燃料を購入することができる。しかも、化石燃料には税金がかかるが、バイオ燃料には自然エネルギー促進のために課されていないので、時期によってはバイオ燃料を使用する方

が経済的になることもある。このような政策のもとにバイオ燃料車が市場で大きく伸び始めている。

　バイオ燃料に関しては、EU は高い目標値を掲げており、2010 年に運輸部門の燃料のうちの 5.75％、2020 年に 20％をバイオ燃料にするという目標値を掲げている。ところが、これには大きな課題もあり、まず目標値が高すぎてこれを達成できないのではないかと言われている。NGO はこの 2 分の 1 ぐらい、2010 年目標で見ると、2.5 〜 3％ぐらいに設定した方が良いのではないかという意見を主張している。また、この目標値を達成するためにバイオ燃料の調達のほとんどを輸入に頼ることになる。EU ではバイオエタノールを作るフィールドがあまり存在せず、日本ほか各国も目標値を抱えており、輸入に頼ることになると、生産コストが安い国に生産が集中してしまうという問題もある。特にブラジルなどの労働力が安い国に生産が集中し、生産地の生態系を壊してバイオエタノールが生産されているのではないかという懸念も指摘され、環境への配慮が急務になっている。どのような種類のエタノールならば輸入して良いのかについて、EU ではクライテリアを設ける方向で動き出している。日本ではまだ政府は動き出しておらず、NGO の議論が始まっている。

　運輸以外の自然エネルギー導入分野としては、熱部門が注目されている。海外の自然エネルギー議論では、電気部門については、太陽光発電、風力発電、あるいはバイオマス等で議論が出尽くした印象がある。しかし熱部門に関しては、運輸同様、自然エネルギーがまだ十分に取り入れられていないので、地熱、地中熱、地球のマグマ熱、太陽熱などを電気部門だけではなく熱としても利用することについての関心が高まっている。

世界の政策別状況

　世界の政策別状況をドイツの連系型太陽光発電の伸びで概観したい。自然エネルギー源それぞれの買い取り価格を決め 20 年間買い取り保証をする固定価格買い取り制度によって伸びている。前述した日本の余剰電力購入メニューでは 1 kWh あたり 23 円ぐらいでの買い取りだが、ドイツは設置条件に

よって価格は異なるが、1kWhあたり、一番高いものは為替状況によれば日本の100円にも上る。しかもドイツの場合は余剰電力ではなくて全量を買い取る制度なので、100kWh発電しているとしたら、最高10,000円で売れることになる。日本の場合は余った分しか買い取ってくれないのでほぼ半分が余剰、ドイツとはここで7～8倍の差がついてしまう。ドイツでは太陽電池を個人の住宅に導入すれば、その設備に対する税控除を受けることができる。買い取りだけではなく他の政策も連動しているのである。太陽光発電はすでに投資の対象にもなっており、大規模な太陽光発電施設を設置するビジネスもドイツでは広がっている。

　米国は連邦政府としては京都議定書から離脱し、地球温暖化については否定的な対応が目立つが、州レベルでは非常に活発に自然エネルギーの推進や気候変動対策が行われている。例えば、ニューヨーク州やテキサス州は、自然エネルギーを2025年までに25％導入する高い目標値を掲げている。連邦レベルでも自然エネルギーの発電量に応じて税控除が行われているので、高い目標値と相まって風力発電が再び大きく伸び始めている。

　また、前述のように、スペインでは世界で初めて新規の建築物に対して太陽光発電の設置を義務付けた。中国も2006年初頭に自然エネルギー法を導入し大きな目標値を掲げている。そうした中で、日本は太陽光発電や風力発電の導入が失速しているのが現状である。

3　自然エネルギー政策の展開

ドイツの事例

　米国政府をはじめとして、「エネルギー消費を抑えたり、気候変動の対策をとると経済が悪影響を受ける」としばしば主張されることがある。「自然エネルギーは高いから、自然エネルギーを導入すると経済が悪影響を受ける」という主張もある。果たしてそうなのだろうか。図2を見ると、ドイツはエネ

図3：ドイツの経済成長とエネルギー消費・CO₂ 排出量の推移

(出典：Martin Schöpe, German BMU)

ルギー面でもライフスタイル面でも成熟した国家なので、エネルギー消費はあまり伸びていない状況が続いている。1990年時点での1次エネルギー消費量を100として見た場合に、むしろエネルギー消費が下がっている、あるいは安定している傾向が続いている。ところが国内総生産 (GDP) は伸び続けており、一方では二酸化炭素排出量が減り続けているのがドイツの状況である。エネルギー消費量と二酸化炭素の排出量あるいは経済成長の数字が連動していないことを実証している一つの例であるといえるだろう[6]。

 2006年のドイツの1次エネルギー消費状況で見ると、全体の約5％が自然エネルギー、天然ガス約23％、原子力は約12％である[7]。1次エネルギーであっても、自然エネルギーの多くが電気に使われている自然エネルギーと見て良い。自然エネルギー別発電構成を見ると、2006年時点で42％が風力発電となっている。1次エネルギーで約5％が自然エネルギーというのは日本とほぼ同じ割合だが、日本はそのほとんどが大規模な水力発電になっている。しかし、ドイツの場合は自然エネルギーの約半分が風力発電となっており、大規模水力発電はむしろ徐々に割合が少なくなる傾向である。老朽化した発電所の建替え等の影響もあるが、大規模発電所を環境配慮型の小型のものに替えてゆく努力が行われており、再生可能な新しい自然エネルギーである風力発電、バイオマス、太陽光発電、地熱発電などに対して力が注がれている。

 こうした傾向に伴い、風力発電やバイオマスを中心に大きく雇用が生まれ

ている。雇用の伸びにより一大産業として国の政策に影響を与える圧力をかけられる勢力になっている。例えば、日本とは異なり、ドイツでは鉄鋼業界が自然エネルギーを推進している。それは風力発電が鉄鋼業界の主たる顧客だからで、ドイツの産業全体が自然エネルギーを支える構造に変化しつつある。ドイツも日本と同じように非常に原子力産業が盛んな（あるいは、盛んだった）な国だが、原子力産業界の雇用者3万5,000人に比べると、自然エネルギー業界は22万5,000人規模の雇用となっており、非常に大きな労働者人口となっている。その意味で、自然エネルギーは労働集約型の産業であるとも言える。ドイツでは「20世紀に自動車産業が果たした役割を21世紀は自然エネルギーが果たす」と言われるほどである。ドイツは日本と同じように自動車産業が国の根幹を支える中核産業であるが、それと同じ役割を自然エネルギーが果たしうる可能性があるというのである。

活性化する地域と市民の参加

　国際比較をすると、自然エネルギーをめぐる日本の状況は失速していることを指摘したが、地方自治体と市民参加の面では変わり始めている。

　例えば、東京都の自然エネルギー政策は、東京都は「2020年までに自然エネルギーを20％導入する」という政策を2006年に打ち出した。また、2007年6月には新しい気候変動対策の政策の導入を発表し、太陽光発電に関してはドイツと同様の太陽光発電の買い取り政策、二酸化炭素排出量取引、環境税導入など様々な施策を検討している。日本政府が実施しないことを東京都が先行して実施し、国策に対する刺激を与えているのである。

　その他、東京都は、気候変動対策では工場や事業所（業務用ビルなど）に対する温室効果ガスの削減計画を作ることを義務付け、事業所が基本的に取り組むべき対策を提示している。都はこの基本対策を中心に事業所を指導・助言し、高い削減目標に誘導している。そして計画書等を東京都が評価し、評価結果を公表する地球温暖化対策計画書制度を持っている。この実績をもとに大口事業所に対する削減義務化や、自然エネルギーを導入すれば評価が高くなる尺度を設けて自然エネルギーを推進する政策の導入を検討している。ま

た、マンションに対して環境性能ラベル表示を設け、断熱性や省エネ性に基づいた性能性表示・ラベリングをしている。そのような表示のあるマンションを購入する場合には、民間銀行を通じて低金利ローンを提供している。

　さらに、こうした地方自治体の取り組みだけではなく、市民が直接自然エネルギーを購入することによって普及させる政策も始まっている。現在の日本では、市民が自然エネルギーを使いたいと思っても電力会社を選ぶことはできない。したがって一般家庭は、どのようなエネルギー源か分からない電気を使っている。海外、特に米国やヨーロッパ、カナダ、オーストラリアでは、国や週によっては電力会社を選ぶことができる。あるいは、電力会社自らが自然エネルギー電力を選択肢の一つとして用意している場合もある。このような制度は「グリーン電力」と呼ばれ、1990年代初めに米国から始まった。日本の場合は、直接電力会社から自然エネルギーを買うことはできないが、自然エネルギーの事業者と直接契約し「グリーン電力」を調達して販売する業者から、自然エネルギーからの環境価値を販売する形態で購入できる。

4　自然エネルギー・デモクラシーの展望

市民による自然エネルギーへの出資

　市民が自然エネルギーを利用するだけではなく、市民が出資して自然エネルギーの設備を建てる運動も始まっている。市民風力発電所は、市民の出資で地域のNGOとともに風力発電所を作るプロジェクトである。例えば、一口10万円、あるいは50万円を市民が出資して、それを風力発電所建設に充て、発電事業者は電気を売ることによって借りた分を返済し、出資者である市民に分配する仕組みである。現在日本各地で10基の市民出資による風力発電が動いている。

　大きさや建設条件にもよるが、風車一基で2億円から3億円かかる資金を出資者から集めなければならないが、1口10万円と50万円の出資では実

は50万円の方からうまってゆく。風力発電の運転開始式にも多くの出資者が集まる。共同出資をして友人の結婚祝としてプレゼントをしたり、祖父母が孫の名前で購入して孫が約15年間で出資分と配当を受け取る例もある。風車の根本には一人ひとりの出資者の名前が書かれており、風車のある土地を訪れて自分の名前を探す旅行をする人も多い。市民は目に見える形で環境に良い投資をしたいという意志の表れだと思う。

この仕組みを太陽光発電事業に当てはめて事業展開をしている事例もある。長野県飯田市では、全体で208kWの設備を約2億4,000万円の市民出資で着工した。太陽光発電の場合はコスト回収に時間がかかるので、地域で省エネルギーのアドバイスを実施し、それで省エネできた分のエネルギー料金で報酬をもらうエスコ事業もある。このエスコ事業を地域展開するとともに、全体に対して投資を集めてそれを太陽光発電事業に出資をするという取り組みを行っている。

自然エネルギーの熱利用事業も岡山の備前市で開始している。太陽熱を利用した温水システム、薪や木質ペレットを燃料とする高効率なグリーン熱ストーブ、木質ペレットでのボイラーも事業展開しています。このような市民の出資による市民出資事業が全国に広まっている。

自然エネルギー・デモクラシー

気候変動と地球温暖化をめぐる国際交渉はなかなか遅々として進まないが、自然エネルギーの政策は各国各地で一歩ずつ前進している。米国や日本のようにおおきく進捗していない国でも、地域と市民の取り組みが始まっており、それが結果として政策を動かす原動力となりうると思う。日本の市民社会が考えるべきこととしては、コストが安く、リードタイムの短い自然エネルギーを推進するための政策を促進し、国連交渉やG8サミットへの働きかけを強化し、市民参加プロセスを構築してゆくことではないか。

気候変動問題とG8の関係を見ると、気候変動問題の正式な交渉プロセスは気候変動枠組み条約であって、それ以外の場所でグローバルな気候変動政策が変わってしまうことがあってはならないというのがNGOのスタンスであ

る。しかし、それでも国際情勢の中で交渉はなされているので、様々な外からの働きかけがうまく国連交渉を後押しすることが重要だと考えている。世界で最も裕福な国々の首脳が自分たちの作った問題の解決策を話し合うG8という場の良し悪しは別として、首脳たちが直接議論をするサミットの重要性が次第に増している。気候変動の交渉に与えた影響でみると、デンバー・サミット（1997年）では、同年の京都会議での京都議定書採択を後押しするメッセージがだされ、ジェノバ・サミット（2001年）ではCOP6再開会議でのボン合意を後押しした。グレンイーグルズ・サミット（2005年）では、気候変動とアフリカが主要議題として取り上げられ、京都議定書の第1約束期間の次の枠組みを議論する「グレンイーグルズ対話」が提案された。ハイリゲンダム・サミット（2007年）では将来枠組みの交渉開始が合意されるなど、G8サミットの場が国連交渉の動きを促進する一助となったケースがある。

しかし、その一方で、G8サミットは宣言だけで行動が伴わないイベントでもあることは忘れてはならない。サミットは、1973年の第1次石油ショックを契機に1975年のランブイエから開始された（当時はG6）。そこでは、自然エネルギーと省エネルギーの促進するための約束がかわされた。80年代も90年代の一連のサミットでも繰り返し約束され、2007年ハイリゲンダムでも約束された。2008年の洞爺湖でも約束されるだろう。もしこの30年前の約束をG8首脳たちが遵守して、積極的な政策がとられていたら、省エネルギーや自然エネルギーは劇的に普及、エネルギー効率が非常に上がって今の需要の多くを自然エネルギーでまかなうことができただろう。

気候変動問題をめぐるハイリゲンダム・サミットの評価については、国連を正式な交渉の場所として再確認したこと、将来枠組みの議論をバリの第13回締約国会議（2007年）で開始することを約束したこと、2050年までに世界全体で排出を半減する必要性を認めたことなどが成果としてあげられる。その一方で、危険な気候変動を避けるために2℃未満に抑えるという指標や、エネルギー効率について合意がなされなかったことなど多くの課題も残した。ただ、プラスの側面としては、サミットにおいて、次第に市民参加プロセスの構築が始まっていることがあげられる。単にサミット開催に際して市民社会

との意見交換が行われるようになっただけではなく、ハイリゲンダム・サミットでは、そもそも気候変動が主要議題でなかったところを、市民社会の働きかけで大きな議題とできた経緯もある。

日本の市民運動にとっても、G8 は大きな機会となりうる。「先進国クラブ」に位置する自らを問う大きな機会であり、環境と開発を統合して同じ視点から見つめ直す活動する大きな機会である。また、政府に対して政策提言能力を高める大きな機会でもあろう。2007年1月には様々な分野で活動するNGOが集合し、「2008年G8サミットNGOフォーラム」が発足した。環境ユニット、貧困・開発ユニット、人権・平和ユニットを組織し、G8に向けて政策的働きかけやパブリック・キャンペーンなどを行っている。持続可能なエネルギー社会の実現に向けて、市民やNGOは大きな役割を果たしうる。デンマークの省エネルギーの専門家ノルガード氏の言葉によれば、「未来は予測するものではなく、選びとるものである[8]。」私たちも自ら未来を選びとらなくてはならない。

1　http://www.ipcc.ch/　IPCC議長（2002〜2007年）は、インドのラジェンドラ・パチャウリ氏。
2　Eric Usher, "Global Trends in Sustainable Energy Investment 2007,"（New Energy Finance/UNEP-SEFI/REN21, 2007）
3　1次エネルギーとは、自然界に存在するままの形で利用するエネルギーを指す。具体的には、石炭、石油、天然ガス、ウラン、水力、太陽光や風力、地熱、バイオマスなどである。1次エネルギーを加工して利用する電気、ガソリン、都市ガス等を2次エネルギーという。
4　2007年5月の報告書によると、雇用規模は22万5,000人に膨らんでいるという。
5　Eric Martinot, et al., *Renewables Global Status Report 2006*,（REN21, 2006）.
6　Martin Schöpe,（German BMU [Federal Ministry for the environment, Nature Conservation and Nuclear Safety], 2006）.
7　"Development of Renewable Energies in 2006 in Germany, as of February 2007,"（German BMU, 2007）.
8　Jorgen S. Norgard 氏（デンマークの省エネルギー専門家、ISEP アドバイザリー）の言葉。

10章　環境・開発・科学技術

村上陽一郎

1　環境問題とキリスト教

ホワイトの告発

　地球規模での環境破壊の源泉について、アメリカの技術史研究者リン・ホワイト（Lynn White Jr.）は1968年に *Machina ex Deo* というタイトルの書物を刊行した[1]。このラテン語のタイトルからして奇妙な伝言になっている。この言葉を逆に並べ替えた「デウス・エクス・マキーナ（Deus ex Machina）」というフレーズは昔から使われていた。ギリシャの悲劇や喜劇などでいろいろな人物が登場して、ストーリーの筋が複雑になりうまく問題を裁ききれなくなる。すると、機械仕掛けのセリ舞台装置によって神が突然出現して難題を一刀両断に解き大団円へ持ち込む。このときに使う言葉が「デウス・エクス・マキーナ」である。英語で言えば「機械から出てくる神（God out of a machine）」という表現で、このフレーズがずっと使われてきた。これをパロディーとしてもじったのがホワイトの本のタイトルになっているわけである。デウス、つまり神という言葉で表現されているのは、キリスト教である。機械という言葉によって象徴されているのは、実は今日の近代的あるいは近現代的な科学技術文明であると考えてよい。つまり、キリスト教から生まれた近現代の科学技術文明という意味を込めてこのようなタイトルをつけたわけである。

　この書物が出版された1968年は、学生反乱の嵐が国際的に吹き荒れ始め、深刻な体験をした時代であった。日本では「全共闘運動」と総称されるよう

になったが、アメリカではいわゆる「近代主義」すべてに対して異議を唱えることが68年に勃発した学生反乱の一つの要となった。すべてに対してノーという「カウンターカルチャー」という言葉もその頃によく使われるようになった。アメリカでは東海岸が近代主義の牙城、いわゆる「カルチャー」側であるとすれば、西海岸がカウンターカルチャーの中心地となり、「カリフォルニア文化」という言葉も使われた。そのような雰囲気の中で、ホワイトはこの書物を著したのである。

　近代科学技術文明がキリスト教から生まれてきたというこのタイトルに象徴されるホワイトの主張は当時のアメリカでは必ずしも珍しくはなかったが、日本の読者にとっては非常に新鮮に映った。それ以前には、キリスト教は科学技術に対する圧制者、つまり科学技術を否定して圧迫する悪者として扱われてきたからである。

　従来の啓蒙主義的な歴史観で言えば、キリスト教は近代に対する反近代、つまり中世的な価値観を押し付ける。それを打ち破って近代が生まれてきたと考える立場からは、近代科学はキリスト教に反抗する形で初めて生まれえたという見方が常識的な判断であった。確かにホワイトはキリスト教を科学技術文明の根幹に据えた点ではこの見方と異なっていたが、しかし、この書物は決してキリスト教を擁護する立場で書かれたのではない。むしろ、これはホワイトのキリスト教に対する告発の書であった。この書物はいくつかのエッセイによって構成されているが、その中心的なエッセイが「生態学的危機の歴史的源泉」である。これはその前年にアメリカ科学振興協会（AAAS）が刊行している『科学（Science）』誌に掲載された論考である[2]。このエッセイは、われわれが現在直面している生態学的な危機の歴史的源泉がどこにあるかを明らかにしようとしたものである。つまり、近代科学技術文明がもたらした生態学的な危機がわれわれ自身を脅かしているわけだが、それを歴史的にさかのぼれば、その源泉はキリスト教にたどり着くというのがホワイトの論考の中心的な主張だったわけである。

　なぜ、キリスト教がその罪を負わなければならないのかというと、キリスト教（ユダヤ教も同様であることが前提になっている）の教義の中の一つに、「地の

支配（dominium terrae）」と表現される考え方がある。ラテン語の terrae とは、地球の、地の、大地のという意味であり、要するに「地球を支配する」ことである。これは旧約聖書の『創世記』第 1 章の記事に由来する。

「神は彼ら（アダムとイヴ）を祝福して言われた。「生めよ、殖えよ、地に満ちよ、地を従わせよ。また海の魚と、空の鳥と、地に動くすべての生き物とを治めよ」(『創世記』1：28)

『創世記』によると、神は天地創造で光、空、水、大地、海、動植物などいろいろなものを造った。そして最後の 6 日目にアダムとイヴを造られ、そして彼らを祝福して言われた。「生めよ、殖えよ、地に満ちよ」、そしてその後に「地を従わせよ」と日本語の聖書では表現されている。さらに、その後に「また海の魚と、空の鳥と、地に動くすべての生き物とを治めよ」と書かれている。この「地を従わせよ」あるいは「生き物を治めよ」という表現が人間を作る前に造ってきたあらゆる神の被造物、神によって造られた世界を治めるために人間を造ったという理解につながる。あるいは、人間を造ることによって、それらを治める権利あるいは義務が人間に与えられたと読み取れる表現である。つまり、人間は神からこの世界を支配する権利を与えられたという解釈が人間による「地の支配」という表現に相当することになる。

下記は、ホワイトの主張の核心的な部分からの引用である。

「さいごに神はアダムと、それから考え直して男が淋しくないようにイヴを創造した。男はすべての動物に名前をつけ、このようにして、動物すべてにたいする支配権を確立した。神はこれらすべてのことを明らかに人間の利益のためと、また人間にたいする命令として計画したのだ。(中略) キリスト教のとくにその西方的な形式は、世界がこれまでに知っているなかでもっとも人間中心的な宗教である[3]。」

「神が考え直して男が淋しくないようにイヴを創造した」というよりは、むしろ最初から男と女を造ってその間に子孫を増やしてゆく神の計画があったに違いないのだが、ホワイトはこのような言い方をした。キリスト教の西方的な形式というのは、カトリシズムのことである[4]。ホワイトがここで主張したのは、すべてが人間を中心にして回っているという世界観を西方的なキ

リスト教の理解が進めてきたということである。英語ではanthropocentrismという言葉が使われるが、ギリシャ語で「人間（anthropo）」という言葉と「中心主義（centrism）」で、「人間中心主義（anthropocentrism）」ということになる。つまり、すべてが人間のために造られ、人間がほしいままに、神に代わってこの世界を支配するという約束を西方教会的なキリスト教信仰は進めてきたのであり、それがそもそも今日の生態学的な危機を生み出したもっとも重要な歴史的な源泉であるというのがホワイトの主張だった。

もう一つのキリスト教

しかし、興味深いのは、ホワイトは全面的にキリスト教が悪いとは言わなかった。もう一つのキリスト教があったではないかと指摘する。下記は、同じ書物からのホワイトの言葉の引用である。

「おそらくわれわれはキリスト教史上、キリスト以来の最大の過激論者、アッシジの聖フランチェスコのことをよく考えてみるべきかもしれない。（中略）フランチェスコを理解する鍵は、個人としてだけではなく類としての人間にたいする謙遜の徳への信念である[5]。」

ここでアッシジの聖フランチェスコを代表に挙げている。「もう一つの」という表現を使ったのは、前述した1968年以来の世界のカウンターカルチャーの最も重要なキーワードの一つが英語ではalternativesという言葉であったからである。例えば、「もう一つの道（alternative path）」という言葉は、これまでの欧米の近代主義が進んできた道とはもう一つ別の違った道をたどるべきではないかという文脈で使われる。その他にもいろいろな文脈で「もう一つの」というキーワードが使われてきた。ここでは、フランチェスコこそがホワイトが告発したような西方教会的なキリスト教信仰ではないもう一つのキリスト教の信仰のあり方を示したのではないかと指摘しているわけである。それが「フランチェスコを理解する鍵は、個人としてだけではなく類としての人間」、つまり一人ひとりの個人が、謙遜であるべきのみならず、人間という生物種こそが謙遜であるべきだという謙遜の徳への信念となっている。そして彼はこのエッセイを「わたしはフランチェスコを生態学の聖者におした

い」という結論で結んでいる [6]。

　フランコ・ゼフィレッリ監督が『ブラザー・サン　シスター・ムーン』（1972年、イタリア）という聖フランチェスコを題材にした映画を制作したが、アッシジの聖フランチェスコはこの頃の議論に非常に強い影響を与えた。この映画のタイトルは、天体も自分たちの兄弟姉妹であり、動物もまた自分たちの兄弟姉妹であるである。フランツ・リストが作曲したピアノ曲の中に「小鳥と語るアッシジの聖フランチェスコ」と「水の上を渡るパオラの聖フランチェスコ」という『二つの伝説』という曲があるが、このような言い伝えがずっと聖フランチェスコにはつきまとっている。

　有名なエピソードでは狼が村へ出てきては人を食い殺していた。あるとき、聖フランチェスコがその人食い狼に一所懸命に説教をした。それ以降、その狼は村里に出て来ることがなく、あるとき山の中でその狼の死がいを見つけた村人たちは、その死がいが馥郁たる聖者の香りを放っているのを見たという伝説が伝わっている。聖フランチェスコは当時のカトリック教会からは断罪はされなかったものの、異端に近いと考えられていた人物だったが、彼こそがキリスト本来の姿としても捉えられた。

　前述したように1968年以降、アメリカでもベトナム戦争反対を含めて当時の反体制運動が様々なデモンストレーションが計画・実施されたが、生態学的な環境破壊問題についてのデモンストレーションの先頭にはアッシジの聖フランチェスコの旗印が掲げられていた。それは明らかにホワイトの主張がかなり浸透していたことを示している。

キリスト教界の動き

　これに対してキリスト教界はどのような形で動いたのか。一つは、特にプロテスタント教会から語られるスローガンになったfrom mastership to stewardshipという表現、あるいはLord or Servant?という表現でこの問題に対してキリスト教界は対応した。つまり、『創世記』で神によって人間に与えられた命令「地の支配」という考え方は、大地の、地球の、全世界の「主人公 (mastership)」として人間を指名したのではなく、「世話役 (steward)」として、

大地や地球をきちんと管理しなさいと神は命令しているのであると理解すべきだと言ったのである。「主人ではなく、しもべとして（Lord or Servant?）」という表現もまったく同じことを言っている。つまり、地球全体の生態系を維持し、守るために私たち人間は召使として働くべきであると神の教えはわれわれに告げていると理解すべきであるというメッセージがホワイトの告発のあと、主としてアメリカのプロテスタント教会からたくさん出ている。このような発想は今日まで続いている。

しかし、ユダヤ教やキリスト教が持っている人間中心主義に対する異論はホワイト以前に既に、例えば、「密林の聖者」と言われた神学者であり、医者であり、オルガンの名手であったアルベルト・シュバイツァー（Albert Schweitzer）によっても指摘されていた。彼は、『文化と倫理』という本の中で「倫理は、およそ生けるものに対しての、無際限にまで拡張された責任のことである」と指摘している[7]。つまり、倫理と言えば人間が人間に対して倫理的責任を負うことがその基本であると通常考えられているが、シュバイツァーによれば、倫理は人間同士の間だけで成り立つものでは決してなく、生きとし生けるもの全て、つまり生態系や全生命系に対して、私たちの倫理観を働かせるべきであるというように、キリスト教が持つ人間中心主義を拡張しようとする動きが、シュバイツァーのような思想家の中でも現れていた。このような傾向は点でたどるよりも面でたどれるほど、歴史上少なくはない。

このような倫理の拡張の問題意識は、最近ではアメリカの歴史家ロデリック・F・ナッシュの『自然の権利（The Rights of Nature）』（1989年）にも見られる[8]。これは主としてアメリカ社会を扱ったものだが、従来は人間でさえ、ある限定された人々だけの倫理が想定されていた。例えば、アメリカの独立宣言ではネイティブ・アメリカンの人々に対する倫理的な配慮がまったくなされていない。「彼らはイギリス軍の手先になって、われわれを脅かす連中である」ということが書いてある。「彼らも私たちの仲間である」とは書いてなかった。その後のアメリカでは公民権運動を経て、人間同士は倫理的な責任をお互いに負い合わなければならないという理念が一応生まれた。

しかし、さらにその後になって自然の権利をめぐる論争が生じたのである。

1970年代にディズニーが公園の一部をアミューズメント・パークとして開発しようとした。日本で同様の施設を開発しようとすれば、たちまちどこかの反対にあうが、広いアメリカではそうした状況がなかった。ディズニーの計画区域には、人家もなければ住民もいなかったからである。そうした状況の中で、その開発を差し止めようとする人々はどのような戦略を考えたか。その開発によって直接被害を受ける人間は一人もいない状況では、自分たちが受けるであろう被害を根拠にそれを食い止めるための訴訟を起こすわけにはいかなかった。そこで、切られる木が弁護を頼んだ形にして「私は切られたくない」「私の生存権を保障してもらいたい」と訴えた。これは、日本の法律用語では「当事者適格」というが、法律的に木に当事者適格があるかどうかがその訴訟で争われた。

　この訴訟は1970年代に起こった。この裁判の最終判決は、木には当事者適格はないという内容だったのだが、実は「木にも当事者適格があってしかるべきだ」という少数意見もついていた。この判決の後、木の生存権を何とか確保しようと過激になったアメリカの環境保護派は、今度は切られそうな木の根元に鉄のクサビを打ち込んでいった。すると、木を切断する際に、チェーンソーが鉄のクサビに当たって跳ね割れ、作業者が何人か亡くなった。さすがにアメリカの環境過激派も人間の命と木の命は引き換えにできないとこの戦略を取り下げた。人間だけでなく他の生物に対しても倫理的責任を負わなければならないという考え方はこれほどまでに広がってきている。

　やはりキリスト教にはどちらかと言えば人間だけを大事にしようとするところがあると認識されている。これに対して聖フランチェスコのように、すべての生命に対する倫理的責任、謙遜の徳を発揮しようという考え方がいわば現代のキリスト教の反省として生まれてきている。その一部が環境NGOグリーンピースや反捕鯨運動の一部になっているのだろう。

第十一戒の環境倫理

　もう一つのキリスト教会の動きとしては、ホワイトに対する対応ではなく、歴史的にもっと以前にさかのぼって第十一戒という問題を考えようとする

人々が存在する。その典型例として、W・C・ラウダーミルク（W.C. Loudermilk, 1889-1974）の発言を引用する。

「汝、聖なる大地を、忠実なる僕として神より相続し、世代を継いで、その資源と生産力とを護るべし。沃野を侵食から守り、森林を荒廃から守り、丘の緑を過放牧から守るべし。しかして汝らの子孫また永久に豊かたるべし。もし汝らよくこの大地の僕たるを得ずんば、沃野は不毛の石くれの原野、不毛の谷となり汝らの子孫殖ゆること能わず、貧困のうちにこの大地の表より姿を消すに至らん [9]。」

これは筆者による試訳だが、「僕（しもべ）」という訳出はstewardという英語が使われている。ユダヤ教やキリスト教は、どちらかというと砂漠の牧畜民族の宗教として生まれたものなので、このような表現が出て来るのだろう。「過放牧」というのは家畜をあまりに多く放牧地に入れると牧草を食べて尽くしてしまうので慎むべきであるという戒めである。これらの戒めを守れば、将来世代まで豊かさが持続する。それができなければ、不毛な砂漠化を招き、貧困のうちに絶滅することになるというもう一つの戒めを「モーゼの十戒」加えるべきである。環境問題に対して敏感になるべきであるというユダヤ・キリスト教の立場からの動きである。

2 環境問題と科学技術文明

ホワイトの難点

ただし、ホワイトの主張が全面的に正しいかどうかについては疑問である。まず、キリスト教の支配地では常に環境破壊が起こっていただろうか。ヨーロッパでは確かに現在自然林と呼ばれるものはほとんど残っていない。ドイツ語で「黒い森」を意味するシュヴァルツヴァルト（Schwarzwald）も鬱蒼と茂った黒い森の中に何本か通っている遊歩道をたどりながら、人々が森林浴や森林の恵みを満喫する。この森も基本的には人工林である。イギリスでも

ほとんどの木を伐採し尽くした時期がなかったわけではない。しかし、彼らは必ず植林を繰り返して自分たちで管理していた。野放図にただひたすら切り尽くしていたわけではない。確かに、砂漠の宗教としてユダヤ・キリスト教は、聖書の中で農業に対してまなざしをあまり向けてはいない。キリストの時代になると、ガリラヤ湖の漁夫たちが十二使徒の重要な地位を占めるが、農業はあまり登場してこない。

しかし、農業が自然に優しいかというと、そうではない。農業が非常に人工的に自然を収奪していることは間違いない。農業の自然の収奪性というのは、単品種濃厚栽培などと言われる。稲や小麦が田畑一面にたわわに実っている状態は決して自然の中では起こらない。人間が手を加えて自然に介入しているからこそ実現していることである。だから文化とは、必ずそこには自然に対する人為的な介入がある。本来、文化（culture）というのは農耕（agriculture）である。その意味では、農業が自然にかなりの負荷を与えることがある。メソポタミア地方の砂漠化は、古代メソポタミア文明の灌漑によるものであるというのが常識になっている。

キリスト教が支配しているところはいかなるときも、人間がほしいままに自然に対して手を加えてよいと考えてきたわけではないはずである。例えば、中世のヨーロッパの修道院のあり方を見ると、確かにある程度切り開かなければならなかったけれど、それでも自然の中に埋没するような形で、豊かな自然環境の中にひっそりと修道院が建っている状況をいくらでも見てとることができる。

また、これは逆の傍証になるが、キリスト教が支配していないところでは深刻な環境破壊が起こっていないかというと、そのようなこともない。キリスト教を受容しなかったアフリカ地域の状態を見ても、それは明らかである。

18世紀の啓蒙主義

それでは何が環境危機の歴史的源泉かについて少し別の面から考えてみたい。18世紀の啓蒙主義は、何だったのか。それは人間理性がすべてのものの上に立つことを高らかに宣言した時代であった。

図1：『百科全書』第1巻の口絵

啓蒙主義のシンボルと言われているフランスの『百科全書 (L'Encyclopédie)』が1740年代以降に編まれたが、その扉のページに掲げられている有名な絵がある。その絵には、薄衣をまとった半裸の女性が描かれている。この女性の薄衣に手を差し伸べて、引き剥がそうとしている女性が描かれている。しかも、その背後には光が差し込んでおり、その周囲にあった黒い雲を吹き払っている。これが当時の技術や学問の事典である『百科全書』の扉に掲げられている。解説文には、この半裸の女性は「真理 (verite)」であると書かれている。つまり、真理が今までその周りにあった黒い雲によって覆われていた。今や、それを吹き払って人間理性の光が真理を黒雲から解き放ちつつある。しかも真理を隠していた薄衣をも1枚ずつ引き剥がそうとしている周囲の女性は様々な学問という説明である。その解釈によれば、ここにおいて18世紀に初めて人間は本当の意味での真理をつかみ始め、今やわれわれの目の前には真理がその本当の姿を現しつつある。

　英語ではenlightenmentが「啓蒙」という言葉に相当するが、まさに光の中に置くことを意味する。ここでは人間理性の光の中に置くことだが、「蒙」という漢字は「くらい」と訓読みで読むことができ、まさに黒雲である。啓蒙とは、「蒙を啓く」わけだが、その蒙とは百科全書派の人々にとっては、キリスト教信仰であった。つまり、啓蒙主義者たちが敵として戦わなければならなかった最大の思想上の敵がキリスト教であったのである。人間をキリスト教の桎梏から解き放つこと、それが啓蒙主義理念の中心的課題だった。

　ヨーロッパは、18世紀に壮大な実験をした。それは17世紀までのあらゆる思想家、哲学者たちはキリスト教徒だった。今日では誤解されているかもしれないが、ガリレオも非常に熱烈なカトリック信者であった。少なくとも彼の言動からすると、カトリック信仰を疑ったことは一度もない。ニュートンは熱烈なプロテスタント信仰を持っていた。このように18世紀までに活躍していた知識人たちの間でキリスト教が疑われていたことは一度もないと言ってよい。

　実際には17世紀の終わり近くになると少しずつ事態は変わっていた。例えば、イギリスではシャフツベリー (Shaftesbury)、フランスではピエール・ベ

ール（Pierre Bayle）など「自由思想家」と呼ばれる人々が出現してきた。英語では freethinkers、フランス語では libertin という言葉は、本来は「勝手気ままにする、放縦な」という否定的な意味を持つが、彼らは自分たちでそう呼んでいた。17世紀末から18世紀前半にかけて現れてきたこのような人々はキリスト教信仰そのものを否定しなかったが、例えばトーランド（John Toland）は *Christianity not Mysterious*（1696）というタイトルの本を書いた。人間の理性から考えて理解できないようなものが"ミステリアス"だから、人間の理性に反するような信仰の部分は切り捨てる。人間理性が理解できる範囲の中でのキリスト教信仰という意味で使われている。つまり、この著作によって信仰を理性の下に置いた。しかし、信仰そのものを否定したわけではない。理性の中において信仰を認めたのが17世紀末から18世紀への変わり目あたりでヨーロッパに現れてきた一つの運動であった。そして、その運動を乗り越えてもはや信仰は一切無用であるというのが啓蒙主義者たちのメッセージになる。歴史的に見れば、このようなプロセスをたどったわけである。

　この啓蒙主義の跡目として位置づけられるのが、フランス革命である。革命政府はグレゴリオ暦を廃止して「革命暦」を発布したが、この革命暦では1週間が10日になっていた。1週間が7日というのは『創世記』で神が6日働き7日目に休んだというまさにユダヤ・キリスト教信仰に基づいていた。このようなキリスト教の残滓を社会から徹底して排除するために、1週間を10日にした。十進法を採用したのも革命政府だった。このように、いわゆる合理的な方法を取り入れようとした。ノートルダム大聖堂では、十字架もマリア像も全部放り出されて焼かれてしまい、祭壇の上では宗教がいかに腐敗していたか、司祭たちがいかに人民をたぶらかしてきたかを示す軽演劇が毎日のように演じられていた。

　しかし、10日目の休日にはやはり普通の人々は教会に行ってミサに与りたい、聖体拝領に与りたい。するとそれをくみ上げて、革命政府は理性祭というイベントを10日目の休日に用意した。白衣を着せた少女を輿に乗せてパリの郊外に築いた小さな山の頂上にまでみんなで担いで行き、少女を山の上に立たせて、革命政府の指導者たちは宗教がいかに腐敗しているか、人間の理

性がいかに尊いかという講話をする。それはまるでミサ中の司祭の説教の代わり、そして聖体拝領の代わりに集まる人々が小高い丘を一歩一歩上がって行って少女の着ている白い着物に接吻をして理性万歳と叫んで降りてくる儀式まで提供した。これだけの大改革は、ナポレオン時代に反動でまた戻ってしまう。ナポレオンは彼なりの信仰を持っていたので戻してしまうが、このようなことを徹底してやったのが 18 世紀の啓蒙主義だったということ、ここで何が起こったかということをあらためて確認しておきたい。

文明概念の誕生

　文明という、おそらくフランス語の civilisation から始まった概念が 18 世紀前半に言葉自体として生まれてきたことは何を意味しているのか。英語の civilize を分解すれば、civil と -ize ということになる。civil とは大まかに言えば都市と言ってよいだろうから、都市化するという意味になる。では、何を都市化するのかというと、civilization という概念が目指した相手は自然だと理解するのが最も適切ではないかと思う。18 世紀後半から 20 世紀の初めぐらいまでのフランス語の言葉遣いを調べているときに分かったのだが、この約 1 世紀の間「自然な」を意味するフランス語 naturel（男性、女性で語尾は変化する）という形容詞は、ほとんど常に「野蛮な」を意味する sauvage という形容詞と入れ替え可能で使われていた。野蛮ということと自然ということが同義として解釈された時代がこの時期だったということである。つまり、それは英語で言えば、wilderness でもあるが、人間の手がかかっていない自然は非文明的な状況である。人間の手がかかって人間の意志に基づいてコントロールしていく相手が自然なのである。このように自然をコントロールしてゆくことこそが、civilization という概念、つまり都市化である。人工的な都市は、人間の手が徹底的に自然に対して介入した文明的な空間であり、それを怠っていることは非文明的なことである。このような考え方が成り立ちうるのが、文明という概念が生まれてきた背後にある歴史的な環境だった。

　それはまた同時に、「世俗化（secularization）」であった。世俗化自体は珍しいものではなかったが、18 世紀に起こった世俗化は徹底していた。例えば、

救済も世俗化された。キリスト教的な救いは言うまでもなく神の手によってもたらされる最後の審判、この世の終末時点でどうなるかは分からない。それは中世の話だと言ってしまえばそうなのであるが、ダンテの『神曲』には、ある意味で実に驚くべきことが書いてある。要するに、悪いことをした人が地獄に行くだけではない。優柔不断で良いことをする勇気を持たなかった人、あるいはごく普通に暮らしている人も皆地獄に追い落とされるという恐ろしい話である。ダンテの時代のダンテの解釈だから、われわれがそれを肯定する必要はないが、そのような考え方もある。現代の常識から言えば救われる人でもどうなるか分からないのが神の救いである。それが「怒りの日（Dies Irae）」なのかもしれない。ところが、18世紀啓蒙主義の人々が考えた救いは、そのようなものは一切関係なく、人間の理性によって人間の生活の上にもたらされる救いである。人間の生活が豊かになり、人間の生活が便利になり、人間の生活がより快適になる、それが人間にとっての救いであると考えた。これが救いの世俗化である。文明という概念はまさしくそのような形で貧困、疾病、飢餓から人間を脱却させる。そしてそれは神にすがるのではなく、人間の自助努力で達成される。そのような発想がここに現れてくる。それが18世紀の文明という概念の背後にあった。むしろ、文明という概念がもたらした18世紀ヨーロッパの一つの大変革だった。

文化の一形態としての文明

　文明という概念が都市化であるとすると、前述したように文化という概念は農耕である。文化も自然に対する人間による部分的な介入であることは確かである。しかし、すべての文化が文明と呼ばれるわけではない。例えば、日本文明という言葉はあるか。国際日本文化研究センターの一部の研究者たちの間では、意図的に「日本文明（Japanese Civilization）」という言葉が使われている。しかし、国際的に見れば、まだ市民権を獲得した言葉ではないであろう。同様にタイ文明やジンバブエ文明という言葉もない。すべて文化ではあるが、文明とは呼ばれない。文明という概念が18世紀にできたときにその言葉を使って、歴史的にもそう呼べるものがあったかどうかが顧みられて、例

えばインダス文明、古代中国文明、メソポタミア文明、古代ギリシャ・ローマ文明というように文明という名前を付けられた文化がいくつか過去の中にも生まれた。もちろん18世紀に文明という概念を打ち出した人々は当時まさに自分たちが実現しつつあるものを文明と呼んだわけである。

　このように彼らは過去にあった様々な文化に対して、すべてに文明という言葉を当てはめはしなかった。現在でも civilization という言葉は、欧米の近代科学技術文明にこそふさわしいと考えられているのではないだろうか。ハンチントンの『文明の衝突』[10]ではイスラム文明やヒンドゥー文明なども文明と呼んだが、一般的には最も基本的な意味での文明にふさわしいのは欧米の近代科学技術文明しかないと考えられているのではないか。

　それでは、文化と文明の差はどこにあるのか。文明と呼ばれない文化と文明と呼ばれる文化があるのはなぜか。人間の手によって自然のみならず全てのものを支配し、管理しようとする。その攻撃的な性格を持った文化のことを文明と呼んできたのではないか。古代中国文明では、黄河流域に中心的な夏王朝ができる。王朝ができるとその周辺地域の東夷、西戎、南蛮、北狄、つまり自分たちの周りにいる異民族たちは皆「あれはわれわれのように立派な存在ではないけれども、連中もわれわれの仲間に入れてやることにしよう。その代わり、われわれの言うことを聞けよ」という発想で一つの帝国を作り出す。

　ローマ文明は、ガリアを経てドーバー海峡を渡り、イングランドまで広がった。そこに軍隊を駐屯させ、教育制度を作った。ローマ時代の街道の作り方については塩野七生『すべての道はローマに通ず』[11]が詳しいが、他の文化を支配するのではなかったらこのような街道を作る必要はなかった。他の文化を支配するために、軍隊を送り込み自分たちのやり方に従わせる。そして支配し、管理しようとする。私はそれを「ブルドーザー効果」と呼んでいるが、そのようなエネルギーとそれを実行できる軍事力、経済力、教育力、そうした実力を備えた文化を文明と呼んできたのではないか。

　現代の近代科学技術文明については、その理由を詳述する必要はないが、まさにそれがグローバル化と呼ばれるように地球上を覆い尽くすかの勢いで広

がり続けてきている。今まさに中国もその仲間入りをしようとしている。最も強力な仲間入りをしようとしている。

3 グローバル化時代の環境と開発をめぐる科学技術論争

「宇宙船地球号」ではない

はたしてこの文明の力は、全地球を支配できるだろうか。つまりグローバル化が最終的に進んで、それが文字通り世界中を文明化できるかというと、それは不可能であると明言できると思う。まず、この地球は宇宙船地球号ではない。「宇宙船地球号」という言葉は間違っていると確言できる。つまり、宇宙船という存在は完全に人間がデザインし、ビスの一つ一つまで人間が設計し、その設計に基づいて作り上げて管理できるものである。それでもスペースシャトルのチャレンジャー号爆発事故のような悲劇も起こる。ましてや、この地球という生態系は人間が作ったものではない。キリスト教信仰に基づけば、神が造ったということになるが、少なくとも人間が作ったものではない。それははっきりしている。とすれば、人間がその隅々まで完全に把握してそれをコントロールするなどということは望むべくもない。それを望むのはとんでもない間違いで、あり得ないことである。

生態学という学問は、自然科学の中でも最も深くスケールの大きい学問だと言われる。それはまさに前述した理由があるからでる。本当に宇宙船地球号であれば、私たち人間はその隅々まで因果的に問題を把握して理解して管理できる可能性を持っている。しかし、そうでないとすれば人間の知識の限界が常につきまとう。この地球全体、例えば炭素の循環一つをとってみても私たちはそのメカニズムの全てを知っているわけではない。それどころか、ごくわずかしか知らない。そうした不確定性の中で、私たちは進まなければならないのである。

転ばぬ先の杖原理

　1992年に開催されたリオ・サミットあたりから、precautionary principle という言葉が国連の中ではかなり強い支持を得つつある概念として浮上してきている。国連教育科学文化機関（ユネスコ）はこの precautionary principle という概念を強く推進しようとしている。日本語では、しばしば予防原則と訳されている。実際、予防原則というタイトルで書籍も出版されているが、予防原則という邦訳は間違っていると私は思う。予防という概念は、prevention や protection に相当するからである。つまり、因果関係がきちんと明確になっていて「この原因でこの結果になる」「この帰結を避けるためにはこの原因に対処すればよい」ということが明確に分かっている場合にこそ予防ができる。防疫体制でも感染症の感染源となる細菌がどのようなルートで人体に入ってくるかが分かっている。例えば、空気感染なのか、食物を通じて経口的に感染するのか、あるいは皮膚から感染するのか。日本住血吸虫という寄生虫は、水田に裸足で入ったときに、小さな傷から幼虫が入ってくる。そうしたことが分かっていれば、水田には傷を負ったまま裸足では入らないといった簡単な注意で感染ルートから確実に予防できる。

　しかし、precautionary principle は、そうではなく、あらかじめ注意をすることを意味する。私は「転ばぬ先の杖原理」と訳している。学問的ではないので、あまり評判が良くない訳語であるが、一番ぴったりしていると思う。最近では、事前警戒原則という訳語も少しずつ定着しかけている。多少いかめしい言葉遣いが好きな方はそれを使うのが良いかもしれない。

　つまり、不確定な要素が多い領域においては、現在の出発点ではその後どのような経過をたどって、どこへ行くか、確実で直線的な因果関係の線を設定することができない。ある時点での条件が変われば、別の結果を招くかもしれない。そのようにいくつかの可能性を指摘することしかできない。それをシナリオと呼ぶ。気候変動に関する政府間パネル（IPCC）による報告書をはじめ、生態学的な問題にシナリオという言葉が多用される理由はそこにある。シナリオでは、因果連鎖のきちんとした決定された直線ではなく、同じ出発点から出発しても別の経過をたどりうるという物理学の複雑系に相当す

る。これは、明確な予言が不可能であるが、それでも最悪のシナリオが現実化したときに、何も手を打っておかなかったことを悔やむのは現世代の人間として、私たちが会うことはないかもしれない子孫たち、将来の世代に対して無責任ではないか。これが世代間倫理と呼ばれているものであり、それがprecautionary principle という概念が持っている意味である。

科学的合理性と社会的合理性

　科学的合理性と社会的合理性という概念が、そこに新たに生まれてきた。科学的合理性というのは明確だが、社会的合理性とは何か。科学が伝えようとするところは決して軽視するものではない。十分に尊重されなければならない。しかし、その科学がいわんとするところが不確定なものが多々あるとすれば、われわれが科学のいうところだけに頼るわけにもいかない。すなわち、科学以外のところで成り立っている様々な知識、しばしば「暗黙知」であるとか、文化人類学者ギアーツが使い出した言葉を使えば「ローカル・ナレッジ」という言葉で表現されるような社会の中に積み重ねられてきている知識やスキルも生態学的な問題を考えていくときに「転ばぬ先の杖」として導入しても良いのではないかというのが、現在私たちが立っている場所ではないかと思う。

パンデミックと世界リスク社会

　マラリアやエイズなど世界的に流行している感染症（パンデミック）についても科学的合理性と社会的合理性の視点を考えることができるかもしれない。パンデミックは、その生起確率を減らすことが困難であるという意味では自然災害に近いが、予防できるようになってきた。歴史的には、ペスト（黒死病）が流行した14世紀以降、検疫や公安委員会による交通遮断などの防疫体制がとられてきた。しかし、19世紀半ば以前の流行病については、星から流入してくるものという語源のinfluenza という言葉や、悪い星まわりという意味のdisaster という言葉に象徴されるように占星術的解釈がなされていた時代もあった。

19世紀になるとパストゥール（Louis Pasteur）の病原生物学やフィルヒョウ（Rudolf Virchow）の社会医学の流れが生まれた。病原微生物学は、ジフテリアなどの感染症の血清やワクチンを開発してきた。しかし、社会医学は、病気を治すのは医療というよりも政治であるとの立場をとった。科学による医療と社会からの予防医学との二つの流れがあったのである。

　パンデミックの生起確率を減らすことは困難であるが、リスク管理の面からその被害規模の縮小し、緩和することは医療によってかなり可能になっている。リスクとは、災禍を人為によって制御可能にすることで、病気が不可抗力ではなくなった。通常時のリスク管理は、防疫や免疫などの事前処置や治療法の整備など事後措置によって行われるが、これらの措置は費用対効果分析によってなされる。しかし、非常時のリスク管理においては費用対効果分析が後景に退き、個人の自由などが制限されても社会防衛要素が優先される。ジェネリック薬の研究開発に対する知的財産権の保護が公衆衛生との関連で問題になっているが、国家的緊急事態の場合には特許権保有者の権利よりも国家による強制実施権の発動が優先されるのも非常時の社会的なリスク管理の点から理解できるだろう。

　以上のように、科学技術を軽視する必要はない。今でも頼るべきもっとも大事な知識とは科学技術であることに間違いない。しかし、それに限界があるとすれば、私たちはどのような知恵を働かせるかというのがまさしく今、私たちが環境問題や貧困問題に立ち向かっているときに抱えている最大の課題だろう。

1　Lynn White, Jr., *Machina ex Deo: Essays in the Dynamism of Western Culture*, (MIT Press, 1968). 邦語訳は、リン・ホワイト原著、青木靖三訳『機械と神』（みすず科学ライブラリー、1972年）。
2　Lynn White, Jr., "The Historical Roots of Our Ecological Crisis," in *Science* (10 March 1967), pp. 1203-1207.
3　前掲書邦訳、87頁。
4　これに対して東方的な形式というのは東方正教会を指す。
5　前掲書邦訳、93頁。
6　前掲書邦訳、96頁。
7　シュヴァイツァー原著、横山喜之訳『文化と倫理』（新教出版社、1953年）。

8　ロデリック・F・ナッシュ原著、松野弘訳『自然の権利 - 環境倫理の文明史』（筑摩書房、1999年）。
9　村上試訳。Walter Clay Lowdermilk, "Conquest of the Land through 7,000 Years" (1939), http://www.nrcs.usda.gov/technical/ecs/agecol/conquest.html
10　サミュエル・P・ハンチントン原著、鈴木主税訳『文明の衝突』（集英社、1998年）。
11　塩野七生『ローマ人の物語Ⅹ　すべての道はローマに通ず』（新潮社、2001年）。

11章　環境と貧困をめぐるジャーナリズム

吉田文彦

1 地球サミット後に何が起きたのか

　筆者は、1992年のリオデジャネイロでの地球サミットの取材・報道に携わった。その後、国際問題、国際安全保障、グローバル・ガバナンスに関する報道を担当している。朝日新聞社では、最近になって地球環境に関する新しい報道プロジェクトを立ち上げ、それも担当している。本章では、地球サミット以降、ジャーナリストとして筆者が経験したことを踏まえながら、環境と貧困をめぐるジャーナリズムについて論じたい。

地球サミットからの15年間

　なぜ地球サミットが1992年に開かれたかというと、1972年にストックホルムで開催された人間環境開発会議から20年経ったということがある。1960年代には日本でも、水俣病やイタイイタイ病などで公害問題が起きた。先進工業国での公害問題の国際化が大きな契機となって開催されたのがストックホルム会議だった。また、1992年は1492年にコロンブスがアメリカに到達してからちょうど500年経つ年だった。さらに、1980年代後半からは地球温暖化やオゾンホールの発見などグローバルな環境問題に関心が強まり出した時代の要請を受けた会議でもあった。さらにもう一つ言えば、1989年の冷戦の終結があった。冷戦後の新しい世界秩序をどのように考えてゆけば良いのかというタイミングもあった。いくつかのそうした時代背景を持ちながら開催されたのが92年の地球サミットだった。

当時、開催地のリオデジャネイロには非常に多くのメディアが集結して報道にあたっていた。朝日新聞社も20人以上のチームを作って取材・報道を行った。一軒家を借り切り、そこを取材の拠点にした。現在のようにインターネットが発達していなかったので、そこに電話回線を何口も特設して、原稿や写真を送信できるようにした。膨大な予算をかけて取材体制をとったわけだが、それほどに世界的に注目された国際会議だった。2週間あまりに及んだ会議日程では様々なことが議論され、メディア・アテンションも高く実際に多くの国際報道がなされた。

いくつかの重要な文書が採択されて、これで地球環境問題に関して世界が良い方向にずいぶん変わってゆくのではないかという期待感が高まり、そのような期待を筆者自身も持った。ところが、その後の15年間を振り返ってみると、残念ながら当時の期待通りには進捗していないというのが実感である。そのいくつかの例を列挙しておきたい。

「持続可能な開発」概念の劣化

まず、地球サミット開催から5年前の1987年にブルントラント委員会の報告書 *Our Common Future* が出された[1]。この報告書の中で「持続可能な開発」という概念が打ち出されたわけだが、この重要な概念を端的に表現すると、自然環境と人間の経済活動と人間社会が持つべき社会正義の三つの柱があってこそ持続可能な開発が成り立つということである。個々の要素を守りながら、それらのバランスをとってゆくことが重要であるというメッセージであったと理解できる。

ところがその後の15年間を振り返ってみると、三つの柱それぞれの波長が必ずしも揃った形で進んできたようには思えない。本来は、環境と経済と社会正義の三本柱の正面をにらみながらガバナンス（統治）する行政的、法的な措置を持つシステムを構築しなければならなかったはずであるのだが、必ずしもそのようにはならなかった。筆者の印象では、環境と経済の問題が注目される一方で、社会正義の問題が削り落とされてきた感が非常に強い。

地球サミット開催期間中に、当時のコロール・ブラジル大統領にインタビ

ューをした際に、彼は次のようなことを発言していた。「1機の飛行機が飛んでいると想像してください。この飛行機の中にはファーストクラスに乗っている人がいる。一方でエコノミークラスの人もいる。それだけではない。この地球のことを考えると、実は貨物室の中で凍えている人々もいる。それが地球社会の現実なのである。」飛行中の飛行機の客室は温度調節してあるが、貨物室は極めて低温となる。貨物室のような極寒状態では人間はいずれ凍死してしまうから、階下の貨物室に乗っている人々が上階の客室に上がろうと暴動を起こす。紛争はやがて飛行機全体を墜落させてしまいかねなくしてしまう。同じことがこの地球社会にも言えるのだから、社会正義を大事にしなければもたないという趣旨だった。

　ところが、環境と経済と社会正義のうち、社会正義の部分が削り取られてきた。それは、すなわち格差の問題や分配の問題、戦争と平和と環境問題、あるいは人道問題と環境問題、そうした問題群の関連性が必ずしも考えられておらず、報道する側もそのような視点から必ずしも報道してこなかったからであるように思う。

　例えば、スーダンのダルフールでは民族的な対立から虐殺が起きているが、2007年になって国連事務総長は「ダルフール紛争は元をたどれば水不足による争いであった」と指摘しており、その水不足はさらに遡ると気候変動によるものかもしれない、との見方を示した。つまり、もしかするとこれは気候変動による紛争と言えるかもしれない。具体的にダルフール紛争の原因が気候変動にあるとは指摘されていないが、ダルフールではおそらく環境の変化と平和や人道の問題が直結しているのだと思う。通常、ダルフール問題が語られるときには環境問題とつなげて考えられることは少ないし、そのような観点から報道されることも少ない。この事例が物語っているように、自然、経済、社会正義をまとめて一つに扱うという本来の目的から乖離したまま「持続可能な開発」という言葉が使われ、あるいは報道されることが多かったのではないかと思う。

地球サミット後の国連会議

　地球サミットでは『アジェンダ21』という行動計画が採択された。これには非常に細かいことがいろいろな分野にわたって書かれている。砂漠化の防止、海洋の汚染防止、森林保全、都市人口の爆発への対策、生物多様性の保全など、多くの問題についてどう行動しなければならないかが書かれている。これ以上書けないというぐらいに書かれていた。それが1992年である。その後、様々な国連会議が開催された。世界人口会議、人間居住会議、世界女性会議、社会開発サミットなどが開かれた。1990年代は、いわば国連の巨大会議（メガ・カンファレンス）の時代だったと思う。その実質的な発端が地球サミットであったとも見ることができる。

　2000年には国連が首脳級の会議を開いてミレニアム開発目標を策定した。これは『アジェンダ21』などに書かれていたことをもっと定量的に期限を区切っていくつかの目標を作った。識字率や乳幼児死亡率などについて数値目標が入っているものが48あると言われている。これが2000年である。

　さらに2002年になると、地球サミットから10年経ったということで「持続可能な開発に関する世界サミット」がヨハネスブルグで開かれた。残念ながらこのときは地球サミットほどの盛り上がりはなく、参加した各国首脳も少ない数に終わった。結局は2年前のミレニアム開発目標を追認するような会議に終わってしまい、地球サミット以降10年間の「持続可能な開発」戦略の失速を象徴する会議となってしまったように思う。報道の仕方も92年とはずいぶん違い、朝日新聞社からもほんの数人が行っただけで、あまり大きく報道されなかった現実がある。

　このように地球サミット以降の国連会議で採択された文書は、国際社会の目標や希望のウィッシュ・リストを膨らませることに多大な努力が費やされ、それを政策的に実現するにはどうするかを体系的に分析してこなかった。そのため、国連会議を開くことによってどれだけ現実が変わるのかといった疑問が膨らんでいった。すなわち92年の地球サミットではアメリカやフランスや他の主要国や途上国の大物の首脳が集まり、そこで彼らが約束（プレッジ）すれば、それで流れが変わり実際に現場も変わるのではないかという政治指

導型（トップダウン）による変化が期待されたわけだが、それが必ずしもそうではなかった。その反省とともに、その現実がよく分かったのが、92年以降の流れであったと思う。

　1990年代の10年間は、IT革命が起き、グローバリゼーションが進行したわけだから、環境問題に関する報道も、NGOやブログを立ち上げている人々が発信する情報提供や情報交換の場も増えた。ところが、そのような形での情報普及と分散は進んだにもかかわらず、それらが集約される形で強い世論となり、それを政治や国際条約に反映する本来期待された社会的なモービリゼーションは起きなかった。当初の期待感が強かったゆえに、逆に失望感も大きかったのが現実であろう。

　ただし、いくつか新しいアプローチも生まれたのも確かである。例えば、メガカンファレンスを開いてトップダウンで実現するのではなく、ボトムアップで変えようとするアプローチも増えてきた。その一つの例は欧州で見られる。欧州諸国を中心として、2001年にオーフス条約が発効した[2]。これは環境分野における市民参加を促進することによって、環境政策の民主化を目的とした条約である。例えば、ダムや道路などを造るときに、あるいは森林開発をするときに、事前の調査をすること、事前説明をすること、さらにその際に周辺地域の人々や専門家の意見を聞くヒアリング・プロセスをきちんとすることなどが条約上義務付けられている。この条約の加盟国は、その参加型環境政策作りを必ずしなくてはならない。冷戦が崩壊して、欧州統合が進み、旧ソ連圏に所属していた東欧諸国の多くが欧州連合（EU）に加盟している。EUに加盟する重要な条件の一つが一定レベルの環境政策の達成だった。その流れの中で、オーフス条約が成立し、環境政策の民主的プロセスが発展してきた。これは90年代以降のメガ・カンファレンスとは異なる形で地域内あるいは各国内からその住民が参加する形で、しかもそれをメディアがもっと報道する形で変えようとする動きである。その意味で従来とは違うアプローチの事例である。しかし、こうした動きは必ずしも世界的に広がっているわけではない。オーフス条約は欧州だけではなく他の地域の国も参加することができるのだが、実際に参加しているのはほとんどが欧州諸国であり、日

本も加盟していない。まだまだ欧州の条約だというが現状がある。したがって、このような動きが芽生えているにしても、総括的に言えばトップダウンによるアプローチにある種の限界が見えたのがこの15年間だった。

グローバル化の進行とBRICsの台頭

　地球サミット後のもう一つの特徴として、地球への環境負荷が高まるとともに、投資先としての環境ビジネスが拡大してきたことがある。この中でBRICsと呼ばれるブラジル、ロシア、インド、中国という四大国の台頭がある。

　とりわけ、中国とインドの台頭が持続可能な開発の秩序形成に大きな意味を持つようになった点が注目される。例えば気候変動問題については、中国とインドは一人当たりの二酸化炭素排出量はまだ低いが、人口が多いがゆえに国全体として考えた場合の環境負荷が大きくなってきている。今後、高い経済成長率に伴って一人当たりの排出量も増えることも見込まれる。先進国の責任とは差異があるものの、この二大国にどのように国際社会共通の責任を約束してもらうかが重要な交渉局面になっている。

　これは日本にとっても他人事の問題ではない。多くの日本の企業が中国に工場を移転しているからである。つまり、本来は自国で排出する二酸化炭素が中国に移転した工場で排出される。廃棄物も同様である。多国籍企業の活動の現実を考えると、中国の排出量の増大を一概に中国の責任だけで果たすべきであるとは必ずしも言えないことがグローバリゼーションの一つの特徴である。

　さらに、産業の分業が複雑化している現実がある。例えば、自動車産業では、大きな自動車会社は東南アジア諸国に生産拠点を分散させていろいろな部品を作っている。それを同じ企業内あるいは産業内で、例えば中国の工場へ輸出して組み立て、一つの車に完成して販売している。サプライチェーンと言われるように、鎖のようにつながる分業体制で製品を作っているのである。このような多国籍企業が活動している場合に、どの国がどれだけ責任があるのかが問題になる。これもグローバリゼーションの新しい現象で、国際

社会のアクターとして影響力が強くなっている多国籍企業の責任も大きくなっている。この問題も、92年の地球サミットの頃に比べると格段に大きな意味を持ってきている。今後の気候変動交渉で中国やインドの問題を考える際には、このような国際分業やサプライチェーンのつながりが持つ含意を考慮して、中国やインドだけの問題ではないという意識をもって行動しなければならない。

　また、中国とインドに限らず、他の中小の途上国も規模が違いこそあれ、同じような問題を抱えている。中南米諸国にしても東南アジア諸国にしてもサプライチェーン、インダストリーチェーンの分業体制は同様に浸透している。このような経済のつながりや新しい生産体制については、メディアは比較的報道してきたと思う。筆者自身が編集者になった国際問題プロジェクトでもそうした視点を入れてきた。ただし、そうした変化が実際に環境にどのような影響を及ぼしているのか、環境負荷面でどのような責任分担を先進国政府と現地政府とが担ってゆけばよいのかという実際には議論は少ない。その点についての報道もまだ薄いので、今後の大きな課題の一つである。

気候変動問題に集中する関心

　もう一つの大きな課題は、近年の政治関心があまりにも気候変動問題に集中しすぎていて、他の問題が遠景にかすんでしまっている。これは皮肉な逆効果である。環境への関心が高まる反面、視野が狭くなっているからである。一般の傾向もメディア報道の傾向も同様であると実感している。

　気候変動は既に起きており、悪影響を与えていると考えられる現象は既にいくつも存在するが、それ以上に深刻な環境問題はいくつもある。例えば、砂漠化が広がっていたり、森林が減少していたり、海洋が汚染されていたり、生物多様性が損なわれている。すでに現存する危機の脅威から注目がそらされてしまったら、それは本当に環境問題を考えていることにはならない。しかしながら近年ではどうも政治的関心、経済的関心が気候変動問題に集中する形でアジェンダ設定されてしまうので、他の環境問題や関連する重要課題とのバランスを取らなければまずい。

例えば、感染症の問題がある。地球が温暖化すれば日本の平均気温も上がるので、マラリア流行地域が北半球で北上して、もしかすると日本でもマラリアが発生するのではないかと懸念される。それは地球温暖化から見た感染症への懸念であるが、現にマラリアで困っている人々は日本以外に数多く存在するわけである。そのような人々の問題を今どう考えているのか、貧困と環境の問題をどう考えてゆくべきかという問題意識がそこで削り落とされてしまうのは本当にまずい。

感染症の事例としては、これもアフリカに非常に患者数が多いHIV／エイズの問題が世界に広がっている。これは気候変動問題が顕在化する以前に、人間と環境とのある種のコンフリクトの中で発生して広まった病気である。世界的に流行する新しい感染症（イマージング・ディジィーズ）の発生に、どのように国際社会が対応するのかが問われるガバナンスの問題である。そうした視点がかすんでしまわないように、環境について報道するときにはバランス感覚が重要である。

グローバル都市の環境問題

次に、グローバリゼーションの過程の中で、人口が一段と都市に集中している。日本でも巨大都市東京への一極集中が様々な議論を呼んでいるが、世界的な現象として農村人口が減って都市人口が増えている。国連の統計では、現在60数億人いる世界人口のうち、2008年には都市人口が農村人口を初めて上回ると予測されている。都市人口が増え過ぎると、様々な問題が生じているが、とりわけ途上国ではスラム化が進み、そこが犯罪組織の巣窟になったり、感染症の温床になったりする。インフラストラクチャーがないところに人口が集中すると、ゴミが放置され、環境汚染の原因にもなる。

もともと都市に人口が集中するのは雇用や現金収入への期待があるが、実際にはそれがなかなかない。すると職がないのに生活しなければならないので、近くにある森を伐採したり、水を引いたりするなど無秩序な開発がさらに広がる事例が数多くある。

都市問題をどうするかという大きな課題も92年の地球サミットで既に指

摘されていた問題だったが、グローバリゼーションの潮流の中でこの問題がさらにクローズアップされている。例えば、どのような省エネ都市を作れば、持続可能な開発になるのか。どのような交通システムなら、持続的な街になるのか。これらの課題は、都市化を通じて発展を続ける途上国にとっても重要だが、まだ十分に議論されていない。

　例えば、中国では人口2,000万、3,000万という単位の都市をいくつも作ることによって、地域開発を進めようとしている。この都市形態がどのようなものになるかによって中国の環境問題が国際的に与えるインパクトも変わってくる。そのような意味で、都市環境問題をどう扱うかを従来以上に注目しなければならないとメディアにいる立場からも思う。しかし、都市問題という切り口で環境問題や開発問題を考えて報道する人々は日本のメディアにはそう多くないという現実もある。専門性の高い記者をもっと育成して、知識と経験を生かしながらそうした切り口から持続可能な開発を考えて対応してゆくべきだろう。

2　環境政策の成熟のためにメディアが問うべきこと

追求すべき「豊かさ」とは

　地球サミット後の動きを踏まえたうえで、環境政策を成熟させていくためにメディアが問わなければならないことは何だろうか。

　まず第1に、価値観的要素がある。つまり「豊かさ」とはそもそも何なのかという価値に関わるところを考える必要がある。森本哲郎は、人類に「普遍的意思」があるとすれば、結局それは「豊かさへの意思」に帰着するだろうと指摘する[3]。地球という閉鎖系の中で、世界人口が早ければ2045年に100億人を突破する状況のもとで、人間が求めるべき「豊かさ」とは何なのか、持つべき「共通意思」とは何なのか。経済成長すること、所得拡大が「豊かさ」なのだろうか。

「豊かさ」の価値観を形成する日々の暮らしや人生設計についての情報や考え方のリソースになるのは、すべてではないにしてもメディアにその役割が期待されている。メディアがどのようなものを提供するかが、おそらく多くの人々の豊かさに対する思いに影響する。例えば、「エコバッグを持ちましょう」という意見がある一方で、「そんなものはいらない」という意見もある。「自動車にあまり乗らずに公共交通機関を使いましょう」という意見も一つかもしれない。いずれにしてもライフスタイルやファッショナブルな生き方として「エコ」概念がどう関わってゆくのかについて情報や考え方を提供していく。それをいろいろな人々がどう受け止めてどう行動するかという相互関係をさぐり、伝えてゆくのかがメディアの役割であろう。

突破力を持つ人間とは

　第2に、人的要素を考える必要がある。歴史や社会を動かしてきたのは、多くの場合、考え方において突破力や行動力のある人物だった。「持続可能な開発」の分野で、構想や行動において突破力を持つ逸材は今どこにいて、どのようなことを試みているのか。そのような人々を紹介しながら、「なるほど、こうすれば良いのか」という材料をできるだけ提供してゆくのがメディアの仕事であると考える。

　最近スリランカに行き、2007年にノーベル平和賞を受賞した気候変動に関する政府間パネル（IPCC）副議長のモハン・ムナシンハ氏を取材した。彼は、持続可能性（サステナビリティ）と経済学（エコノミックス）を統合して、サステノミックスという持続可能な開発のための学際的な枠組みを提唱して、IPCCの議論を進めている。このような人物の主張や考え方などをもっと紹介してくるべきだったと、同氏に直接取材して思った。

　また、アメリカではカリフォルニア州がもともと環境問題に熱心に取り組んでいた。州知事に映画俳優のアーノルド・シュワルツネッガー氏が就任してから、さらに環境政策が進んでいる。ブッシュ大統領のもとでの連邦政府は、温暖化対策に非常に慎重だが、カリフォルニア州は連邦政府が未着手のことを先取りして取り組み、カリフォルニア州がアメリカを変える契機にな

っている現実がある。シュワルツネッガー知事一人ではなく、同知事を支えるスタンフォード大学やシリコンバレーの人々の存在がある。シリコンバレーはもともとIT産業で有名だったが、現在は「グリーンバレー」という別名が付くほど環境技術を集中的に研究開発してシリコンバレー自体を環境に良い都市に変え、同時に環境ビジネスの拠点にしてゆく取り組みに携わる人々がいる。そこで活躍している、新しい考え方を持つ突破力のある若い世代をもっと紹介していく必要があると思う。

環境政策を動かす本当の力とは

　第3は、環境政策を本当に動かす力は何だろうかという戦略的要素の視点から報道する必要がある。前述したように、地球温暖化で巨大な被害が出るのはまだ少し先のことである。当然のことだが人々は自分たちの健康被害など現に被害が生じている問題には敏感である。そこで一つの戦略としては、健康被害防止など現在直面している問題に対応することを掲げて無公害・低公害の車や工場、公共交通システムの普及をすすめ、それが同時に結果的に気候変動も抑えるという戦略もありうるのではないか。つまり、一石二鳥の政策を採用すれば温暖化の議論の前提が間違っているかどうかを気にすることなく温暖化対策ができる。

　例えば、よく指摘されるように温室効果ガスの一つにフロンガスがある。フロンガスは排出量がどんどん減っている。これはもともと温暖化防止のために減らしたのではなく、オゾン層を破壊するからという理由で禁止されたものである。しかし結果的にはオゾン層保護対策が温暖化防止対策にもなりうる。同様のことは他にもある。例えば、光化学スモッグの発生を防ぐための一つの方法として、車の台数を減らすことがある。月曜日は偶数のナンバーしか都市部に入れない、火曜日は奇数のナンバーしか入れない、一人だけしか乗っていない車は高速料金が高いなどといった方策が、例えばロサンゼルス等で採用されている。このような形で車に乗る時間や機会を減らせば、それが光化学スモッグ対策に良いだけでなく、温暖化防止対策にもなり一石二鳥である。

このように将来懸念される問題が生じたときに備えを怠っていたことを後悔したり、仮に生じなかった場合でもコストをかけて無駄な投資をしたと思ったりしないための戦略を「後悔しない（ノー・リグレット）戦略」という。このように短期的な問題と長期的な問題とを連関させて監視する政策や報道がもっとあっていいと思う。

グローバル化をどう生かすか
　第4は、グローバル化という時代でどのように富の再分配を考えるのかという要素が重要である。しばしば貧困対策が先なのか環境対策が先なのか、政府と民間の役割分担はどうあるべきなのか、あるいは、これだけ大きくなったマーケットを誰がコントロールしてどのようなガバナンスすべきなのかということが議論になる。明確な答えはないが、未決着のこうした問題をどのような角度からどう考えるかが極めて重要となる。
　市場というのは、短期間に少しでも有利なところへと資金が動く。金利やリスクの変動によって、いつも変化している。その意味では、投資先に対しては冷徹な市場の原理が働いている。それが目指すものは、オプティマイゼーションと言われる資源の最適利用である。端的に言えば短期的な効率化である。これが資金の動きが速いグローバリゼーションの過程で強く働いている。短期間のオプティマイゼーションの枠組みに入らない部分は、資金がまわらなくなり捨てられる。そこの問題をどうするかが市場ガバナンスに関する問題であると思う。このサイクルだけでお金が回っていると環境が破壊されようが、効率的に資産運用できて利ざやが大きければ市場原理的には成功である。その一方で、環境と経済、社会正義のバランスが崩れることが起きうる。いかにして持続可能な開発を支える三つの要素のバランスが継続するシステムと市場のオプティマイゼーションとを両立させるかをもっと考えなければならないし、その報道が必要である。従来の経済報道は、市場のオプティマイゼーションに偏りすぎていたように思う。経済記事を書く際には、オプティマイゼーションとともにシステム総体の継続性にも配慮しながら、情報や考え方を提供していくのがいいと思う。

ルール形成をどのように進めるべきか

　第5に、環境に関する規範やルール形成をどのように進めるかという民主主義的要素がある。1990年代に様々な世界会議が開催され、重要な条約も成立した。そのような形で環境に関する規範やルールが作られている。ただし、問題は実際にどこまで遵守されているのかである。

　反グローバリゼーションの運動は多様な理由から生じているので単純には言えないが、参加者の中で広く認識されている一つの大きな共通点は、民主主義が機能しないところで重要なことが決定されるのは許せない、我慢できないというものである。通常、自分が所属している国やコミュニティーでは、国会議員や首長・地方議会の選挙に参加する形で民主主義が担保されている。しかし、国際社会では普通の人々がほとんど決定権を持たないところで大事なことが決まり、それがトップダウン的に降りてくる。さらに言えば、マーケットという巨大なオプティマイゼーション・システムを遵守する力が動いて、そこには何ら参加権がないのに、その影響は大きく受ける形になっている。「民主主義の赤字」と呼ばれるように、参加権、投票権のないシステムのなかで、自分たちに負の影響が大きく作用するのをどうするのかという問題が生じている。

　マーケットのルールも含めて、規範やルール形成がより民主化されることが必要である。すなわち、意思決定への参加、多様なステークホルダーによる意見表出の場の確保をどう担保し、コンセンサス作りに結び付けていくのか。多様な声が反映され、吸収される形で多くの人々が納得する形でルールが作られないと結局そのルールは遵守されず、反発も大きくなることが繰り返される可能性が高い。したがって、メディアは民主主義やガバナンスの問題を報道し、いろいろな考え方や選択肢を提示してゆく必要がある。

パワー・ポリティクスの要素

　第6に、地球温暖化問題に限らずに、環境問題は国際摩擦や対立などパワー・ポリティクス的要素の主戦場になっている。従来パワー・ポリティクスは、領土や自然資源そのものの獲得など土地に絡むものが多かった。あるい

は、軍事力による勢力均衡的なものが多かった。しかし現在では、そればかりではなく、地球環境をめぐるルール作り、あるいはそれに絡む地政学的な競争がパワー・ポリティクスの主舞台になっている。地球環境政治のそうした動きをどのように伝えてゆくかについても重要なポイントである。地球的視野が必要であると同時に、主要なアクターである大国や同盟国の地政学的な配慮を持ちたい。

　例えば、シベリアは自然資源が豊富にあると言われている。ロシアやシベリアの天然ガスを北東アジアでどう利用するかという問題は、中国にとっても日本にとっても関心が高い問題である。どのようなルートでパイプラインを引くのか、どのような形で開発の権限を分け与えるのかは、高度にポリティカルな問題である。

　このようにマーケットだけではなく、主要国の力関係がエネルギー資源の獲得競争に関係してくる。逆に言えば、資源を持つロシアがあまりに強大化するのを牽制するために需要側がニーズを減らす必要がある。中国が巨大都市中心の開発をするときに、どこまで省エネルギーを推進して、どのような都市を作るかによって、ロシアに対してどこまで強く言えるのか、ロシアとの外交関係を有利にできるのかが決まる、という側面もある。それは中国だけでなく、日本にも影響してくる。

　このような意味で、地球環境をめぐるパワー・ポリティクス、地政学的なパワー・ポリティクスが新たに誕生していると思う。そうした視点からの報道を増やすため、その記事を書くことができる記者の数を増やさなければならない。石油や天然ガスだけではなく、北極にある自然資源の獲得や水の貿易などがこれから顕在化してくる。あるいは生物多様性保全に関連して、遺伝子資源の権利をめぐる南北間の対立がある。いずれにせよ、地球環境をめぐるパワー・ポリティクスをしっかりと学び、アカデミズムとジャーナリズムを橋渡しする人々が増えて欲しい。メディアはそうした知見に基づいて報道していかなければならない。

3 今後の報道で考えるべきポイント

環境報道に力点を置く目的

　地球環境と持続可能な開発をめぐる報道において、今後考えなければならないいくつかの点についてさらに細分化して挙げておきたい。

　まず第1に、「持続可能な開発」という概念が歪んでしまった点を押さえたうえで、この概念が本来持っている方向に世界と日本の針路を変えてゆくことが重要であろう。そのためには、まず政策の体系化を意識した報道を積み重ねることである。例えば、北極の氷が解けてシロクマが絶滅するかもしれないという断片的な報道も大事であるが、それがなぜ起きているのか、それが単にシロクマだけでなく北極圏に住む人々とどう関わっているのかという広いつながりを示して、総合的に対応できる政策は何かを多角的かつ広範囲な視野で報道していかなければならない。広領域の研究者たちと一緒に現場に行き、合同調査のうえで報道してみる等、従来とは違った取り組みも必要だろう。

　次に重要だと思うのは、BRICs諸国と日本との関係を集中的に報道することである。これまでの環境の報道は、とりわけ環境条約交渉に顕著であるが、日本が政策を決めるときには欧州やアメリカがやっていることを眺めながら日本はどうするのかという思考パターンで進めてきたことが多い。もちろん欧米主要国の現実を見据える報道も必要だと思うが、前述したBRICs諸国をどのように報道するが非常に大きい。ただそのBRICs諸国に環境問題、持続可能な開発という視点からきちんと記事を書ける特派員を置いているかというと、日本のメディアだけではなく欧米のメディアも必ずしもそうではないと思う。普通の外国特派員の報道はその国の政治外交、平和と安全保障などが主になってきたが、それだけでなく持続可能な開発という視点からの政治、経済、マーケットということを報道できるような人材が育たなくてはならない。新聞にもそのような紙面づくりが求められているのではないかと痛感している。

さらに、前述したように、都市と環境、貧困問題の高い専門性を持って分析できる記者が必要だし、それが掲載される紙面スペースをもっと増やすべきだと思う。都市と環境、貧困といった問題領域を重点課題にすること等が必要だろう。

国際会議の意味の再点検

次に、新聞による環境報道では、よく大きな国際会議を一つのタイミングとして書く場合が多いが、国際会議が持つ意味は何かを再点検する必要がある。会議における、あるいは会議をめぐる「動きを」報道することに加えて、さらに何を報じる必要があるのか。国際会議がどれだけの効果を持ってきたのか、あるいは持たなかったのか。国際会議で何が起きているのか、どのようなことがそこで決まったのかという動きは、その日のうちに報じるが、日付が経ってしまうと古いことのようになってしまう。次々にニュースが出てきてしまうので、あまりフォローアップが掲載されなくなる。しかし、本当に意味ある国際会議の報道であれば、少し日が経っても、例えば2～3日後でも構わないので、何が本当に前進して成功したのか、何が進捗せずに失敗だったのかという会議の分析を記録に残す報道も重要だろう。そのような情報をもとに専門家に意見を聞き、討論していただくフォローアップの解説記事がもっとあっても良いと思う。

もう一つ国際会議の報道について思うのは、国際会議は外交の場であるので、それぞれの国の外交方針が決まる国内事情が当然ある。例えば、中国であれば中国共産党による支配と環境と開発、持続性がどのような関係になっていて、その国際会議の方針となっているのか。その因果関係をきちんと出してゆく報道が必要だろう。中国がどのような主張をしているかという事実報道だけでなく、国内的要因が何であるか、そのつながりはどうなっているのかを掘り下げた多角的な報道をしてゆくべきだろう。

現場報道とその先

第3に、環境破壊の現場報道とその先にある因果関係をさぐる報道が求め

られている。しばしばこの海が汚れているとか、ここの森が消滅しつつあるといった現場報道を見かける。現場が大事だということは間違いないが、そうした結果だけではなく、なぜそれが起きているのかという原因を見きわめて、因果関係をつなぐ形で報道する必要がある。前述した国際会議の結果と各国の政策態度についても因果関係を報じることが重要だが、あの現場で生じている問題とその原因についても因果関係を脈絡のある形で報道する必要がある。

　例えば、現在は世界各地でバイオ燃料ブームが起きている。このブームの元をたどれば、ブッシュ米大統領が 2006 年の一般教書演説で「先進エネルギー・イニシアティブ[4]」を発表して、2025 年までに中東からの石油輸入量の 75％以上をバイオ燃料などで代替することを国家目標としたからである。これに端を発してバイオ燃料ブームが生じている。その結果、ブラジルとアメリカが急に友好的になった。9.11 事件以降、ブラジルとアメリカはビザの規制を相互にするなど友好関係が崩れていたが、このバイオ燃料のブームの中で関係改善が進んだ。というのは、ブラジルはもともとバイオ燃料大国であって、この分野での連携を深めようと共通の利害が上がってきたわけである。その結果、アメリカの資本が入ってブラジルの技術や資本とつながって、アフリカでバイオ燃料の広大な畑を作り、そこでバイオ燃料を生産してアメリカやヨーロッパに輸出するようになった。そしてそこで車を組み立て、販売して、消費されるサイクルが構築されつつある。

　アフリカにとってこれはプラスの部分とマイナスの部分が両方ある。農産物貿易の自由化交渉が進捗しないこともあって、農産物を作ってもなかなか輸出が伸びずに困っている途上国が多い。そこへ農耕地をバイオ燃料の作物に転換すれば、輸出ニーズがあるので農業がその分上向く効果は期待できる。しかし一方で、それが巨大なプランテーション化してしまうと、大土地所有しか利用されなくなり小規模農家が困る。あるいはプランテーション化されると水が大量に消費されて、小さな農村に水がいかなくなるとか、地下水が汲み上げられ過ぎてやがて枯渇する心配が出てくるといったリスクがある。バイオ燃料用の作物が遺伝子組換え作物であれば生物多様性へのリスクもあ

る。いずれにしろ、アフリカのバイオ燃料を作る大きな畑の現場を見たときに、単にアフリカの変化を報道するのではなく、元をたどればブッシュ政権の変化があり、そのブッシュ政権の変化をさらにたどれば、9.11事件後の中東離れの流れがある。その意味で、現場報道と国際政治の大きな脈々とした流れをつなげて書けば、もっと理解が深まり、それぞれの問題を見る目も変わってくるのではないかと思う。こうした試みを今後も続けていきたい。

環境リスクを冷静に見る

第4に、環境リスクを冷静に見ることが挙げられる。人間が活動すれば、どういうことをやっても環境破壊、環境改造は必ず起きる。したがって、環境への影響や環境のリスクをどう選択するかという問題になる。環境破壊をすべて否定する原理主義に陥らずに、どのような環境リスクを選択し、どのような対応を考えれば文明が成り立つかを、できるだけ定量的に見つめて記事にしてゆくことが求められる。

例えば、地球温暖化対策で原子力ブームが起きている。原子力発電そのものの賛否両論もあるが、途上国に原発を増やしていった場合、核拡散を防ぎながらそれができるのかという現実的な課題が残っている。そうした議論は必要であり、それに関わる報道も必要である。

多様な主体への目配り

第5に、多様な主体に目配りすることが求められる。グローバリゼーションの過程でマーケットの力が大きくなり、相対的に国家の力が弱くなっている。したがって、前述したようにトップダウンによるメガカンファレンス方式だけでは、ものごとがなかなか進まない。ボトムアップなやり方も必要という時代になっているので、多様なステークホルダーが参加する形でなければおそらく決めたことが受け入れられないし、決めたことが思うように進まない時代になった。

欧米の環境政策を引っ張る原動力としては自治体、市民社会が重要である。米国にも同様の傾向が見られる。そうした実勢をどう見つめ、どういう切り

口で報道してゆくかが大きな課題となる。自治体がどのような動きをしており、いろいろなステークホルダーがそれをどのように考えているかを報道しながら、ある世論が形成され、そこで議論があって何らかの選択ができる空間をメディアが作るのが非常に重要だろう。それは企業についても同様である。例えば、企業がある投資をすることに対して、森林を保全しながら投資する提案をする非政府組織（NGO）もあり、企業とNGOが様々な議論をしている。どのように企業やNGOがどのような議論をしているかを一般の市民が知り、市民社会はどう見ているのかを報道すれば企業も自治体も敏感になる。企業の社会的責任（CSR）をどう考えるかという問題にも関わり、こうした問題について読む人、考える人が増えれば、このような問題をもっと広い視野から見ることができる。

グローバリゼーション時代の新聞の役割

2008年、日本はG8の議長国でもあり、アフリカ開発会議（TICAD）も開催する。その中で重要だと思うのは、地球サミット後の15年間で変化したメディアの環境である。1992年当時はテレビと大きな新聞が中心だったが、現在はインターネットもある。かつて大きな新聞は欧米の主要メディアが中心で、そこに日本がある程度だったのが、現在では主要な国際会議には、いろいろな国から多様なメディアが取材している。中国からも多数のメディアが来ており、東南アジア、中東、アフリカ諸国からも特派員が来ている。報道する手段も新聞や雑誌だけでなくインターネットという方法もある。インターネットにもビデオ配信もあれば、ブログという形も取れる。あるいは市民新聞という無料でニュースを市民記者が流すなどいろいろな方法が試みられている。それだけに、新聞が何をすべきかというのがだんだん難しくなっている。新聞の役割のアイデンティティをきちんと持つ必要がある。多様な情報が多様な形で駆け巡るなかで、日本の新聞は、例えば朝日新聞は、この年はどの会議にフォーカスして、どう報道していくのかをきちんと考えてやらないといけない。そうでないと情報洪水のなかで多くの人々が何を信じ、何を捨てるか捨てないかという判断が難しい。そうした情報の交通整理をする機能を

既存のメディアは持つ必要がある。

　もう一つは、読者に賛成していただくかいただかないは別にしても、この問題はこうではないかという視点をしっかりと提示して考える材料にしてもらうことが大事である。そうでなければ、ネット上の画面を見ていると、物事の軽重がすごく分かりにくくなっており、どれが本当かうそか分からないまま読まなければならない。また、事実とは相違していても訂正が出ない情報がいくらでも流れているので、真偽の判断が難しい。読者は事実に基づいているのかどうかを疑いながら物を考えなければいけない。もちろん新聞でも間違いがあるのでいつも正しいとは言えないが、少なくとも間違ったことを訂正できるチャンスはある。だが、そうではないメディアが多くある。ブログはブログとしてありつつも、短時間のうちに多くの人々に到達できる力は新聞の方が大きい。その意味では、訂正する責任を持ちながら、あるいは反論される機会を持ちながら成り立っているメディアとして、新聞は自分たちの判断に基づく情報の選択や視角の提供をしてゆく必要がある。

1　World Commission on Environment and Development（WCED），*Our Common Future*（Oxford University Press, 1987）．邦語訳は、環境と開発に関する世界委員会編、大来佐武郎監修『地球の未来を守るために』（福武書店、1987年）。
2　The UNECE Convention on Access to Information, Public Participation in Decision-making and Access to Justice in Environmental Matters（環境に関する情報へのアクセス、意思決定における市民参加、および司法へのアクセスに関する条約）
3　森本哲郎『文明の主役　エネルギーと人間の物語』（新潮社、2000年）、168頁。
4　http://www.whitehouse.gov/stateoftheunion/2006/energy/index.html

第 **IV** 部

環境と開発のインターフェース

12章　G8サミットの政治学
── 環境と開発のグローバル秩序形成における役割 ──

毛利勝彦

1　はじめに

問題の所在

　政治が変われば、日本と世界の秩序は変わるだろうか。地球環境と持続可能な開発の危機に政治や政治学はどう答えるべきだろうか。2008年、日本は5回目の主要国首脳会合（G8サミット）議長国となった。また、第4回アフリカ開発会議（TICAD）も開催される。地球環境とりわけ気候変動と、貧困問題とりわけアフリカが主要議題となる。主要国におけるフォーマルな政治首脳によるインフォーマルな協議体であるG8サミットとは一体何なのであろうか。G8は環境と開発のグローバル秩序形成にどのような影響を与えているのか、あるいは与えていないのか。与えているとすれば、それは望ましいことなのか。与えていないとすれば、それはなぜか。

　本章の問題意識としては、まず第1に、G8サミットにおけるリーダーシップの源泉となる政治の正統性とその限界とを把握しておきたい。第2に、なぜ国際政治経済の構造的変容のなかでG8サミットが成立し、継続してきたのかを開発と環境の秩序形成に着目して動態的に捉えたい。第3に、G8サミットは主要国が持ち回りで議長国となっているが、そのサイクルの中で第2次世界大戦の敗戦国であるドイツ、日本、イタリアという順序が構成されている。戦勝国が形成した戦後国際秩序の変容の中で、日本は国連安保理常任

理事国入りを主張し続けているが実現していない。国連分担金比率、国際通貨基金（IMF）や世界銀行などへの出資比率も高くなったが、これら3カ国は開発と環境の分野で政治的リーダーシップをとって秩序形成をしているだろうか。

政治学・国際政治学・比較政治学

　前述した三つの問題意識を持って、まず政治学からG8サミットをどう理解すべきなのかを考えていきたい。また、国際政治学の視点からは、G8サミットをどう理解すべきなのか。フォーマルな政府を主体とする国際レジーム論や企業・非政府組織（NGO）など非政府主体をも射程に入れたグローバル・ガバナンス論の視点からG8サミットの位置づけを整理したい。次に、比較政治学から見た場合に、ドイツ、日本、イタリアがどのようなリーダーシップをとってきたのかを転換期とされる9・11事件以前と以後のサイクルで比較してみたい。2001年9月11日以前にドイツ、日本、イタリアが議長国となったサミットとして、ケルン・サミット（1999年）、九州・沖縄サミット（2000年）、ジェノバ・サミット（2001年）がある。その後、一巡してハイリゲンダム・サミット（2007年）、北海道洞爺湖サミット（2008年）を経て、2009年はイタリアが議長国となる。

2　政治学から見たG8サミット

　政治学の基本概念として正義や民主主義があるが、民主主義とは何か。アブラハム・リンカーンの言葉を借りれば、「人民の人民による人民のための政治」が民主主義ということになる。この思想と体制が地球上からなくなってはならないというのがゲティスバーグ演説だった。この定義に沿ってG8の正統性を考えてみたい。「人民の」というのは、人民についての、人民を対象とした政治という意味である。G8は何を対象として協議しているのか。協議している主体は誰か。そして誰の目的のために協議しているのか。

何を協議しているのか

　協議対象として重要なのは、既存の枠組みでは対応しきれない政策課題をめぐる新しい秩序形成プロセスである。第2次世界大戦後の国際政治経済秩序の枠組みであったブレトンウッズ体制は、1960年代末から70年代初頭にかけて国際構造の変容によって崩壊した。ニクソン・ショックで金為替本位制が崩壊し、石油ショックは先進工業諸国のエネルギー基盤の脆弱さを露呈した。これらの「危機」に対処しようと主要先進国首脳が協議によって秩序回復を試みたのが1975年から開催された先進国首脳会議（G6）であり、70年代の国際レジーム論の展開となった[1]。したがって当時は、通貨協調、ガット東京ラウンド交渉、インフレなき経済成長などが主要議題となった。

　80年代は、政治的には当時のソ連がアフガニスタンに侵攻して「新冷戦」の時代となった。レーガン米大統領やサッチャー英首相による新保守主義の潮流の中で、中距離核戦力（INF）削減交渉など軍事・政治的な問題もサミットで話し合われた。経済的には世界不況が続いたので、インフレ抑制や経済成長の議題が継続した。財政赤字と貿易赤字の「双子の赤字」に苦悩するアメリカは、高金利政策とともにG5財務大臣・中央銀行総裁会議による「プラザ合意」（1985年）による通貨協調で改善を試みた。その翌年86年には、貿易分野での立て直しのためにウルグアイ・ラウンド交渉が始まった。70年代の石油危機は、先進国社会では不況や失業をもたらしたが、非産油途上国も圧迫して南南問題も生まれた。世界不況はメキシコやアルゼンチンなど借款に頼った当時の新興工業国の輸出市場も狭め、それによって顕在化した累積債務問題も議題となった。

　90年代は、国際政治分野では冷戦後のロシア支援、インドやパキスタンへの核拡散について話し合われた。国際経済分野ではグローバル化の進展とともに90年代半ばにはアジア通貨危機が起こる。社会問題も国連社会開発サミットに合わせて協議された。累積債務問題については、繰り延べだけでなく帳消しにしようという動きが起こり、債務救済が焦点となった。地球環境分野については、92年のリオ・サミットを契機にG8サミットでも重点的に話し合われるようになった。

21世紀になると、国際政治分野では9.11以降のテロや政治腐敗、国際経済では世界貿易機関（WTO）ドーハ開発アジェンダ交渉や知的財産権などについて協議されている。社会開発については、ミレニアム開発目標に沿って、マラリア、HIV/エイズ、はしかなどの感染症・公衆衛生や教育の問題、とりわけアフリカが重要議題となっている。2002年のヨハネスブルグ・サミットで様々な環境と開発の問題がレビューされたが、最近のG8サミットの焦点は気候変動問題である。

　このように地球環境などグローバル・ガバナンスの諸課題がG8サミットでも取り上げられるようになった[2]。それは平和や安全保障、国際経済問題、世界の社会問題が地球環境問題と切り離せないことを示している。例えば温室効果ガスの排出削減は産業競争力に関わる問題であり、産業競争力は安全保障にも関わる。つまり、二国間交渉や多国間交渉では十分に対処できない領域横断的な課題をサミットが対象としてきたと言えよう。

誰が誰のために協議しているのか

　次に、G8は誰による誰のための政治なのか。アリストテレスは誰による政治かという視点と誰のための政治かという視点から政治体制を分類した。一つの軸は、一人による政治、少数による政治、多数による政治。もう一つの軸は、公共益のための政治と私的な自己利益のための政治という分類である。一人による政治で公共利益のための政治が君主制で、プラトンは「哲人王」が最善の政治形態であると考えた。しかし、その君主が公共のためでなく自己利益のためだけに行動すると専制君主となる。一人が権力を独占すると独裁政治に堕落する。次善策として、少数による貴族政治が好ましいと主張したのがアリストテレスだった。しかし、少数の人々が自己利益のために行動すると、それは寡頭政治に堕落する。一人による政治や少数による政治の欠点を超克しようとしたのが、多数の人々が政治に参加する政治である。歴史的には、奴隷や青年や女性や外国人の政治参加が徐々に広がったが、多くの人々が公共利益のためにする良い政治が現代の民主主義である。これは古代ギリシャ都市国家ではポリティアにあたるもので、多くの無能力な人々に政

治を任せるデモクラシーはむしろ衆愚政治として捉えられた。

　この国内政治体制の分類を国際政治に援用したのが、表1である。主体による分類については、一国による政治（単独主義）、少数国による政治（複数国主義）、多数国による政治（多国間主義）に加えて、国家主体以外のアクターも参画するマルチステークホルダーによる政治（ヘテラルキー）を加えた。ブルが「新しい中世」[3] と呼んだ国際社会では、主権国家だけでなく多国籍企業やNGOや科学者コミュニティなど多様な非国家主体の存在も広く認識されている。非国家主体の参画も加えた新しい多国間政治をヘテラルキーと呼ぶと、それによる国際公共利益のための政治とそうでない政治も想定できる。

表1：G8の政治学的な位置づけ

By＼For	公共利益	自己利益
単独主義（一国／国家）	君主政治（monarchy）	独裁政治（autarchy）
複数国主義（少数／国際）	貴族政治（aristocracy）	寡頭政治（oligarchy）
多国間主義（多数／世界）	民主政治（democracy）	衆愚政治（mobocracy）
ガバナンス（異種／地球）	ヘテラルキー（heterarchy）	アナーキー（anarchy）

　G8サミットは、G5、G6、G7、G8というように徐々に参加国を拡大してきた経緯がある。近年では、中国、インド、メキシコ、ブラジル、南アフリカの新興国5カ国やG20諸国との対話も実施されるようになったが、国連等の多国間主義と比較するとなお少数国ないし複数国主義である。国際公共利益のための複数国による貴族政治として捉えられる一方で、G8サミットにおける「民主主義の赤字」や権力集中が指摘され、一部の富裕国の利益保護のための寡頭政治であるという批判も存在する。

　また、覇権国アメリカの良性リーダーシップを支えるためにG8サミットが必要であるとか、アメリカこそがG8サミットを必要としているという見方がある一方で、悪性の単独主義にG8が利用されているとか、G8は「帝国」の利益を維持拡大するための見せかけの民主主義であるとの批判もある。

　G8と多国間主義との関係については、国連や世界貿易機関（WTO）などの多国間主義を補完するグローバル・ガバナンスのリーダーシップをとってい

るとか、多国間主義を強化するためにこそ G8 がリーダーシップをとるべきだとの主張がある一方で、多国間主義が弱体化してきたからこそ G8 サミットの存在意義が生じたとか、非民主的な G8 サミットこそが民主的な多国間主義を形骸化させているとの批判も可能だ。

さらにヘテラルキーとの関連については、G8 がパートナーシップ形成にリーダーシップをとっているとか、非国家主体のパートナーシップの相手として G8 が期待される一方で、一部の金融支配者たちの利益拡大を狙う資本主義国家のクラブに過ぎないという批判もある。

3 国際政治学から見た G8 サミット

国際レジームと G8 ガバナンス

このように現代国際関係における G8 の役割や位置づけについては、多くの見方がなされてきた[4]。時期や空間によっても、政策領域によっても G8 の役割をどう評価するかについて一様ではない。国際政治学によれば、国際レジームとは原則、規範、ルール、意思決定手続きのセットであるとされる[5]。今日の国際レジームは多くの原則やルールが混在しているが、存在論的に分類すると一国、国際、世界、地球の 4 種類[6]、認識論的に分類すると目的論と行為論の 2 種類の組み合わせが考えられる。ここでは、表2のように、これらの組み合わせによって整理しておきたい。

表2：存在と認識における規範とルール

認識＼存在	一国	国際	世界	地球
目的論	回復・矯正	衡平	公平	公正
行為論	自律	交換	分配	協働

第1のモデルでは、一国の政府や首脳などフォーマルな存在主体がインフォーマルな秩序構造を形成する。G8 サミットのほか、アジア太平洋経済協力

会議（APEC）やかつての「ヨーロッパの協調」に見られたような勢力均衡体制が成立しうる。ブルに代表される英国学派もアナーキカルな国際関係の中に協調体制が成立することを示唆する。この見方によれば、アメリカと他のG8諸国は比較的同等の主体として認識される。

　一国の存在にとっての目的は秩序の維持・安定である。主権国家の政治的自律性が失われそうになるとそれを回復・矯正しようとする正義が想定される。ホッブズ以来の古典的リアリズムによれば、主権国家は政治指導者に擬人化される。もともとサミットは主要国首脳によるインフォーマルな協議を目指していたが、規模や議題の拡大にともなって官僚政治化する。そこで首脳個人の自律性を回復するために導入されたのが「シェルパ」と呼ばれる各国首脳の個人代表であると考えられる。

　第2のモデルでは、政府間組織と同様に、フォーマルな政府主体によるフォーマルな構造化をG8にも想定する。G8は条約等による国際機関ではないが、70年代に始まった財相、首脳、外相、貿易相による閣僚会合だけでなく、90代以降には環境相、エネルギー相、開発相などの閣僚会合が制度化されてきた。なぜこうした制度化がなされたかについて、アメリカのリーダーシップによるものという説明がある[7]。政策決定や政策実施において、アメリカが他の主要国からの支持をとりつけるためである。リアリストと見られるキッシンジャー国務長官も、リベラルなカーター大統領も制度化を望んだ[8]。新現実主義制度論にしても新自由主義制度論にしてもアメリカのリーダーシップがあってこそ制度化が可能となることが前提となる。

　国際的な存在である国家間関係における規範は相互主義、衡平性である。リベラリズムによれば、市場をモデルとした交換によって効率性を高めることが良いとされ、国家の介入は限定的なものとなる。国家間関係における相互主義を担保するためには、「囚人のジレンマ」状態を脱して、国家間交渉の予測可能性を高める必要がある。そのために進展するのが意見交換の制度化である。

　第3のモデルでは、存在論的な世界社会におけるインフォーマルな主体の役割を重視して、フォーマルな政府主体によるG8サミットはそれを反映し

た構造として位置づける。例えば、世界市場が支配するグローバル化の時代においては、金融分野のG8ガバナンスは効力を失う運命にあるという見方がある[9]。政治と経済とを分離して考えるリベラリズムから見れば、経済の優位性と政治の相対的低下が強調される。政治による配分よりも、むしろ市場による衡平的な交換がルールとなる。しかし、下部構造としての資本主義経済が上部構造としての政治をも決定すると見るマルキストの観点からは、G8首脳こそが支配階級に有利なネオリベラルなヘゲモニー構造を構築している[10]。日米欧三極委員会のようなインフォーマルな政策ネットワークがG8諸国のエリートを取り込み、新自由主義的な構造を再生産している。そうした立場にとっては、機会均等よりも結果平等に配分することが規範となる。

　世界という社会的存在では、配分的正義や公平の規範としたルールづくりが見られる。ケインズ主義や社会民主主義によれば、世界レベルでも富の再配分によって福祉を改善すべきである。G8の参加国を拡大してゆくこと自体が政治的な公平性を徐々に改善している。G8サミットにおいてはアフリカ諸国やG20対話などアウトリーチ国の代表者を招き、政治的発言権を配分しようとする行為が見られる。しかし、経済社会的な公平性が実現しなければ、政治的な機会均等は必要条件ではあっても十分条件ではないと理解される。

　第4は、グローバル社会におけるインフォーマルな主体の存在論的な役割を重視するだけでなく、インフォーマルな構造化の重要性を認識する。G8は「メタ制度」[11]や「ネットワークのネットワーク」として認識され、「グローバルな交通整理官」となって地球的課題の整理や優先付けを行い、他の制度がどのように対処すべきかについても監督する。非国家主体を含む多様なステークホルダーの討議民主主義によって新たな正義観が社会的に構成されうる。地球環境問題については、世代間正義や「共通だが差異ある責任」など新たな規範が構築されている。

　そのプロセスにおいては非国家主体を含むマルチステークホルダー対話や官民パートナーシップによる協働が用いられる。G8サミットにおいては、国際商工会議所などのビジネス・グループとの対話がなされてきた。また、最近ではオルターナティブサミットやシビルG8など、市民対話やジュニアG8

などのイベントも実施されている。しかし、アナーキストの立場からは、こうしたG8による対話よりも、インフォーマルなメタ構造として、世界経済フォーラム（WEF）が注目される[12]。市場社会におけるアクターは、ブレトンウッズ体制が崩壊した1971年に世界経済フォーラムを発足させた。軍事化や新自由主義の計画の中枢は世界経済フォーラムに象徴される一部の富裕層にあり、G8はその協力者と見る。したがって、これに対抗するのも2001年に開始された世界社会フォーラム（WSF）のようなインフォーマルなフォーラムとなる。しかし、反グローバリゼーション運動においても、マルチステークホルダーによる地球市民社会の構築によって対抗しようとする勢力や、革命的な対抗勢力を組織しようとする動きなどが混在している。

G8サミットと国際開発ガバナンス

多国間主義の国連では1961年以来定期的に国連開発の十年の開発戦略を立てて開発の秩序形成に取り組んできた。その後、2000年の国連ミレニアム宣言をもとに国際開発目標を統合したミレニアム開発目標への取り組みが続いている。南北問題はサミットでも協議されてきたが、80年代の「南北サミット」の失敗に見られるように、国際開発の秩序形成をサミットが主導してきたとは言いがたい。主要国が主として活用してきたのは、通貨・金融分野はIMFや世界銀行、貿易分野はガットや世界貿易機関、開発援助は経済協力開発機構（OECD）開発援助委員会（DAC）、債務についてはパリ・クラブ等であった。G8の補完的役割は、これらの動きとともに把握する必要がある。80年代初頭には途上国からの提案で「南北サミット」（カンクン）も開催されたが、フランスとアメリカの対応が一致せず包括的な支援交渉に成果はなかった。80年代に先進国サミットが積極的に取り組んだのは先進諸国の金融経済に深刻な影響を与えた累積債務問題であった。

通貨・金融分野においては、70年代初頭までは金為替本位制によって安定した通貨体制があったが、これが崩壊するとやがて市場による調整に任せるフロート制へと移行した。通貨協調が成立することもあったが、金融の自由化は国際協調をますます困難にした。通貨危機が生じると、各国の中央銀行

や財政当局は協調融資を配分することによって乗り切ろうとした。G7によって設置された金融安定化フォーラムは、主要国の金融当局などが共同でサーベイランスなどの政策提言をしている。

　貿易・投資分野においては、各国政府による管理貿易から相互主義によって市場アクセスを拡大する自由貿易へと重点を移してきた。G8サミットでも70年代のガット東京ラウンド交渉や80年代のウルグアイラウンド交渉を推進するための協議が重ねられた。76年にはG7貿易相会合が、1981年には四極通商会談が設置された。これによって先進工業国間の工業製品の自由化は進展したが、農産物貿易の自由化は困難を極めた。先進国は途上国を自由貿易体制に組み込むために特恵的な措置も配分してきた。数多くの途上国が参加する世界貿易機関では、少数国によるグリーンルーム会合ではなく公平な政策決定参加が求められている。ガットや世界貿易機関が推進する自由で「公正」な貿易は関税削減における相互主義によるが、市民社会が取り組むフェア・トレードは貧困や人権抑圧や環境破壊のない「公正」な貿易を求めている。

　開発・貧困分野においては、ドナー国別の政府開発援助の数値目標や対象国別の貧困削減目標の設定は一国ごとを対象に矯正や回復を目指すものである。G8では政府開発援助の規模の増大について漸次努力することがしばしば表明されてきたが、国連を通じて策定されたODA/GNI比率0.7％目標などは、サミット参加国は実現していない。途上国へ流れる全体資金の流れに占めるODA比率が低下するにつれて、貿易や投資など民間部門の役割が重視されるようになる。市場ベースの資金や技術の移転によって、途上国の開発や貧困削減が成立するのであれば開発援助の配分は必ずしも必要とはされない。しかし、ODAの増額は、グローバル経済によりよく統合・参加するための能力開発とともに表明されることが多い。カナナスキス・サミットで表明された「G8アフリカ行動計画」では、民主主義や経済運営などの実績をベースとした「アフリカ開発のための新パートナーシップ（NEPAD）」への協力が選択的になされることになった。このような選択については、結局はワシントン・コンセンサスによるコンディショナリティーと変わりないという市

民社会からの批判がある。最近の市場社会では、企業の社会的責任（CSR）やBOPビジネスによる貧困問題への取り組みがなされるようになった。市民社会からはトービン税や国際連帯税による新たな開発資金の提案がなされ、フランスはミレニアム開発目標達成のためにODAの増額目標とともに航空券への国際連帯税の導入を呼びかけている。

G8サミットと地球環境ガバナンス

　多国間主義における環境の秩序形成は、1972年の国連人間環境会議以来10年ごとに国連環境計画特別総会（1982年）、国連環境開発会議（1992年）、持続可能な開発に関する世界サミット（2002年）を通じて取り組まれてきた。初期の先進国サミットはエネルギー問題に取り組んできたが、地球環境問題として本格的に議論され始めたのは89年のアルシュ・サミットだった。その後、フランスは2003年のエビアン・サミットでも環境問題を主要議題にする。イギリスのグレンイーグルズ・サミット、ドイツのハイリゲンダム・サミットで気候変動問題が焦点になる。大気圏環境として気候変動、陸環境として生物多様性、水環境として淡水に関する秩序形成とG8の役割を概観する。

　気候変動問題では、各国ごとに温室効果ガスの排出量削減を設定することは一国ベースでの回復・矯正的正義に基づいたものである。これに対して排出量取引は、先進国間の国際市場を前提とした交換によって効率よく各国ごとの排出量削減を目指そうとするものである。「共通だが差異ある責任」原則によって京都議定書では途上国の削減義務は課されないが、「クリーン開発メカニズム（CDM）」のプロジェクトを途上国で実施することによって、削減義務の一部に充てることができる。当初クリーン開発メカニズムにはODAは使用できなかったが、途上国の持続可能な開発も目的とすることから配分的側面を持つODAも認められるようになった。京都メカニズムの共同実施は先進国間同士のプロジェクトであるが、中国、インドを含む日米豪韓が実施しているクリーン開発と気候に関するアジア太平洋パートナーシップのような官民協力は新たな公正概念を構築する可能性を秘めている。

　生物多様性保全条約については、2010年までに生物多様性の損失速度を顕

著に減少させる目標が2002年の締約国会議で採択されたが、気候変動と比較すると数値目標化されていないために分かりにくくなっている。生物多様性に悪影響を及ぼすおそれのある遺伝子組換え生物の国際貿易について情報提供や事前同意を義務づけたカルタヘナ議定書（2003年発効）は越境移動に予防的な措置をかけている。また、生物多様性条約は遺伝資源から発生する利益を衡平、公正に配分するためのレジームでもあるが、これらがアメリカ企業のバイオテクノロジーの知的財産権保護と反する可能性を根拠にアメリカの批准がなされていない。生物多様性条約はもともと国際自然保護連合（IUCN）によって構想されたものである。ICUNは政府組織や非政府組織や科学者らによって構成されたマルチステークホルダー型のNGOであり、生物多様性概念自体が多様な主体間において社会的に構成されたものである。気候変動のIPCCと同様に科学者コミュニティーによるミレニアム生態系評価もなされたが、気候変動と比べると科学的にまだまだ分からないことが多い。

　水問題については、従来から国内では政府や自治体による公共事業としての規範やルールが存在する。国際淡水会議（2001年）を開催したドイツや第3回世界水フォーラム（2003年）開催国の日本では、政府による水資源管理が中心となっているように見える。しかし、エビアン・サミット（2003年）開催国のフランスは、国際競争力のある水関連のフランスの多国籍企業の利益拡大もあり、水の自由化・民営化などの制度化に市場における交換的正義の規範やルールを主張する。しかし、エビアン・サミットで採択された「水に関するG8行動計画」では、配分的正義や構成的正義に関連する表現も使われている。一つは、人間の安全保障やミレニアム開発目標への言及があり、水と衛生に関して途上国から健全な提案があった場合には、ODAを優先的に配分するという点である。もう一つは、具体的な取り組み方法として、官民パートナーッシップが提唱されている点である。

4　比較政治学から見た G8 サミット

三つの民主主義と持続可能な開発の三本柱

　持続可能な開発の三本柱として認識されている経済的側面、社会的側面、環境的側面は政治学においては三つの民主主義として位置づけることができる。つまり、持続的な経済成長を追求する自由民主主義、持続可能な人間開発・社会開発を志向する社会民主主義、そして生態系的に持続可能な開発を目指す環境民主主義である（図 1 ）。

図 1 ：三つの民主主義と持続可能な開発の三本柱

生態系的（環境）に持続可能な開発

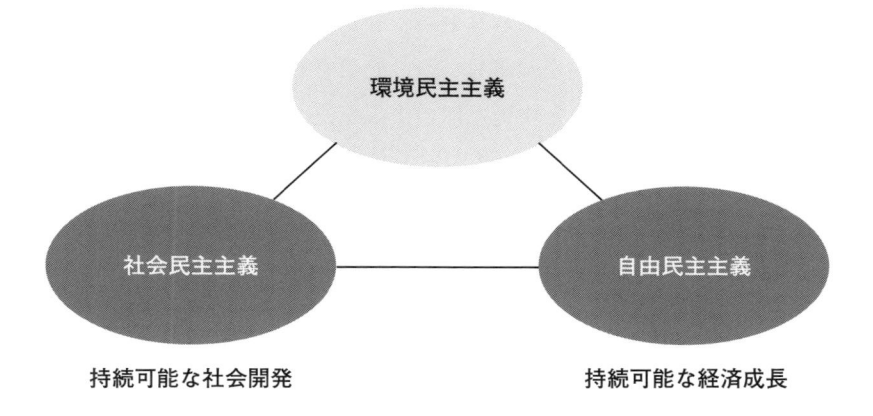

環境民主主義

社会民主主義　　　　　　　　　　自由民主主義

持続可能な社会開発　　　　　　　持続可能な経済成長

　この枠組みを援用して、2001 年の 9.11 テロ事件以前と以後にドイツ、日本、イタリアが議長国となった G8 サミットにおける環境と開発の秩序形成のリーダーシップの基盤となる国内政治状況を概観しておきたい。

ケルン・サミットとハイリゲンダム・サミット

　まずドイツの国内政治状況は、伝統的に中道右派のキリスト教民主同盟（CDU）[13]・キリスト教社会同盟（CSU）と中道左派の社会民主党（SPD）の二

大主要政党を中心に政権が担われてきたが、1980年に西ドイツの連邦レベルの政党としても活動し始めた緑の党（その後、東ドイツの民主化に関わった勢力と合同し、90年同盟・緑の党となる）の三つの軸が存在する。1999年のケルン・サミットの議長国となった当時のシュレーダー首相は社会民主党の党首であったが、1998年から緑の党とのいわゆる「赤緑連合」による連立政権を組み、脱原発、自然エネルギー、温室効果ガス削減などを推進した。90年代後半はクリントン米大統領やブレア英首相らなど中道左派政権による介入主義的な議長国運営が続いた。しかし、シュレーダー政権のコソボ紛争に対するNATO軍としてのドイツ軍派遣に対する緑の党の反発や新自由主義的な経済政策に対するラフォンテーヌ財務相（その後、社会民主党を離脱して左翼党を結成）の辞任など、既にケルン・サミット前に赤緑連合の脆弱さも散見されていた[14]。

　1999年ケルン・サミットのコミュニケでは、政府と国際機関、企業と労働者、市民社会と個人とがグローバリゼーションのリスクに対応しつつ利益を維持増大するために「環境を保護しつつ、繁栄をもたらし社会的前進を促進する」努力をすべきであると中道左派の主張を述べている。環境、成長、社会の三本柱のバランスを取りつつも、「社会的セーフガードの強化」に多くの項目を挙げ、「環境保護努力のさらなる強化」を重視しているのは、「赤緑連合」の政策内容と一致する。

　開発・貧困問題について意味ある成果は、1996年から始まったIMFと世界銀行の「重債務貧困国（HIPC）イニシアティブ」による債務救済の取り組みをより深く、より広く、より早く提供するための「ケルン債務イニシアティブ（拡大HIPCイニシアティブ）」の合意であった。構造調整政策を推進する一方で、貧困削減戦略ペーパーの策定を伴う手順によってHIPC諸国の医療や教育など社会政策との連携強化が期待された。教育については、「ケルン生涯教育憲章」も策定され、グローバル化に社会的側面を入れることが強調された。その文脈で政府開発援助（ODA）規模の増大努力や無償資金協力比率の増加についても言及されたが、ODAを効果的に活用しうる途上国への配分を重視すると表明されている。「ケルン債務イニシアティブ」の背景には、90年代にアフリカ・キリスト教協議会から市民社会に広がった「ジュビリー2000」

の運動があった。この運動が2000年までにすべての債務帳消しを提案していた内容がすべて受け入れられたわけではない。とりわけ日本とドイツはODA借款の比率が高かったので、ケルンと沖縄はジュビリー 2000 や ODA 債権を持たない G7 諸国から格好の標的となった。ローマ法王ヨハネ・パウロ2世やロック歌手 U2 のボノなど影響力のある個人や NGO・市民社会が G8 サミットを通じて影響を与えたことは確かであろう。中道右派のコール政権は債務帳消しに消極的であったが、中道左派のシュローダー政権への交代によって急激ではないにしても市民社会寄りに積極化した。

ケルン・サミットにおける地球環境問題の取り組みについては、OECD で進めてきた国際開発金融機関の環境配慮指針について作業を進めることを言及している。また、ケルン・サミットでは、同年12月のシアトル WTO 閣僚会議で市民社会に対応して WTO の透明性を上げ、環境と福祉に配慮しながら新ラウンド交渉を立ち上げることを言及していたが、市民社会の反グローバリゼーション、反 WTO の社会運動はシアトルでさらに大きなうねりとなった。気候変動問題では、京都会議では詳細設計がなされずに 1998 年締約国会議で採択されたブエノスアイレス行動計画に盛り込まれたクリーン開発メカニズムなどに触れ、途上国が気候変動問題に果たしうる役割に言及している。遺伝子組換え生物の扱いについては、欧米で意見の一致が見られなかった。

2001 年の 9・11 事件以降は、ブッシュ米大統領、プーチン・ロシア大統領など保守政権議長による G8 運営が目立つ。2007 年のハイリゲンダム・サミット開催時は CDU 党首のメルケル首相だった。彼女は、旧東独出身のドイツ初の女性首相である。また、コール政権当時の環境相として、京都議定書へと結びつくベルリン・マンデートを 1995 年締約国会議全体議長としてとりまとめた。しかし、CDU/CSU は自由民主党と緑の党との連立や社会民主党と緑の党との連立[15]も取りざたされたが実現せず、CDU/CSU と社会民主党による連立政権となった。

メルケル首相は「成長と責任」をテーマとして、世界経済とアフリカを主要議題とした。世界経済における中国など新興国の台頭やアフリカなどの途

上国との格差などの問題に触れ、新興国を含む新たなルール形成の必要性が提起され、新興国やアフリカ諸国との対話もなされた。アフリカ諸国のガバナンスの強化と投資と成長などが議論された。イノベーションの保護についても指摘された。国際経済の枠組みとしては、金融規律や責任投資、そしてWTO ドーハ開発アジェンダ交渉の打開などが指摘された。

　地球環境問題については、気候変動に関わる政府間パネル（IPCC）の科学的知見についての最新報告に対応する形で、京都議定書を超える新たな枠組み作りのために 2050 年までに地球規模での排出量を現状から半減すること[16]を含むヨーロッパ、カナダ、日本の決定を検討するとして、主要新興経済国の参加を期待した。そのためのハイリゲンダム・プロセスが開始された。国連気候変動枠組み条約が多国間の気候交渉プロセスであることが確認されたが、アメリカは主要排出国による国際会議も開催し、アメリカと途上国をどう新たな枠組みに組み込むかが大きな焦点となっている。

九州・沖縄サミットと北海道洞爺湖サミット

　日本の国内政治状況において、自由民主主義、社会民主主義、環境民主主義の三極構造が明確に見えかけたのは 1994〜98 年にかけての自由民主党、日本社会党（96 年からは社会民主党）、新党さきがけによる連立政権においてである。その後、自民党単独、自民党・自由党の連立を経て、2000 年の九州・沖縄サミット当時は、自民党・公明党・保守党による連立政権であった。サミット直前に急死した小渕恵三首相に代わって森喜朗首相が担当した。

　小渕首相は沖縄サミットの中心議題として開発問題を考え、サミット・プロセスに途上国の首脳を招く方式を導入した。中国は参加しなかったが、アフリカ諸国やアセアン諸国の代表が一部の首脳と会談をした。また、シアトルでの反グローバリゼーション運動の高まりの後、サミット・プロセスへのNGO の関与にもより注意を向けるようになった。沖縄サミット以降、G8 サミットのアウトリーチ国や国際機関、NGO をはじめとする市民社会との対話の構造化が本格化し始めたと見ることができる[17]。

　開発分野において沖縄サミットでは、同年 9 月の国連ミレニアム宣言やそ

の後のミレニアム開発目標へとつながる債務、保健、教育の三つの問題が扱われた。森首相は、国連ミレニアム総会で、「人間の安全保障」を日本外交の中心に据える演説をしている。拡大 HIPC イニシアティブの進展については、ODA 債権の 100％債務削減の実施約束を再確認したうえで、新たに適格な商業債権の 100％債務削減実施の約束に合意した。しかし、貧困削減戦略ペーパー等の適格条件をクリアするという多国間主義の制約に縛られ、債務削減はサミット首脳の期待通りには進まなかった。また、日本政府は拡大 HIPC イニシアティブについて債務救済無償資金協力をする方式をとっており（後にこの方式も廃止することになる）、赤字財政下で ODA 贈与が急増するわけでもなく、サミットで新たな ODA 額の約束はできなかった。翌 2001 年から、世界最大の ODA 供与国だった日本はその地位を米国に譲ることになる。従来は郵便貯金等からの財政投融資が ODA 借款の主な財源となっていたが、郵政族の実力者であった小渕首相の死後、小泉改革による郵政民営化によって ODA 借款の財源が確保できない国内政治基盤が構造化されてゆく。沖縄サミットでは、橋本前首相など厚生族の実力者の影響もあり、保健分野では議長国として感染症を議題として扱い、「沖縄感染症対策イニシアティブ」による ODA 支援が注目された。これが契機となって、翌 2001 年の国連エイズ特別総会という多国間主義や、イタリアでのジェノバ・サミットを経て世界基金設立へとつながる。

　環境分野については、米国提案により輸出信用の環境ガイドラインを作成することを確認した。また、カルタヘナ議定書の採択を歓迎したが、食品の安全性について科学的根拠に立つ米英加と予防原則に立つ欧州諸国との差異は埋まらなかった。2002 年のヨハネスブルグ・サミットに向けて京都議定書の早期発効も期待されたが、米の脱退とカナダの未批准のままだった。G8 森林行動プログラムの実施進捗状況も報告されたが、一層の努力が認識された。再生エネルギータスクフォースの設置もあった。沖縄が開催地になったこともあり、海洋環境の保護や海洋汚染についての国際制度についても言及された。

　2008 年の洞爺湖サミットに向けた国内政治状況は、自民党と公明党の連立

政権が続いているが、ハイリゲンダム・サミット直後の 2007 年参議院選挙での自民党の大敗とハイリゲンダム・サミットで「美しい星50」を提案した安倍晋太郎首相の辞任により、福田康夫政権となったが政局が安定していない。自民党は自由民主主義を基本とする成長を追求し、民主党は市場万能主義と福祉至上主義の相克を目指す民主中道の立場であるが、両党とも経済と福祉と環境を包括するキャッチオール型政党である。

　政党政治が混迷する中では、官僚政治が相対的に重要となる。開発分野では、2008 年に実施機関の国際協力銀行の円借款部門と国際協力機構が統合して新 JICA が発足するが、G8 開発相会合には外務大臣が参加するように政策的には外務省が中心となる。環境分野については、2001 年から環境庁は環境省に昇格している。環境大臣が地球環境問題担当の主導権を持つが、外務省、経済産業省、農林水産省など各省にまたがる。日本政府は、2010 年の生物多様性条約締約国会議を名古屋に招致していることもあって、2010 年目標を重視している。また、日本がシーアイランド・サミットで提唱した3Rについても議題とする。日本の市民社会がネットワークした 2008 年 G8 サミット NGO フォーラムは、環境ユニット、貧困・開発ユニット、人権・平和ユニットという領域横断的な構成をとり、オルターナティブなグローバル・ガバナンスを追求している。

イタリア

　イタリアでも日本と同様に比較的短期間に政権交代を繰り返している。2001 年のジェノバ・サミット開催時は、左翼民主主義者や緑の連合を含む「オリーブの木」を中核とする中道左派によるアマート連立政権からベルルスコーニ首相が率いるフォルツア・イタリアを中心とした中道右派の「自由の家」連立政権へと移行した直後であった。ベルルスコーニ首相は 94 年のナポリ・サミットの議長も経験しているが、ジェノバ・サミットにはブッシュ米大統領や小泉純一郎首相が初参加した。90 年代後半の流れであったプロディ政権やクリントン政権などの中道左派から、再び右派へ重心が移る転換点になったようにも見える。

開発と貧困分野について、ジェノバ・サミットでは、アフリカ諸国の首脳とのアウトリーチ会議が開催され、「アフリカのためのジェノバ・プラン」が発表された。これは新アフリカ・イニシアティブにG8首脳が呼応したもので、民主主義や紛争解決などに取り組むアフリカ諸国にパートナーシップ支援を約束した。これが後に「アフリカ開発のための新パートナーシップ（NEPAD）」と「G8アフリカ行動計画」の採択につながった。G8首脳はアフリカ問題担当の個人代表を置き、アフリカ首脳と連携強化を図った。「拡大HIPCイニシアティブ」の適格国が沖縄では9カ国だけだったのが23カ国に増えて530億ドル以上になったことをコミュニケでは歓迎しているが、NGOコミュニティーが目指すレベルからはほど遠かった。成長と貧困削減に資するとしてWTO新ラウンド交渉の立ち上げについての米欧協調が見られたのは成果であったが、WTO加盟国の大半となった途上国の実質的関与が課題として残った。ODA増額の強化も表明されたが、実際に具体的な成果となったのは、ベルルスコーニがアナン国連事務総長ともに発表した「HIV／エイズ、マラリア、結核対策のための世界基金」に対するG8諸国による13億ドル拠出の約束である。アナン国連事務総長は国連エイズ特別総会を経て、エイズに焦点を当てた国連ミレニアム開発目標が必要とするレベルの国連主導の基金を想定したが、G8の回答は、国連が期待する目標のはるかに少ない金額であり、エイズだけでなく、マラリア、結核をも対象とする、しかも民間セクターや市民社会を巻き込んだ官民パートナーシップに基づくものであった。

　官民パートナーシップを評価する社会運動が見られる一方で、ジェノバ・サミットでは反G8、反グローバリゼーションの20〜30万人規模とも言われた抗議デモが行われた。大部分は債務、エイズ、環境問題などについて平和的なデモ活動をしていたが、一部の暴力的な活動家と警察当局との衝突で一人の死者と多くの負傷者が出た。中道左派のパートナーシップや中道右派の新自由主義的な政策の間で揺れている反面、イタリアをはじめとするヨーロッパの市民社会では反グローバリゼーションについて左翼的な反発が広がっていた。これが大都市ではなく比較的小さなリゾート地での開催へとつなが

る。ジェノバ騒動や多国間国際機関の限界、途上国や市民社会との連携が総じて、G8サミットを変質させている。

　気候変動問題について2002年のヨハネスブルグ・サミットに向けて京都議定書の発効が期待されたが、2001年3月にブッシュ米大統領が京都議定書からの脱退を表明して、首脳間の意見の不一致を克服できないレベルとなっていた。一方、2001年に採択された残留性有機汚染物質（POPs）に関するストックホルム条約についてはブッシュ政権は署名した（未批准）。有機農業大国と言われるイタリアでは食品の安全性についても関心が高く、ローマに本部を置く国連食糧農業機関（FAO）が、世界保健機関（WHO）とともに食品安全性の規制に関するグローバル・フォーラムを設立したことを歓迎する言及をしている。しかし、バイオテクノロジー産業を推進するベルルスコーニ政権は、強すぎる規制を好ましいとは考えていなかった。

　その後2006年の総選挙で「オリーブの木」を拡大させた「ルニオーネ」を結成して僅差で勝利したプロディ首相が再び政権を担当していたが、小党の離脱によって2008年に崩壊した[18]。

　京都議定書の削減目標については、イタリアは日本とほぼ同様にむしろ温室効果ガスの排出を増加させている。ほぼ削減目標を達成しようとしているドイツと対照的である。ドイツが旧東独の老朽設備を閉鎖・更新したことだけでは説明できない政治的、政策的な相違がある。2009年のラ・マッダレーナ・サミットに向けて、日本もイタリアもポスト京都議定書の枠組み交渉でリーダーシップをとるには、国内において京都議定書での削減目標達成のためにいかに努力をするかにもかかっている。

5　まとめ

　本章では、環境と開発のグローバル秩序形成におけるG8サミットの役割について、政治学、国際政治学、比較政治学の視点から概観した。深刻化する地球環境破壊や貧困問題に、政治学はどう答えることができるのだろうか。

サミットが開催され始めた1970年代初頭、政治哲学ではロールズの『正義論』(1971年) が発刊された[19]。政治学はその主要概念である正義や民主主義の観点から環境や開発の問題に答えてゆくべきである。正義や民主主義は政治思想であるとともに、その政治目標を達成するための政治制度として設計されなければならない。

国際関係学や比較政治学の分野では、70年代後半にブルの『国際社会論』、80年代半ばにはコヘインの『覇権後の国際政治経済学』やパットナムとベインの『サミット』が出版された。21世紀に入ってG8サミットはグローバル・ガバナンスの事実上の中心的役割を負っているとも見られるようになった。グローバル・ガバナンスの一つの結節点としてG8サミットがその役割を担ってゆくためには、「民主主義の赤字」を背負った複数国主義の可能性と限界とを認識したうえで、国内政治、国際経済、世界社会、地球環境における様々な正義観をベースにした規範やルールを更新してゆく必要がある。

とりわけ第2次世界大戦の敗戦国であるドイツ、日本、イタリアは、限定的ではあるが債務救済、感染症の世界基金、ポスト京都議定書などの枠組みづくりを通じてグローバルな秩序形成に関与してきた。これらの国々が地球環境と貧困問題の分野で新たなビジョンや方法を示して秩序形成に貢献してゆくことは、戦勝国主導による多国間主義を超えて持続可能な開発を平和に結びつける新たなリーダーシップの試金石にもなっている。

1　Robert Keohane, *After Hegemony*, (Princeton University Press, 1984). ロバート・コヘイン原著、石黒馨・小林誠訳『覇権後の国際政治経済学』(晃洋書房、1998年)。
2　高瀬淳一『サミット』(芦書房、2000年)。
3　Hedley Bull, *Anarchical Society: A Study of Order in World Politics*, (Macmillan, 1977). ヘドリー・ブル原著、臼杵英一訳『国際社会論 - アナーキカル・ソサイエティ』(岩波書店、2000年)。
4　カートンらは9つのモデルを整理し、ハジナルはさらに別のモデルも追加できるとしている。John J. Kirton, Michele Fratianni, Alan M. Rugman, and Paolo Savona, "New Perspectives on the G8," in John J. Kirton, Michele Fratianni, Alan M. Rugman, and Paolo Savona, eds., *New Perspectives on Global Governance*, (Ashgate, 2005), pp. 231-255, and Peter I. Hajnal, *The G8 System and the G20*, (Ashgate, 2007), pp. 4-5.
5　Stephen D. Krasner, ed., *International Regimes*, (Cornell University Press, 1983).
6　毛利勝彦『グローバル・ガバナンスの世紀』(東信堂、2002年)。

7　Robert Putnam and Nicholas Bayne, *Hanging Together: The Seven-Power Summits*, (Harvard University Press, 1984). ロバート・D・パットナム、ニコラス・ベイン原著、山田進一訳『サミット―先進国首脳会議』(阪急コミュニケーションズ、1986年)。
8　Risto E. Penttila, *The Role of the G8 in International Peace and Security*, (Oxford University Press, 2003), p. 13.
9　Fred C. Bergsten and C. Randall Henning, *Global Economic Leadership and the Group of Seven*, (Institute for International Economics, 1996).
10　Stephen Gill, "Structural Changes in Multilateralism: The G7 Nexus and the Global Crisis," in M. Schechter, ed., *Innovation in Multilateralism*. (St. Martin's Press, 1999).
11　Penttila, p.82.
12　Norm Chomsky, "Globalization and War," in Gill Hubbard and David Miller, eds., *Arguments against G8* (Pluto Press, 2005). ノーム・チョムスキー、スーザン・ジョージ他著、氷上春奈訳『G8: G8ってナンですか？』(ブーマー、2005年)。
13　ドイツ連邦議会では、バイエルン州の地域政党であるキリスト教社会同盟（CSU）と統一会派を組んでいる。
14　その後、2005年の解散総選挙において僅差で社会民主党はCDU／CSUに敗退する。
15　各政党のシンボル・カラーにより、「赤緑連合」（SPDと緑の党）、「信号連合」（SPDと自由民主党と緑の党）、「ジャマイカ連合」（CDU/CSU、自由民主党、緑の党）と呼ばれた。
16　安倍首相による「美しい星50」のパッケージ提案の一つ。
17　Bayne, p. 80.
18　1996年に結成された「オリーブの木」の初代議長となった。その後、欧州委員会委員長を務めた。
19　John Rawls, *A Theory of Justice*, (Harvard University Press, 1971). ジョン・ロールズ原著、矢島鈞次監訳『正義論』(紀伊國屋書店、1979年)。

13章　外国資本と環境

―― 経済学からの視点 ――

近藤正規

1　グローバリゼーションと環境

　経済のグローバル化は、地球環境にとって良いのか悪いのか。本章ではこの問題を、途上国における外国直接投資と環境への影響という側面から考察する。京都議定書交渉や次期枠組み交渉で中国やインドなどの途上国から必ず出てくる議論は、「地球温暖化をもたらしたのは先進国である」というものである。つまり、先進国が温室効果ガスを一方的に排出して経済的に成熟したあげく、まだ子どものように成長期にある途上国の企業に対してその排出を切り詰めるように要請するのは不平等だという主張である。途上国の「先進国が1970～80年代にとった過程と同じように環境汚染もするし温室効果ガスも排出するが、途上国はまだ成長している過程にあることを忘れないで欲しい」という主張は、京都議定書交渉を進める日本政府にとっても、大きな関門となっている。

　そもそも1980年代までは、先進国から途上国への資金の流れは圧倒的に政府開発援助（ODA）を主体とした公的資金が多く、多国籍企業や機関投資家による民間資金の流れはあまり多くなかった。それが1990年代以降大きく変化して、現在に至るまで、先進国から途上国へ流れる資金は、大部分が民間資金となっている[1]。

政府開発援助と環境

　ODA に関しては、環境問題に対する批判が非政府組織（NGO）やメディア等で取り上げられることが多い。かつて世界銀行が、インドのナルマダ・ダム案件において、環境や住民移転の問題に対して充分な注意を払わなかったとして批判されたのは、その典型的な例であった。海外直接投資（FDI）よりも ODA の方が環境問題について国際社会の注目を浴びてきたのは、そもそも 1990 年代初頭まで圧倒的に ODA の方が金額的に大きかったことが主な理由であるが、加えて ODA は、発電所や道路など、案件として大規模で目立つものが多く、かつ公的機関なので批判しやすいことも、もう一つの理由として考えられる。

　こうした NGO によるモニタリングやメディアやインターネットに加えて、世銀、アジア開発銀行（ADB）などの国際援助機関や日本の国際協力機構（JICA）には、環境影響評価に関わる部署が存在する。もちろん NGO 等からは充分な評価が行われていないという意見もあるが、その場合には、委員会を通じて当事者全員が集まって納得の行くまで議論をしないと次に進まない体制が整備されている。

貿易と環境

　先進国と途上国の間のもう一つの経済活動の分類として、貿易と環境の問題がある。例えば、北朝鮮やフィリピンには使用済みの注射器など医療廃棄物や有害廃棄物が輸出されることがある。こうした廃棄物を先進国で処理するとそのコストは非常に高いため、たとえ北朝鮮やフィリピンまで輸送する船代を払ってもはるかに安上がりである。もう一つの例としては、船舶解体の事例がある。世界の主要造船国は韓国や日本などであるが、船舶の解体には非常に大きなコストがかかり、危険な作業も伴う。重油や有害物質による水質汚染や労働者の健康被害も懸念される。現在では、大半の廃船はパキスタン、バングラデシュ、インドなどに輸出されて解体されている。これらの国の浜辺では、船舶解体を職業としている労働者が集まる地域がある。

　廃船だけでなく、産業廃棄物や有害廃棄物は廃棄を目的として先進国から

途上国に輸出することはバーゼル条約で規制されている。ただし抜け穴としては、使用できなくなる直前の中古船を輸出しておいて、現地で使用できなったという判断が下されるのであれば、そこで廃船として解体される。非常にグレーな境界で、先進国の利害と途上国の利害が一致しているのである。

　それでは、日本やアメリカから船舶をバングラデシュやインドへ解体目的で輸出すると、誰が利益を得るのか。先進国の船主にとっては解体のコストが安くなり、たとえ無償で手放したとしても自ら解体するより安くなる。途上国の作業者は危険な解体作業によって自分たちの寿命を縮めていることになるが、少なくとも失業状態にあるよりは所得が得られる危険作業の方が良いという選択をしており、彼らの元締めの仲介者は高額の利益を得ているに違いない。しかし、解体作業場の周辺にいる住民にとっては明らかに大きな損失である。また、解体作業に携わっている労働者にとっても、彼ら自身が自らの寿命をどこまで縮めているか客観的に考えられる状況にないことも、こうしたビジネスを成り立たせていることの背景にある。

直接投資と環境

　このように、ODAや貿易に関しては、開発と環境の関連をチェックするメカニズムが存在するのに対して、直接投資に関しては、これまで環境問題に対する視点がなおざりになりやすかった。加えて、国際条約や国際機関の取り組みといった国際的対応も不足がちであった。直接投資をめぐる規制については、これまで経済協力開発機構（OECD）等で議論されてきたが、先進国の多国籍企業が規制に対して消極的であったし、途上国側から見ても、直接投資が自国の経済発展にとって重要であるだけに、それについての環境規制の枠組みを作るには至っていない。もちろん、国際機関における直接投資の環境への影響に関する研究も、OECDや国連貿易開発会議（UNCTAD）によるものなど、全く存在しないわけではない[2]。しかし、これらの研究はまだ政策レベルでの議論には十分に発展していなく、そもそも学術的な研究の数もあまり多くない。

　一方、先進国の多国籍企業のメンタリティとしては、途上国の環境基準は

概して日本や欧米の先進国と比べて低いため、途上国へ先進国と同じレベルの技術を持って行き、それだけの高いコストを支払って生産する意味があるのかは疑問である。例えば、先進国のビール会社が中国で本国と同様のビールをつくる場合、本国と全く同じように水を浄化するといったことをどこまでするだろうか。

1985年のプラザ合意によって日本円が大幅に強くなったことを受けて、1980年代半ば以降、日本企業がタイ、マレーシア、インドネシアなどの東南アジア諸国に集中的に投資を行い、さらに90年代に入ると中国へ雪崩を打って海外設備投資を増加させた。現在の中国では、製造業の輸出のうち半分は日本や華僑などの外国企業の工場によるものと言われており、とくに電気電子部品については、その大半が海外企業の直接投資によるものとされる。こうした外資企業の投資先の政府は、外資受け入れ増加を期待して、これまで環境問題についてはある程度黙認してきた感もないわけではない。

日本ではゴミの分別など先端的な試みをしているが、中国や途上国へ行ってみるとそうした試みが機能しているとは思われないし、そのようなコストを払う意味があると理解されるかは疑問である。つまり、途上国では環境に関する外部性に対する考え方は先進国におけるものとは違うであろうし、そうしたことから、途上国自身の環境規制に対する取り組み姿勢も、国ごとに差があるというのが現状である。

2　海外直接投資の分類

経済学の考え方

いかに「外部性を内部化」するかを研究する環境経済学では、「最適汚染水準」という考え方がある。政府が何も手を加えない場合、社会にとっては最適ではないが、個人や企業にとっては最適であるような資源分配が行われることがある。産業汚染が生じる場合は社会に対してもコストをかけており、

社会的限界便益と社会的限界費用が均衡する最適汚染水準まで、私的限界費用を誘導する直接規制や間接規制がとられる。経済学者は直接規制よりも間接規制の方が良いと考えているが、いずれにしても途上国の最適汚染水準は、先進国のそれよりも相対的に高くなることは十分考えられる[3]。たしかにそうした主張の延長線上で考えると、途上国での補償は先進国での補償よりも少なくなる。

たしかに、環境コストという外部性のコストがかかる場合、例えば、大気汚染によって社会的コストが生じる場合には住民が病気になって、あるいは極端な場合には亡くなられて、その所得がどれだけ損失したかについては測定できる。あるいは、生命保険金で計れば、途上国と先進国の差は歴然とする[4]。しかしこれは経済的な話であって、人道的な話ではない。経済学はあくまで現状を分析することが本来の趣旨であり、それをもとにどのような判断を下すかは、政策決定者に任されているのである。

同様に、同じ車種の自動車を日本で売っても中国で売ってもそれほど売値は変わらないが、コストについては自動車を生産するコスト、街を清掃するコスト、汚染によって住民生活が影響を受けることへの補償コスト、それらを測定すると途上国の方が先進国よりも低くなる。そのため企業としては途上国に生産拠点を移す方が、高い利益が上げられる。政府の規制がない場合、必ずではないにしても民間企業は自己利益を最適化する方に動くので、環境負荷の高い商品は途上国で、低い商品は先進国で製造しがちなのである。これが問題の本質である。こうしたことから経済学を「冷たい学問」として批判する人もいるかもしれないが、それは短絡的な考えである。経済学は、こうした社会現象がなぜ現実に起きているかを説明しているのである[5]。

それでは、どのような場合に、海外直接投資は環境保全に役立つのか。あるいは、どのような場合には環境破壊を引き起こすのか。こうしたことをまず正しく分析することによって、直接投資と環境保全を両立するためのヒントが得られるはずである。そこで、下記においてはその分類を試みたい。

業種による分類

　まず、外国資本による汚染の種類についてまず考えてみると、大きく三つに分けられる。

　第1は、製造プロセスにおける環境汚染である。この典型例としては、製紙や繊維染色の際に汚水が出る。もう一つよく指摘されるのは、かつて四日市や水俣などの石油化学コンビナートでの公害事件があったが、石油を加工して化学製品の製造過程で大気汚染や水質汚染が発生する。あるいは産業廃棄物が出る。

　第2の汚染の種類としては、最終生産物による汚染がある。これは自動車が典型である。自動車工場へ行くと染色や石油化学プラントと違い、排煙もほとんどなくオートメーションでベルトコンベアーに乗って整然と自動車が組み立てられてゆくのであまり汚染源となっていない印象を受ける。しかし、製品としての自動車は排気ガスによる公害や交通事故による社会的コストを出しているので、最終生産物が負の外部性を招く形になる。

　第3に、自然資源の採取がある[6]。例えば、ナイジェリアにおけるロイヤル・ダッチ・シェル社の石油採掘は時々事例として挙げられる。日本企業は1970年代頃から東南アジア諸国の森林を伐採して日本に輸入した。日本は世界でもアジアでも稀な森林が保存されている。日本の森林管理については荒れ放題で手入れが必要なところもあるが、とにかく森林は保存されていて日本の森林は国土の約7割弱残っている。自国の森林には手を付けず、タイ、マレーシア、インドネシアなどの森林を減少させて、それで日本の木製家具等を安価にして良いのかという問題は、日本のNGOによってもよく指摘されている。

ブラウン・イシューとグリーン・イシュー

　次に、環境問題をいわゆるブラウン・イシューとグリーン・イシューに区分して、これらの相違と直接投資との関連についても考える必要がある。ここでいうブラウン・イシューとは、大気汚染、水質汚染、騒音等のいわゆる産業公害である。グリーン・イシューとは森林減少、生物多様性の減少、再

生可能ではない資源あるいは再生可能であってもその再生が間に合わないスピードで採取されてしまう資源の減少がある。経済学では、森林を伐採することによる利益と損失を考えるために、植林してから例えば25年間の生育期間がある条件の中で、毎年どの程度の伐採と植林をしてゆくのが社会的に最適なのかを微分で計算する例題が存在する。民間企業だけに任せておくと外部性を考えないので、森林伐採にしても漁獲にしても石油採掘にしても必要以上に採取してしまうことになる。資源採取についてはグリーン・イシューの問題が多いが、石油採掘などの場合はそのプロセス自体がブラウン・イシューとなることもあるので、業種とともに汚染の種類による違いも考える必要がある。

プラント移転の動機

次に、プラント移転の動機と環境汚染の関連はどうなっているか。日本だけでなく欧米諸国でも先進国企業が途上国へ投資する場合、先進国では様々なコストが高すぎるから海外へ移動するという理由がある。先進国では人件費も高い。例えば、日本では一人雇うのに毎月20万円かかるのに対して、途上国では1万円で雇えるとする。これらのコストを下げるために途上国へ進出する場合、これは先進国企業の経営者の頭ではコスト削減の一部に当たる[7]。しかし、最近では途上国でも環境問題に対する規制が厳しくなったために、現在では環境問題だけを原因に途上国へ生産拠点を移すほど環境コストは大きくはないと思われる。そのため、環境コストだけを理由に途上国へ進出する業界や企業は、実際には減少していると思われる。

では、環境問題以外のプラント移転の動機は何か。一般的にはコストを下げることとともに、生産物をどのように販売して利益を出すかがある。後者については、第1は生産物を輸出するのか、国内市場で売るのかの相違がある。多くの場合、購買力が限定されている途上国では、ほとんどが最初は輸出目的である。最近の中国のように経済成長に伴って国内市場が拡大しているところでは国内市場向けの販売を目指している企業も存在するが、途上国へのプラント移転は圧倒的に輸出目的である。

第2に、輸出志向型と国内市場販売型との区分が必要である。例えば中国における日本企業の投資は輸出志向が強いが、インドのようにインフラが脆弱で国内市場の巨大な国では、多国籍企業の投資も国内市場指向型になりがちである。

　第3は、輸出志向型の中でも製造業を対象としたものと、一次産品として資源を対象としたものとの区分である。例えば、石油価格が上昇すると、中近東など産油国での原油採掘が盛んになる。あるいはアフリカの奥地や中南米のベネズエラなど石油や自然資源の採れる場所に進出し、その近くに生産拠点を移す。

　このようにプラントをつくる動機だけを見ても、輸出志向型、国内市場型、資源採掘型の三つに区分されるが、輸出志向の場合と国内市場の場合では、どちらが環境に対して悪い影響を途上国に及ぼしがちなのか。一般的には、国内市場型の方が悪いと考えられる。というのは、先進国向けに輸出される場合、例えば日本ではエコマークやリサイクルマークが付いていると、消費者は少し高価でも、あるいは品質が少し悪くてもそれを購入して、それで自分が何か環境に良いことをした気持ちとなって満足感を抱くかもしれないが、それに比べてこうしたラベリングは途上国ではまだ普及しておらず、仮に存在したとしてもその効果は疑わしいからである。

　輸出志向型の場合、先進国の消費者の手に渡るのでその生産地や生産過程を調べようとするが、途上国市場だけで販売される場合は先進国では誰も気にしない。だから、輸出志向型のビジネスの方が、どちらかというと環境に企業自身が目を向けることになりがちである[8]。

投資の規模

　次に、投資の規模による差異はあるだろうか。つまり、親会社の規模、あるいは投資自体の規模の差異が環境破壊にどのような影響があるか[9]。分析に当たって、親会社の規模と投資先国における投資規模の二つを考える必要がある。

　投資規模について一般的に言えることは親会社の規模あるいは途上国で投

資した企業の規模が大きいと目立つので、あまり環境に悪いことはしにくいし、間違って問題が発覚したとしてもどこかでブレーキがかかる。最も分かりにくいのはあまり知られていない小規模の企業がこっそりと汚染して、問題が生じたら、また別のところで違う名前で工場を建てて製造を繰り返すといった動きがある場合である。大企業になれば、批判されたからといって工場を閉鎖して別のところでまた別のブランドを立ち上げるというわけにはいかない。さらに言えば、証券投資の場合とは異なり、投資額が大きく撤退しにくい直接投資においては社会的責任を持ってビジネスをせざるをえない。

親会社の国籍による相違

　親会社の国籍による相違も影響しうる。一般的に言って、多国籍企業と言っても親会社が本拠を置くアメリカとヨーロッパと日本とでは経営メンタリティは異なりがちである。日本の場合、エネルギー効率や省エネが進んでいる状態のため、日本企業が海外進出する場合にもその技術があることで比較的クリーンであると言われる。日本は1970年代に石油ショックによるコスト上昇に直面し、1980年代にはプラザ合意に伴う円高の際に急激なコスト上昇を経験した。こうした苦境の中で国際競争に勝ち残るために一にも二にもコストを下げた。コスト削減のために高騰した石油の消費量を下げた。あるいはリサイクルを進めた。すべてのリサイクルがコスト削減になっているとは必ずしも言えず、日本企業であれば必ずコスト削減しているわけでもないので安易な一般化はできないが、多くの日本企業が無駄を減らし、エネルギー効率を上げることによってコストを下げた。

　アメリカとヨーロッパはどうか。アメリカの場合は、基本的に法律の社会であるので、環境問題とはリスク、あるいは潜在的な負債として捉えられている。つまり、アメリカ企業は株主や企業の価値を中心に置いているので、アメリカ企業が途上国で環境汚染をして損失を出してアメリカの株主に訴えられた場合は、それはすべて負債となって跳ね返って来てしまう。アメリカ企業が別のアメリカ企業を買収する際にも、その企業に潜在的な問題がないかリスクを調べる。生命保険に入る際に潜在的な病気のリスクを持っているか

を調べるために健康診断書を提出するのと同様に、企業を買収しようとする際には、企業が環境問題で問題を起こす可能性がどのぐらいあるかを診断する。もしある程度の確率で訴訟に発展する可能性があるとしたら、それを企業の価値から割り引く。このようなメンタリティで、途上国で収益を上げている企業をアメリカ企業が買収する際にも、その現地企業が大きな環境負荷をかけている場合はその企業を買収するための潜在的リスクを割り引いて判断する傾向がある。

　欧州企業はどうか。ヨーロッパにもメルセデスベンツやエアバスなど国際的な企業は沢山あるが、一般的に大企業と言うとアメリカや日本が多い。ドイツは環境問題に強いし、製造業も強いが、北欧では環境問題をニッチとしている企業がある。例えば、ボルボの自動車は安全を売り物にして国際競争を生き残ってきた。それと同様に環境問題だけを売り物にしている企業が少なくない。

　最後に、華僑系の企業はどうか。欧米の場合はNGOや市民社会も強いのでモニタリングができている。アメリカでは何かあったら訴訟によって賠償金がかさむ。日本企業はとにかくコストを下げるために改善を続け、結果的にエネルギー効率が上がり廃棄物も減る。しかし、華僑系企業は小規模で知られていない企業が多い。技術を売り物にしてコストを下げることで競争しているが、それがどこまでうまくいくのかは明確でない。

出資比率

　外資の出資比率にも注意を払わないといけない。一口に海外直接投資といっても、海外で工場をつくる場合には100％単独出資によって経営や技術指導もすべてやるのか、それとも50％ずつ出資を折半するのか、それとも多国籍企業は10％だけ出資してそのブランド名を使わせることを許すが、90％は現地の合弁相手先企業に任せるのか、といったいろいろなやり方の違いがある。

　一般的には、先進国企業の出資比率が高ければ高いほど大勢の人を送り込んで管理するので、環境問題に対してもより責任ある対応をとると思われる[10]。

サプライ・チェーン

　環境問題の文脈で時折指摘されるものとして、サプライ・チェーンの問題もある。前述のように、製造プロセスの汚染なのか、最終生産物による汚染なのかという分類がある。製造プロセスとは、工場に原材料や資機材を調達して、製品を出荷する部分までの過程である。その後、出荷した製品が環境汚染する場合は、最終生産物による汚染である。しかし、製造プロセスに入る前に原材料を作る企業が環境汚染をしているかどうかについても問題となる。

　最近では政府や自治体はエコ調達やグリーン調達を実施している。日本ではグリーン購入法の施行によって環境負荷の低減に資する環境物品でないと調達しない方針となっている。官庁主催の研究会に参加すると、配布資料の紙は全てリサイクルで、紙質が必ずしも良くない。官庁の方が民間よりもコスト削減意識は低いと思うかもしれないが、なぜそれを実施するかというと、政府が率先してグリーン調達することによって、サプライ・チェーンに影響を与えようとしていることが分かる。

3　企業の取り組み姿勢と政策的含意

企業の取り組み姿勢

　企業は、環境に対してどこまで真剣に取り組んでいるのか。それを正しく測ることはなかなか難しいが、例えば「環境に対する環境投資コストはいくらか」と聞いてみて、それがすぐに出てくるかこないかといったことから、おおよその判断をすることは可能であろう。それ以外にも、環境経営システム（EMS）やISO14000などの基準に準拠しているか、環境政策を明文化しているか、目標を設定して事業を評価・測定しているか、環境問題の専従職員が何人いて、社内的な地位はどうかなどいろいろな角度で判断することが可能であろう。

最近では、経営学の側面から環境経営を分析する取り組みも増えている[11]。こうした分析の枠組みをもとに、具体的に調べてみることが望まれる。例えば環境対策室長というポストがあったとしても、そのポストがどこまでエリートのキャリア・パスになっているかどうかといったことから判断できる。社内の環境委員会の委員長は誰かと聞いたときに、「社長」と答える企業はどうだろうか。社長が環境委員会の責任者を兼務しているのはよほどコミットしている場合か、あるいはまったく関心がないかで、後者であることが多い。

　また、企業の取り組みが最もよく分かるものに環境報告書がある。環境報告書が出ているか、どこまで充実しているか。前述したようにサプライ・チェーンのマネージメントやグリーン購入などの項目に配慮しているかどうかなどを全部聞けば分かる。

　ただし、データを整備する上での最大の問題は、その入手の難しさである。企業にアンケート調査をする場合、回答率は15％ぐらいでもいい方だとされている。あるビジネス誌の編集長によると、企業の環境担当の部署は、研究者や学生やNGOなどからアンケートが毎日続々と届いており、その量や質に対応するので精一杯という状況になっているという。とりわけ経済学者はデータを収集することを方法論として重視することが多いが、企業サイドはこれらのアンケートに答えるにしても時間がかかり、その回答率にも当然影響しているということである。

政策的含意

　最後に、企業だけでなく、政府は何をすればよいのか。様々なステークホルダーについて、ここでは考えてみたい。

　第1に、途上国政府は何をすればよいのか。しばしば指摘されることであるが、途上国政府はマクロ経済政策と環境政策とをリンクする必要がある。政府の中で、とりわけ途上国政府においては、環境関連省庁の地位が低い。そのため、マクロの経済政策を策定・実施するにあたって環境問題が視野に入りにくい。環境担当省庁はいろいろと主張するが、途上国政府は開発のために外国直接投資を受け入れて増やしたい。受け入れを増加させるために外国

直接投資優遇政策を発表して世界中の企業に配布する。この政策を策定するにあたって環境問題の基準をどこまで明示して、どこまで遵守させるべきかという議論が出てきた際に、政府内では省庁横断的な委員会が作られて、そこに環境関連省庁もおそらく入ってはいるだろうが、いくらその省庁が主張したとしても途上国政府の優先順位が開発にある場合、マクロ経済政策と環境政策がリンクしにくい。そのような途上国政府では環境だけを取り上げても有効ではない。

第２に、先進国政府でもあまりとられていないことであるが、市場ベースの政策を導入することが重要である。外部性を内部化する方法は、大きく分けると直接規制と間接規制の二つある。直接規制は企業に対してある一定の生産量以上は生産してはいけないと数量規制を行う。間接規制とは税金を掛けることによって、あるいは補助金を出すことによって生産を減らす。実際にどちらがより世の中で行われているかというと圧倒的に直接規制で、経済学者がどちらを推薦しているかと言うと圧倒的に間接規制である。直接規制のメリットは結果が分かりやすく、間接規制のデメリットは外部費用の測定の仕方が難しい。しかも、環境を扱う省庁は政府内で往々にして予算や権限が少ないので、税金をかけることに対する政治家や産業界の反発に押されてしまいがちである。しかし、先進国の企業は私的限界効用と限界費用を仮に明確な数字では持っていないとしても考慮はしており、環境汚染によって訴えられる場合のリスクも考えているので、途上国内であっても市場ベースの政策の導入を検討すべきである。

第３に汚職の撲滅が必要である。汚職については、「環境汚職」と言われるものがある。途上国では環境監査は多くの場合、賄賂が横行する。例えばインドでは、環境関連の監督官庁が企業に賄賂を要求することが多く、「エコ・コラプション」とも呼ばれている。一方、中国の場合は、中央政府が比較的掌握しているので、地方の役人が環境汚染データを報告しなければならない。そこに改ざんの可能性がある。途上国ではプロジェクトのみを見がちであるが、ミクロレベルのプロジェクトだけでなくマクロレベルの国全体も見ないといけない。戦略的に環境の視点を盛り込んだ開発政策立案や司法制度の確

立に対して国際的な基準を考えながら支援していかなければならない。それに関連して、NGO や地域コミュニティーの役割にも充分なサポートをすべきである。

　第4に、データの整備が重要である。先進国と比べると途上国の場合は、データが決定的に欠如していたり、情報が充分公開されていなかったりすることが少なくない。ODA など公的資金の流れはデータが入手可能な部分も多いが、直接投資に関する情報は捉えにくい部分も多い。

　第5に、日本、アメリカ、ヨーロッパなど先進国政府は何をすべきなのか。国際間の条約に向けての議論を進めることが必要であることは言うまでもないが、加えて自国の多国籍企業の他国でのオペレーションを充分にモニターすることが必要である。正しい行政指導さえ行えれば、先進国の企業は技術を持っているわけであるから、それはクリーンな技術移転の推進にもつながる。

　最後に繰り返しになるが、先進国企業の途上国における直接投資が環境に及ぼす影響といっても多岐にわたる。本章で提案したような切り口からデータを収集し、それをもとにどのような外国資本の直接投資が環境にやさしいか、計量経済学の手法も用いた本格的な研究が望まれる。今後の進展に期待したい。

1　先進国から途上国に流れる民間資金は、企業が途上国に工場などを作る直接投資（FDI）と先進国の投資家が途上国の株式市場や債権市場に投資する海外間接投資（FII）の二つに大別される。これらを合わせると、現在では ODA よりも圧倒的に多い金額となっており、しかも金額の変動も年毎に大きい。

2　例えば、OECD, *Foreign Direct Investment and the Environment* (Paris: OECD, 1999) は、外資と環境について先進国の経済学者が中心となって分析した研究成果である。

3　かつてローレンス・サマーズが世界銀行のチーフ・エコノミストをしていた時、「産業公害を途上国にもっと移転することを推奨すべきである。」というその内部メモが外部に広がり、国際社会で批判を受けたことがあった。このサマーズ・メモは、第1に、環境汚染によるコストは健康被害による機会損失の稼得額に依存するが、最貧国においては低コストで済む、第2に、環境汚染によるコストは環境汚染が増大することによって上昇するため、汚染を既に汚染が進んでいる国からまだ汚染されていない国に移すことはコストを低減させる、第3に、所得水準が上昇すると環境に対する意識が高まり汚染処理にコストが一層かかるため、環境汚染が先進国から途上国へ移るならば、世界全体としてコストは低下する、という三つの要旨からなっていた。

4 2005年のJR西日本の福知山線脱線事故犠牲者の補償をする際に、医学部生がそれ以外の専攻の学生よりも補償額が多額になるのは医者になっていた場合の所得予想が考慮されるためであるとされ、社会問題化した。
5 経済学者アルフレッド・マーシャルの「経済学者は冷静な頭脳と温かい心を持つべきだ」という言葉はよく知られている。
6 例えば、OECD Global Forum on International Investment, *Foreign Direct Investment and the Environment: Lessons from the Mining Sector*, (Paris: OECD, 2002) は、天然資源採掘に焦点を当てた事例研究である。
7 かつてはNGOからの批判や政府の規制を受けた台湾のプラスチック企業が中国へ進出した事例などがあった。
8 これは狭義の環境問題ではないが、東南アジアや中国で生産されるナイキ社のスポーツ・シューズをめぐる「搾取工場」がアメリカを中心に問題となった際に、欧米のNGOや若者が批判運動を展開した。もしこれらの商品が主にインドネシアや中国など国内市場向けで、ナイキが国際的に知られたブランドでなかったとしたらどのような展開になっただろうか。
9 例えば、日本の家電メーカーであるパナソニック、日立、東芝などの売上額はおよそ10兆円の水準に達しているが、インドでのビジネスはまだ限られている。これに比べて、韓国のLGの売上高は全世界で1兆円規模であるが、インドではLGの方が日系企業よりもはるかに大きく、家電製品の売上の3割はLGが占めていると言われるほどである。
10 かつてある日系化学品メーカーがマレーシアで環境汚染を起こして、住民が提訴し、最高裁判決で操業再開が認められたことがある。このとき日本企業の出資比率は35％だったが、有名な日本企業の名前が使われたので批判された。その時にあった議論の一つとして、出資比率が高くないにもかかわらず日本のブランドを使わせたのが問題だ、というものであった。
11 Richard Welford, *Corporate Environmental Management 1: Systems and Strategies*, second edition, (London: Earthscan, 1998), Richard Welford, *Corporate Environmental Management 2: Culture & Organisation* (London: Earthscan, 1997) は、そうした研究書の代表的な例である。

14章　遺伝子組換え作物の社会学

——インドにおける Bt ワタ普及の過程を事例として——

山口富子

1　問題の所在

　「分断と階層化」というシャー[1]の描写が示すように、インドは文化、宗教、言語、経済などの社会経済背景により細かい社会集団に分断され、階層化されている。特に、1991年の経済自由化政策導入以降、ITをはじめバイオテクノロジー[2]などの先端科学技術分野が急成長し、地域間、社会集団間経済格差が生まれ分断と階層化が加速度を増していると言われている。こうした状況の中、インドの多様性の存在に目を向けなければ、インド社会の変化を理解することはできない。そこで本章では「緑の革命」に匹敵する革新を農業分野にもたらすとされる遺伝子組換え作物をとりあげ、遺伝子組換え作物普及に関わる社会的な諸側面を考察する。遺伝子組換え作物（GMO）の社会影響は、一般的に生物多様性への影響、食品安全性の問題として、リスク評価・管理の問題として、また農業の生産性の問題などに還元される傾向にある。しかし利害関係者の視点に立った多様な解釈に目を向けず、遺伝子組換え作物の社会的側面をこうした論点に還元することで、見落してしまう重要な側面があるのではないかという前提に立ち議論を進める。

　まずはじめに、インドにおける遺伝子組換え作物の栽培状況を紹介するとともに、バイオテクノロジーに関わるインドの国家戦略、またインド農業に関わる問題点、遺伝子組換え作物の安全性評価の枠組みについて述べる。次に遺伝子組換え作物の商業化に関わる解釈の多様性をどのように読み解いて

ゆくかという概念モデルについて述べる。最後に、報道にみる論点の構造を示すことで解釈の多様性を示し、最後にその源泉について述べる。

2　背　景

　国際アグリバイオ事業団（ISAAA）[3]によれば、2006年の全世界における遺伝子組換え作物の栽培面積は1億200万ヘクタールにのぼる。遺伝子組換え作物は、現在アメリカ、アルゼンチン、ブラジル、カナダ、メキシコなど北南米の国々をはじめ、スペイン、フランス、ドイツなどEU 6カ国、またインド、中国、フィリピン、そしてオーストラリア、イランなど、合わせて22カ国で商業栽培されている。生産者の数は1,030万人程度とされ、うち90%（930万人）が中国、インド、フィリピン、南アフリカの小規模綿生産者である。
　インドでは、2002年からBtワタ[4]として知られている害虫抵抗性の綿の商業栽培が始まった。その栽培面積は、2002年の承認時には5万ヘクタールであったが、その後、急速に増加し2003年には10万ヘクタール、2004年には50万ヘクタール、2005年には130万ヘクタール、そして2006年には380万ヘクタールにまで広がっている。2006年の栽培面積を前年度との比較で見ると約3倍の増加であり、増加率は世界最大そして栽培面積も世界最大である。2006年の州別の栽培面積を見ると、マハラシュトラ州（380万ヘクタールの48%）、アンドラ・プラデシュ州（22%）、グジャラート州（12%）、マディア・プラデシュ州（8%）、そしてパンジャーブ州、カルナタカ州を含む北部、南部の州など6%であった[5]。
　このような急速な普及の背景には、インド政府がバイオテクノロジーをIT産業と同様に国家戦略の中核に位置づけている点が挙げられる。2007年の「国家バイオテクノロジー発展戦略」[6]によれば、バイオテクノロジーの予算は、1997年以来飛躍的に増額しており、第9次五カ年計画期（1997〜2002）には621クロール・ルピー[7]であったのが、第10次五カ年計画期（2002〜2007）には1,450クロール・ルピー、第11次五カ年計画期（2007〜2012）には6,500

クロール・ルピーの予算が割り当てられている。また政府は、産学の連携の推進、人材育成プログラム、技術クラスターを通したイノベーションの促進、知的財産の保護などの法制度の整備、諸外国との共同研究など、多角的な支援をその戦略の中に示し、バイオテクノロジー推進のためのインフラが今後も継続的に整備されてゆくことが予想される。

　遺伝子組換え作物の急速な普及の背景としてもう一つの要因は、綿農業を取り巻く生産性の問題である。インドのワタの耕作面積は、世界のワタ栽培耕作面積全体の4分の1にあたる約900万ヘクタールであり、400万人規模の小規模農家や繊維産業従事者に雇用の機会を提供するなど、インド経済の重要な役割を担う。にもかかわらず、1ヘクタールあたりの収量は440キロ程度とされ、世界平均の677キロを大きく下回っている。生産性の低さは、アワノメイガと呼ばれる害虫またその他の病害虫の被害による作物の損失に起因するもので、ワタの病害虫防除のために年間3億4千万米ドル相当の費用（殺虫剤全体の費用の約半分）が使われている。また、降雨量が安定しないために、恒常的な水不足に見舞われ、また過度な地下水汲み上げによる土地の塩性化など環境ストレスも生産性の低さにつながっている。その他、ワタの加工工程や輸送の際の管理の問題などもあり品質の悪さも指摘されている[8]。

　次に、安全性評価の枠組みと、Btワタが2002年にインドで承認を受けるまでの経緯について簡単に触れたい。遺伝子組換え作物の栽培にはリスクが伴うという考え方に立ち、遺伝子組換え作物に関わる研究開発、商業栽培には安全性評価試験が課せられている。1986年の環境保護法を法的な根拠とし、環境森林省と科学技術省の中にあるバイオテクノロジー局が安全性評価の担当官庁である。インドにおける安全性評価と認可制度は途上国の中でもとりわけ整備されているとされ、6つの委員会が遺伝子組換え作物の研究開発、遺伝資源の輸出入の審査、商業化についての承認などの手続きにあたっている。とりわけ、野外実験のデータまた商業栽培の承認を担当する遺伝子工学承認委員会[9]は環境森林省の役人が委員長を務める省庁横断的な委員会で特に重要視され、産業界からの働きかけだけではなく、NGOによる反対運動の批判の矛先が向くこともしばしばであった。

2002年に商業化栽培の承認をうけたBtワタは、MECH-12 Bt、MECH-162 Bt、MECH-184 Btというインドの大手種苗会社のマヒコ社（Maharashtra Hybrid Seed Co.）の3品種であった。マヒコ社は、1996年にアメリカ・モンサント社からBtワタの種子を購入して以来、約2年間にわたり閉鎖系温室また野外での栽培実験を実施し、交雑性、雑草性、他の生物への生育の影響、有毒物質産生性、導入遺伝子安定性など生物多様性影響に関わるデータを収集した。1998年から1999年には9州40カ所の圃場で、1999年から2000年には6州10カ所の隔離圃場で、収量および生物多様性影響に関わるデータなどが収集された。2000年7月には先に述べた遺伝子工学承認委員会が野外の大規模圃場での実験を承認し、以降認可を受けるために必要なデータが収集され、2002年までにはすべての安全性評価が終了し、前述の3品種が商業化の承認を受けた[10]。

3　概念モデル

クレームを申し立てるプロセス

　本論では、遺伝子組換え作物の社会的諸側面を理解するために、遺伝子組換え作物に関わる議論に注目する。議論がなされる過程を「アクターがクレームを申し立てるプロセス」そして遺伝子組換え作物の普及に伴う影響が、社会の領域の問題としてとらえられるようになることを「社会問題化」と呼び、遺伝子組換え作物の社会的諸側面を理解するために重要と思われる概念を振り返る。

　「アクターがクレームを申し立てるプロセス」という概念化は、社会問題社会構築主義の視座に根ざす。社会構築主義は、社会問題を現実主義的に捉える考え方と異なり、「何らかの想定された状況」[11]がどのようにして社会問題と認識されるようになったのかという点に焦点を当てる。つまりある事柄がどのようにして社会問題として認識されるに至ったのかの分析である。社会

構築主義についてはスペクターとキッセ[12]の研究が草分け的な存在として知られているが、シュナイダー[13]、ベスト[14]をはじめ、多くの研究者が構築主義の立場から社会問題を分析を試みてきた。こうした一連の研究では、社会問題は社会の矛盾や社会制度の欠陥などの構造に起因するという考え方から離れ、なぜある問題は社会問題というレッテルが貼られ、その他の問題は社会問題にはならないのかという人の認知に注目する。スペクターとキッセの理論は、バーガーとルックマン[15]が述べた「客観的現実としての社会」と「主観的現実としての社会」という複数の層から成り立つ社会という考え方と深く関わり合いを持つが、ここでは主観的現実としての社会における社会集団の相互作用が研究の対象となる。したがって、社会構築主義においては、日常生活の現実の理解は、その状態の探求ではなくその状態に関して、クレームを申し立てる社会集団の活動の分析を通して行われる。ある問題に関してどのようなクレームが申し立てられたか。いつクレームの申し立てが行われたか。誰がクレーム申し立てを行ったか。なぜクレームの申し立てを行うのか。ある社会集団の申し立てに対し、別の社会集団はどう反応したのか、などが主要な問題意識となる[16]。

　これまでの社会問題社会構築主義では、自殺、非行、いじめなどの問題が取り上げられてきたが、本章では社会問題という概念を「遺伝子組換え作物普及に伴う影響が社会の領域の問題としてとらえられること」と読みかえてみようと思う。過去10年の遺伝子組換え作物の普及の軌跡をたどってみると、環境へ悪影響が及ぶ技術、安全性に疑問を感じる食品という否定的かつ社会的な問題へと変貌を遂げた。この過程においてアクターが申し立てたクレームそしてその反論を理解し、その時々に主流となった言説を明らかにしてゆくことで、遺伝子組換え作物の社会問題化の過程を紐解く事ができる。

　社会構築主義が問題意識の中核に据える「クレーム申し立て活動」とはいったい何を指しているのであろうか。「クレーム」は和製英語化しているため、契約違反に対するクレーム、製品に対するクレームという意味に誤解されるかもしれないが、社会構築主義の、クレーム申し立て活動とは、改善を要求する、署名活動をする、苦情を訴える、裁判を起こす、プレス発表を行う、反

対の意思を署名にする、解決法に反対を唱える、新聞に広告を出す、政府の政策・方針を支援するあるいは反対を唱える、ボイコットを行うなど[17]、問題として認識されたある状態をより好ましいと思う状態へ改善するための公的な意思表明、その意思の正当性の表明そしてその手段と定義できる。

クレーム申し立て活動には、その問題に関わり合いを持つ、あるいは何らかの理由で関わり合いを持ちたいと望む、主体的に行為をする「アクター」が存在する。アクターは日常生活で起こる諸現象に対し意味を付与し、また他者との相互作用を通して意思疎通をはかる。また、相互作用の状況へも意味を付与する[18]。自己が存在する日常生活と、他者が存在する日常生活には共有する部分が存在するが、共有しない部分があることが認識された場合、他者への働きかけを通して、自己の価値観、規範、文化に他者を取り込もうとする行為に及ぶ[19]。こうした視点から眺めると遺伝子組換え作物の普及の過程においても、自己の解釈と異なる考えかたを持つ他者を自己の解釈に取り込もうとする意味付与の紛争が伴うと言える。さらに付け加えると、アクターが個人なのか、集団なのか、そのアクターの意図は、クレーム申し立て活動の資金源は、教育、経歴、資格など、アクターの属性、アクターの意図と、アクターを取り巻く状況の理解が、クレーム申し立て活動を理解する上で重要である。事故、事件などの加害者、被害者のようにアクターが個人である場合もあるが、環境問題、医療問題、食糧・農業の問題など問題が社会性を帯びている場合、当該の問題に利害関係を持つアクターは集団である場合が多い。遺伝子組換え作物の場合も環境また食糧といった社会性を帯びた領域との関わりがあるため、普及の過程には個人ではなく集団が関わりあいを持つ。

問題の共有過程としてのフレーム

科学技術に関わる諸問題は、複数の専門家が異なる見解を社会に向けて示すことで顕在化する場合が多い。こうした問題は社会的な連鎖を通して幅広く社会で共有されるようになる。ここでは問題の共有の過程について掘り下げて考える。

アービン・ゴフマン[20]は、フレーミングを「社会経験を構成する原則」と定義する。そこで本章では、ゴフマンの定義を参考にし、フレームを、アクターが社会的経験を体験し、解釈するための枠組み、またアクターの社会的経験をまわりのアクターが理解するための枠組みとする。抽象的で難解な概念であるが、写真撮影の際に、景色の特定部分を切り取って撮影するように、アクターの社会経験にも同じような認知のプロセスが介在するという考え方である。アクターを取り巻く現実には多面性があり、ある部分を切り取ることによってのみ、つまりフレーミングすることではじめて現実の解釈が可能になる。そしてクレームの申し立てを通し、他者はアクターの社会的経験を理解し、場合によっては共有する。

問題の共有の過程にはまたスノーとベンフォードが「集団の行為を喚起するフレーム」と呼ぶ、認知過程も存在する。前出のゴフマンのフレームを基礎とするこの概念は「目の前に無意味に存在する物、状態、出来事、経験、行為が、意味を成すように選択的にある部分を強調あるいはわかりやすく記号化する解釈の枠組み」と定義されている[21]。集団の行為を喚起するフレームが存在することによりこれまでは我慢の範囲内の出来事であると解釈されていたある状況が、問題、かつ不公正、非道徳的なものであるという再定義が起こる。再定義の過程にはスノー[22]が「フレーム調整」と呼ぶ既存のフレームから新しいフレームへの調整過程が存在し、中立的な見方が否定的な見方に変わる。さらにはスノーが「フレーム変容」と呼ぶ過程では、問題として認識されるようになった論点に対し、どう対処すべきかの処方箋を示す。また多くの人びとが遺伝子組換え作物に不安を感じるようになったという状況にも、このような一連の認知過程が存在する。

問題の共有の過程において、とりわけマスメディアの影響力が大きいと言われている。メディアには社会が関心を持つ問題を報道する中立的な情報の媒介者という役割と、広く知られていない問題に関し社会的な関心を喚起するきっかけを与えるという二つの役割を持つ[23]。マスメディアは、何が問題で、何故問題なのか、そして将来何が起こりうるのかを示す。また、価値観、信条、イデオロギーなどを間接的に社会に伝達し、当該の問題をどのように

解釈するのが通例であるかを暗示する。

解釈の対立と利害関係の調整

社会的な意思決定には、無秩序に存在するシンボルに意味を付与するための、「類型化」[24] と呼ばれる認知の過程がともなう。

クレームの申し立てが行われる時には、ある状況が社会問題であるという定義のみに留まることはまれであり、多くの場合は「ある社会問題はXの類の問題である」という類型も明示される。その社会問題は、経済の領域の問題なのか、政治の領域の問題なのか、モラルの問題なのかという類型が示されることで、当該の社会問題の意味が付与され、その意味が社会で共有されるようになる。類型化に伴い問題の原因、責任の所在、問題の対処法が定義され、制度、政策などが構築される。つまり類型化のプロセスは社会構造に大きな影響力を与える。コンラッドとシュナイダー[25] は、類型化の概念を使いアルコール依存症の社会的諸側面を分析している。アメリカにおいてアルコール依存症はモラルに反する逸脱行為と認識されていたとするが、近年、アルコール依存症は医療的問題であると類型されるようになったと述べている。類型の変化に伴い、アルコール依存症は個人が逸脱行為をやめる事という処方箋ではなく、医療的に解決してゆく必要があるという考え方に変わったことを示している。アルコール依存症が「悪」ではなく「病気」と定義されるようになったことにより、アルコール依存症の治療法が検証されるようになる。同じような現象を、日本における遺伝子組換え食品に関わる議論においても垣間見ることができる。遺伝子組換え食品における議論では「食の安全・安心」という言葉がしばしば使われる。遺伝子組換え食品について論じるときにそれを「食の安全」として類型するか、「食の安心」として類型するかにより、それぞれの対処法が全く変わってくる。「安全」といった類型を使う場合、厚生労働省、農林水産省の安全基準を満たしているかなどが論点となるが、「安心」という類型を使う場合、市民の受け止め方、価値観などが論点となる。どちらの類型が適切であるとされるかにより対処法が異なってくる。

遺伝子組換え作物の普及を検討するにあたっては、実験データなどの専門知識は避けて通れないが、行政が適切な専門性を持たない場合、意思決定はどのように行われるのか。行政は、国の利害をどのように定義しどのような方策をたててゆくのか。日本では、生物多様性検討委員会、食品安全委員会、自治体の連絡協議会などが行政への諮問委員会として存在し専門的な見解を吸い上げているという方式が見られるが、ハス[26]は、こうした専門家集団を「解釈共同体」という概念を用いて説明している。解釈共同体とは「専門的な知識を持った集団。専門的な知識を媒体としてネットワークでつながった専門家集団をさし、専門知識を必要とする複雑な問題の因果関係を分析、説明し、国家にとっての関心は何であるべきか、複雑な問題を特定な類型に入れフレーミングし、その論点を明らかにし、処方箋のあり方を提案し、国際的な交渉ではどのような点に力点をおくべきかなどの提言をおこなう。」[27]と定義している。解釈共同体の成員は、社会的意思決定をある一定の方向に導いてゆくような、規範、原則、価値観を共有し、また、ある一定の知識体系が優位であることを示すため一定の知識に基づいた解決法を提示する。

4　分　析

これまで述べてきたような概念を踏まえ、われわれの研究は、主なデータとしてレクサス・ネクサスというデータベースから収集したインドの英字新聞記事390件を利用した。また新聞紙上で発言した人物への聞き取り調査から得たデータも参考として使い分析を行った。以下にその結果を示す。

Btワタ承認時までの報道にみる論点

Btワタの商業化により、病害虫の被害を軽減し、生産性を上げることができるようになるのか。Btワタの普及は、灌漑設備がある地域に住む農家と、灌漑設備が無い農家の、さらなる格差につながるのであろうか。インド政府が示す安全性基準は守られるのであろうか。莫大な予算をバイオテクノロジ

ーの研究開発に投入し、商業化を図っても輸出販路があるのであろうか。インドにおける遺伝子組換え作物をめぐる論点は多様である。

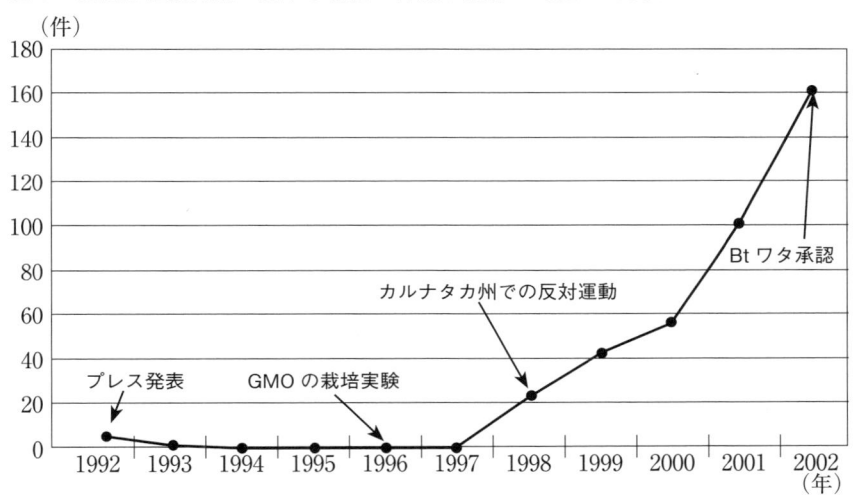

図1：遺伝子組換え綿に関する報道の件数の推移：1992－2002

(件)
- 1992: プレス発表
- 1996: GMOの栽培実験
- 1998: カルナタカ州での反対運動
- 2002: Btワタ承認

そこで遺伝子組換え作物に関わる論点を概観するために、Btワタが承認を受けた2002年までの新聞報道に注目する。2002年3月に遺伝子工学承認委員会がBtワタを承認するまで、Btワタとの関連で様々な出来事が報道された。図1に依拠しながら、時系列でその出来事を述べる。まず、インドの農業生態に適したBtワタの品種を開発するために、アメリカから技術移転を受けると政府のプレス発表があったのは1992年のことである。以後、1998年ごろまでBtワタに関する記事はほとんど掲載されなかった。ところが1998年、インド南部のカルナタカ州でMMB社（マヒコ社・モンサント社の合併企業）の野外実験圃場が襲撃を受け、Btワタが焼き払われたという事件がきっかけとなりBtワタに関する報道が急増した。これは同州に拠点を置く農民連合（KRRS）による反対運動である。以後、GMOの普及を願う連邦政府の意図と逆行するような一連の出来事が起こった。例えば、1999年インド南部のアンドラ・プラデシュ州政府の、Btワタの栽培実験禁止の決定があげられる。州政府は、Btワタの野外実験はターミネーター技術[28]の栽培実験ではないか

という風評に不安に感じる農家の心情に配慮した決定だと説明したが、実際、ターミネーター技術の実験であったという報告はない[29]。

さらには、時期を同じくしてデリーに拠点を置くNGO（Research Foundation for Science, Technology and Ecology）がインド政府とモンサント社を相手取り、Btワタの商業栽培許可は環境法に抵触するとして訴訟を起こし、最高裁判所はその訴えを認めた[30]。

一方、インド有数のワタ生産地として知られる西部のグジャラート州で、1998年ごろからNavbharat 151(Nb151)と呼ばれるBtワタの種子の海賊版が出回るようになった。当時、生産者は遺伝子組換えではない新品種と理解し、それがBtワタであるという事を知らないまま栽培をしていたとされるが、2001年にグジャラート州で害虫（アワノメイガ）の大発生が起こると、Nb151を使用していた農家のワタだけが生き残ったという出来事が起こった。筆者が訪ねた地域のワタ生産者の話によると、2001年のアワノメイガの発生の規模はこれまでに類を見ないほどのものであり、殺虫剤噴霧の回数を増やしても駆除ができない状態であった。2001年は通常に比較して3～4倍とも言われる量の殺虫剤を消費したとする生産者に何人も出会ったが、それでも駆除ができなかったという。生産者の中にはその年のワタ生産をあきらめることにしたという者、またそれを契機に20年続けたワタ生産を止めるという者など、ワタ農業の不採算性を理由にワタ栽培を見切り、他の作物に転作、さらには離農することを考える農家が増えていた矢先の出来事である。したがって、生産者がBtワタをどのように受けとめたかは容易に想像がつく。海賊版はグジャラート州内のワタ耕作地の90％もの農地で栽培されるようになったという報告もあり、短期間にかつ広範囲に広まった。海賊版の需要は高まり、F1と呼ばれる雑種だけではなく、F2、F3と呼ばれるF1から採取された次世代の種子も広まり混乱をきたした。政府は、Nb151にモンサント社が開発した遺伝子（Cry1Ac）が組込まれていることを検証後、グジャラート州のワタ農家にワタを処分するようにと命じたが、これをきっかけとしてマハラシュトラ州、グジャラート州などインド西部に拠点を置く農民連合（KCC）がGMO推進運動を起こした。KCCの活動はグジャラート州内に留まらず隣

接する州また首都のデリーにまで及び、Bt ワタの承認直前にはグジャラート州のワタ農家のプレゼンスが大きくなった。反対派の運動により2002年の承認が危ぶまれるとも言われていたが、グジャーラート州での出来事は、Bt ワタを承認すべきであるという言説を前面に押しだすきっかけを与えた。

解釈の構造

全国紙にあれわれた議論は大きくわけると、主に 5 つのフレームに分類できる。(1)ガバナンス、(2)社会、(3)科学技術、(4)経済、(5)環境である[31]。表 1 は、新聞に掲載されたクレームをフレーム別に分類した結果を示す。この表から 390 件の記事に掲載されたクレームの多くは、ガバナンスと社会に関するクレームであることが分かる。ガバナンスに関するクレームは全体の 33%、社会は 23% であった。以下、科学技術は 19%、経済は 14%、環境は 11% を示した。

全国紙に現れたクレームの、ガバナンスのフレームで特筆すべきは、遺伝子組換え作物の安全性評価体制をめぐる議論である。科学技術省バイオテクノロジー局、農業省、またライフサイエンス関連の企業の関係者らはインドの安全性評価体制が他国に比べて充実していることを指摘した。安全性評価制度に関わる省庁間、委員会間の明確な役割分担、そしてその体制を支える人材の豊富さなどについてのコメントが目立った。インドの場合、1990 年に策定された「rDNA 安全性評価のためのガイドライン」に、安全性審査の手続き、担当省庁、委員会などの役割が明示してあり、評価体制が存在しない、体制があったとしても権限の所在が明確ではないという問題を抱える他の途上各国と比較し、制度が充実しているという評価もある。しかし、一方で遺伝子組換え作物に反対する環境保護団体、人権保護団体は、安全性評価の結果に関する情報開示の問題、意思決定への市民参加のメカニズムの欠如を問題として批判する。NGO 主宰者のインタビューでは、以下のような政府批判が聞かれた。

「インドの安全性評価制度は、私たちのような NGO が遺伝子組換え作物のリスクとベネフィットを評価できるようなオープンなものではない……ど

表1：フレーム別クレームの数：全国紙

年	四半期	ガバナンス	社会	科学技術	経済	環境
1992						
	1	0	0	1	0	0
	2	0	0	0	0	0
	3	0	0	0	0	0
	4	0	0	0	1	0
1998						
	1	0	0	2	0	0
	2	0	0	0	0	0
	3	0	0	0	0	0
	4	29	19	13	3	7
1999						
	1	22	15	9	5	10
	2	6	0	7	5	0
	3	0	8	6	3	0
	4	7	0	0	6	0
2000						
	1	8	7	7	3	4
	2	20	12	8	5	8
	3	22	16	23	7	4
	4	7	8	5	7	0
2001						
	1	13	14	13	5	7
	2	13	8	8	6	7
	3	24	20	7	10	8
	4	0	5	0	0	0
2002						
	1	25	10	5	3	11
	2	8	15	5	3	4
	3	42	29	23	42	15
	4	15	2	8	2	0
計 (n)		261	188	150	116	85

のような基準で、個別の項目がいつ承認されたのか全くわからない。例えば、ジーンフローのようなデータを開示してほしいと申し立てているにもかかわらず委員会のガードが高く、そういったデータは手にはいらない。」

次に、5つのフレームとアクターを関連付けて見ると、予想通りGMOに関する認識内容は、アクターごとに大きなばらつきが見られた。新聞記事390件に掲載された発言内容によれば、政府関係者および産業界関係者は「GMO＝安全性評価の枠組み、実験の手続き、法律、規制などの制度上の問題」と

とらえる発言が多く（政府関係者の発言全体の41%、産業界関係者の発言全体の62%が制度上の問題ととらえている）、政府関係者の多くはインドのGMO安全性評価の制度と組織が充実していることを強調し、その根拠としてインドの制度は科学的知見に依拠し、確立されたものである点、また制度を運用する組織は専門家集団である点を指摘した。それに対し、安全性評価の組織が場当たり的に編成されること、矛盾するデータが提示されたときの判断能力に欠けるなどの批判もある。以下にインタビューでのコメントを示す。

「安全性評価の枠組みは明確ではなく、遺伝子組換え作物を普及させるのはまだ早いと思う。あらゆることが、場当たり的な対応で行われるのも気になる。ご存知だと思うが、遺伝子工学承認委員会は自然科学の専門家ではなく、高等文官が委員長をしているが、文官では矛盾するデータが提示されたら、正しい判断はできないだろう。Btワタの収量は30%増とマヒコ社はいうけれど、それが正しいかどうかどう判断するつもりなのだろうか[32]。」

一方NGO関係者の多くは「GMO=倫理、社会正義などの社会問題」であるという点を強調した（発言全体の55%）。また、NGO関係者は、GMO商業化＝多国籍企業によるインド経済の支配という構図を示し、経済のグローバル化は好ましくない点を強調した。

多様な解釈の源泉

次に遺伝子組換え作物に関わる多様な解釈の源泉について考察するために、前述のインタビューで述べられた「矛盾するデータ」について考える。これまでの議論において実験データの信憑性が問われる場面が多く見られたが、遺伝子組換え作物に関わるデータは、農業生態の地理的多様性また季候の経年の変動によってばらつきがみられることが多く、データ収集の手法を精緻化するなどの知的な努力によって制御することができない要因が存在し、それが議論をより複雑にしている。データのばらつきがある場合、どのデータを採用し、意思決定の根拠とするかは社会的判断となる。そこで、Btワタに関わる収量調査を報告する論文を見ることで、「矛盾しない」と感じるデータの生産がいかに難しいかを示す。

インドの Bt ワタの収量に関わる論文の中で注目されたキアムとジルバーマンの論文[33] は、マハラシュトラ州、マディアプラデシュ州、タミルナドゥ州の 25 の地区にある実験圃場で、マヒコ社の Bt 品種と、遺伝子組換えではない雑種、ランドレースといわれる現地の品種、国が行った Bt 品種の実験結果を比較検討している。この調査によると、Bt ワタとその他の品種を比較した場合、Bt ワタはアワノメイガを駆除するための殺虫剤の噴霧回数が 3 回少なく、単収の平均が、遺伝子組換えではない雑種と比較し 80％、ランドレースと比較し 87％増加したと報告している。ベネットら[34] が実施したマハラシュトラ州の 9,000 の農家を対象にした 2002 年と 2003 年の調査によると、アワノメイガを駆除するための殺虫剤の噴霧回数は Bt の栽培地区の方がそうではない地区と比べて少なく、2002 年には費用にして 72％、2003 年には 83％削減された。さらに種子の購入価格を加算すると、Bt ワタの単収は、2002 年には 45％、2003 年には 63％、通常の種子より上回るという結果が提示されている。一方で、マハラシュトラ州とアンドラ・プラデッシュ州の農家を対象とした 100 件のアンケート調査[35] によれば、Bt 種はそれ以外の品種と比較し単収が 15％低い、繊維の長さと強度の点で品質が悪いため、Bt 種から得られる収入はそれ以外の種より低いことを示唆している。また、アンドラプラデッシュ州の 4 地区の 440 軒の農家を対象とした調査[36] によれば、雨水に依存する小規模農家において Bt 品種の殺虫剤にかかる費用は 7％低減されたが、Bt 品種の単収はそうではない品種より 30％低く、総合するとそうではない品種から得られる収入の方が 60％多いという結果が示されている。データを収集した地域の農業生態、データを収集したタイミング、栽培地区のインフラの状況、また調査の対象とした生産者の社会経済背景などにより異なる調査結果が報告された訳だが、データの再現が難しい状況において、異なる調査結果をどう解釈し、どのデータを意思決定の判断材料として使うかは、政治的意図が介入する。

　遺伝子組換え作物に関わる議論の論点の多様性の根底には、理想とする農業開発モデルに対する考え方が根本的に異なる社会集団議論に関わっている点も指摘しておきたい。農業開発は官が主導をとるべきか民の力に委ねるべ

きか、また農業の近代化そのものを懐疑的にとらえるという言説である。農家は多国籍企業に搾取されるばかりで、苦しむのは農家だから政府組織の能力をフルに活用して官主導型農業開発を推奨すべきであるとする議論がある[37]。一方で行政の能力の欠如など、政府に対する信頼感の欠如をその理由に、市場の力を活用しバイオテクノロジーを推進すべきだという意見もある。

5 おわりに

本章では、遺伝子組換えワタのインドにおける普及の過程に見られた議論を題材として遺伝子組換え作物に関わる社会的諸側面について概観した。本研究が対象とした分析期間の10年の間に、安全性評価制度の問題、実験データの情報開示の問題、農業の生産性の問題、生産者の福祉の問題など多様な論点が指摘された。本章では利害関係者の認識が多様であることを示すのみに留まったが、今後の分析において、多様な解釈が存在する場合利害関係がどのように調整されるのかという問題意識が重要であると考える。

追記
本章は、T. Yamaguchi and C. K. Harris "The Economic Hegemonization of Bt Cotton Discourse in India," *Discourse and Society*, 15 (4), pp. 467-91. と「遺伝子組換え作物と途上国社会」『オペレーションズ・リサーチ』2006年5月号に加筆修正を加えたものである。

1　A. M. Shah, et al., *Division and Hierarchy* (Delhi: Hindustan, 1988).
2　「生物工学」、「生命工学」と訳されるバイオテクノロジーとは、有用な機能を持つ遺伝子を農作物、あるいは微生物に導入することで農作物あるいは動物の性質を改良する。また、よりニーズに合った有用物質の生成を行うと定義される。旧来の育種においては、好ましい特性を持つ品種が出来上がるまで品種改良が繰り返されたが、遺伝子組換え技術を利用する場合、遺伝子の挿入によりその特性を一回で改変させることが可能となる。
3　ISAAA, "Global Status of Commercialized Biotech/GM Crops: 2006," *ISAAA Brief*, 35, (2006).
4　害虫殺傷遺伝子を組込んだ種子。蛾の幼虫を殺傷するために多量に使用されていた殺虫剤の軽減がはかれるとされている。
5　Asia-Pacific Consortium on Agricultural Biotechnology, "Bt Cotton in India: A Status Report" (New Delhi: APCoAB, 2006).

6 http://dbtindia.nic.in/biotechstrategy/biotech_strategy.htm よりダウンロード。
7 1クロール＝1千万。
8 APCoAB, 前掲論文。
9 インドの遺伝子工学承認委員会は、環境森林省が統括することから生物多様性への影響評価が厳しいのではないかという分析も存在する。一方で、遺伝子組換え作物の安全性評価を実施する委員会の担当省庁がどこであるかによりGMOの普及の早さが変わるとされる。例えば、中国のように農務省管轄の委員会が評価を行う場合推進的な体制になると言われている。
10 http://envfor.nic.in/divisions/csurv/btcotton/bgnote.pdf よりダウンロード。
11 Kitsuse & Spector らの原文では "the activities of groups making assertions of grievances and claims" と書かれている。平と中河の「想定された状況」という訳出がわかりやすいため、それを採用した。社会問題が客観的に存在しているという現実主義的な考え方をベースにした社会問題と区別する意味で、社会問題をそのように呼んでいる。平英美・中河伸俊、2000.『構築主義の社会学——論争と議論のエスノグラフィー』(世界思想社、2000年)、51頁。
12 M. Spector and J. I. Kitsuse, *Constructing Social Problems* (New York: Aldine de Gruyter, 1977).
13 J. W. Schneider, "Social Problems Theory: The Constructionist View," *Annual Review of Sociology*, 11, (1985), pp. 209-229.
14 J. Best, ed., *Images of Issues: Typifying Contemporary Social Problems*, (New York: Aldine de Gruyter, 1989).
15 P. L. Berger and T. Luckmann, *The Social Construction of Reality: A Treatise in the Sociology of Knowledge* (New York: Anchor Books, 1967).
16 Best, 前掲書。
17 J. I. Kitsuse and M. Spector, "Social Problems: A Re-Formulation," *Social Problems*, 21(2), (1973), pp. 145-159.
18 E. von Glasersfeld, "Knowing without Metaphysics" in F. Steier, ed., *Research and Flexibility* (Newbury Park: Sage, 1991).
19 A. Touraine, "A Method for Studying Social Actors," *Journal of World-Systems Research* VI, (2000), pp. 900-918.
20 E. Goffman, *Frame Analysis* (New York: Harper & Row, 1974), p. 10.
21 D. A. Snow and R. D. Benford, "Master Frames and Cycles of Protest" in A. Morris and C. Mueller, eds., *Frontiers of Social Movement Theory* (New Haven, CT: Yale University Press, 1992), p. 137.
22 D. A. Snow and R. D. Benford, "Ideology, Frame Resonance, and Participant Mobilization," in B. Klandermas, et al., eds. *From Structure to Action: Social Movement Participation across Culture* (Greenwich: JAI, 1988).
23 W. A. Gamson and A. Modigliani, "Media Discourse and Public Opinion on Nuclear Power: A Constructionisist Approach," *American Journal of Sociology* 95(1), (1985), pp. 1-37.
24 Joel Best, *Images of Issues: Typifying Contemporary Social Problems* (NY: Aldine de Gruyter, 1995), p. 8.
25 P. Conrad and J. W. Schneider, *Deviance and Medicalization: From Badness to Sickness* (St. Louis: Mosby, 1980).
26 P. M. Haas, "Introduction: Epistemic Communities and International Policy Coordination," *International Organization* 46(1), (1992), pp. 1-35.
27 Haas, 前掲書、p. 2.

28 次世代の種子の発芽抑制のための遺伝子利用制限技術。この技術が導入されると農家は種子の自家採取ができなくなり、毎年種子を購入せざるを得なくなる。
29 Business Line, 1999 年 12 月 3 日。
30 Asia Pulse, 1999 年 2 月 23 日。
31 (1)ガバナンスは、Bt ワタに関わる政策、制度全般に関するクレームを含む。例えば、生物多様性、食品安全性評価のための栽培実験のガイドライン、農業政策、技術移転に関わる法律、制度、研究開発、実用化に関するルールなどである。(2)社会は、GMO に関わる意思決定プロセス、一般市民の制度づくりへの参加、GMO とインド農業の社会文化的な適合性、食糧問題、多国籍企業との関係、持つ者と持たざる者の経済格差の広がりなど GMO の社会、倫理面に関するクレームが含まれる。(3)科学技術に関するフレームには、遺伝子操作の手法、導入遺伝子の種類、実験結果など GMO の科学技術面に関するクレームが含まれる。(4)経済は耕作面積、収量、生産コスト、種子の小売価格および種子の需給予測、貿易など GMO の経済面に関するクレームである。(5)環境とは、害虫抵抗性の問題、殺虫剤の使用と環境負荷との関係、GMO の花粉飛散性の問題などが含まれた。
32 NGO 主宰者とのインタビュー、2002 年。
33 M. Qaim and D. Zilberman, "Yield Effects of Genetically Modified Crops in Developing Countries," *Science*, 299, (2003), pp. 900-902.
34 R. M. Bennett, et al., "Economic Impact of Genetically Modified Cotton in India," *AgBioForum*, 7, (2004), pp. 96-100.
35 S. Sahai and S. Rehman, "Performance of Bt Cotton. Data from First Commercial Crop," *Economic and Political Weekly*, 38 (30), (2003), pp. 3139-3141.
36 A. Qayum and K. Sakkhari, "Bt Cotton in Andhra Pradeshi: A Three-year Assessment," *Deccan Development Society*, A.P. (2005), p. 49.
37 DBT 行政官とのインタビュー、2002 年。

執筆者一覧

1章　太田　宏（早稲田大学・教授）
2章　勝間　靖（早稲田大学大学院・教授）
3章　西村六善（内閣府・内閣官房参与）
4章　石川竹一（国際熱帯木材機関・事務局次長）
5章　テマリオ・リベラ（国際基督教大学・教授）
6章　高橋一生（国際連合大学・客員教授）
7章　舩田クラーセンさやか（東京外国語大学・准教授）
8章　石田　寛（関西学院大学大学院・准教授）
9章　大林ミカ（環境エネルギー政策研究所・副所長）
10章　村上陽一郎（東京大学大学院・特任教授）
11章　吉田文彦（朝日新聞・論説委員）
12章　毛利勝彦（国際基督教大学・教授）
13章　近藤正規（国際基督教大学・上級准教授）
14章　山口富子（国際基督教大学・准教授）

環境と開発のためのグローバル秩序

2008年6月25日　初　版第1刷発行　　　　　　　　　〔検印省略〕
＊定価はカバーに表示してあります

編著者Ⓒ 毛利勝彦／発行者　下田勝司　　　印刷・製本中央精版印刷
東京都文京区向丘1-20-6　郵便振替 00110-6-37828
〒113-0023　TEL (03) 3818-5521㈹　FAX (03) 3818-5514
Published by TOSHINDO PUBLISHING CO.,LTD
1-20-6, Mukougaoka, Bunkyo-ku, Tokyo, 113-0023, Japan
ISBN978-4-88713-842-1 C3030　Ⓒ Mori. K.
E-mail : tk203444@fsinet.or.jp

東信堂

人間の安全保障——世界危機への挑戦	佐藤誠編	三八〇〇円
政治学入門——日本政治の新しい夜明けはいつ来るか	安藤次男編	一八〇〇円
政治の品位	内田満	二〇〇〇円
早稲田政治学史研究	内田満	三六〇〇円
「帝国」の国際政治学——冷戦後の国際システムとアメリカ	山本吉宣	四七〇〇円
解説 赤十字の基本原則——人道機関の理念と行動規範	J・ピクテ 井上忠男訳	一〇〇〇円
医師・看護師の有事行動マニュアル——医療関係者の役割と権利義務	井上忠男	一二〇〇円
国際NGOが世界を変える——地球市民社会の黎明	毛利勝彦編著	二〇〇〇円
国連と地球市民社会の新しい地平	功刀達朗編著	三四〇〇円
社会的責任の時代——企業・市民社会・国連のシナジー	功刀達朗・野村彰男編著	三二〇〇円
実践 マニフェスト改革——新たな政治・行政モデルの創造	松沢成文	二三〇〇円
実践 ザ・ローカル・マニフェスト——現場からのポリティカル・パルス	松沢成文	一二三八円
時代を動かす政治のことば——尾崎行雄から小泉純一郎まで	大久保好男	二〇〇〇円
読売新聞政治部編	飛矢崎雅也	一八〇〇円
大杉榮の思想形成と「個人主義」	飛矢崎雅也	二九〇〇円
【現代臨床政治学シリーズ】		
リーダーシップの政治学	石井貫太郎	一六〇〇円
アジアと日本の未来秩序	伊藤重行	一八〇〇円
象徴君主制憲法の20世紀的展開	下條芳明	二〇〇〇円
ネブラスカ州における一院制議会	藤本一美	一六〇〇円
ルソーの政治思想	根本俊雄	二〇〇〇円
シリーズ〈制度のメカニズム〉		
アメリカ連邦最高裁判所	大越康夫	一八〇〇円
衆議院——そのシステムとメカニズム	向大野新治	一八〇〇円
WTOとFTA——日本の制度上の問題点	高瀬保	一八〇〇円
フランスの政治制度	大山礼子	一八〇〇円

〒113-0023 東京都文京区向丘1-20-6
TEL 03-3818-5521 FAX 03-3818-5514 振替 00110-6-37828
Email tk203444@fsinet.or.jp URL:http://www.toshindo-pub.com/

※定価：表示価格（本体）＋税

東信堂

プラットフォーム環境教育	石川聡子編	二四〇〇円
環境のための教育	J・フィエン／石川聡子他訳	二三〇〇円
覚醒剤の社会史―ドラッグ・ディスコース・統治技術	佐藤哲彦	五六〇〇円
捕鯨問題の歴史社会学―近代日本におけるクジラと人間	渡邊洋之	二八〇〇円
新版 新潟水俣病問題―加害と被害の社会学	飯島伸子・舩橋晴俊編	三八〇〇円
新潟水俣病をめぐる制度・表象・地域	関礼子	五六〇〇円
新潟水俣病問題の受容と克服	堀田恭子	四八〇〇円
日本の環境保護運動	長谷敏夫	二五〇〇円
白神山地と青秋林道―地域開発と環境保全の社会学	井上孝夫	三二〇〇円
現代環境問題論―理論と方法の再定置のために	井上孝夫	二三〇〇円
環境と国土の価値構造―新しい哲学への出発	桑子敏雄	二五〇〇円
森と建築の空間史―南方熊楠と近代日本	桑子敏雄編	三五〇〇円
環境安全という価値は…	千田智子	四三八一円
環境設計の思想	松永澄夫編	二〇〇〇円
環境―文化と政策	松永澄夫編	二三〇〇円
責任という原理―科学技術文明のための倫理学の試み	松永澄夫編	二三〇〇円
主観性の復権―心身問題から「責任という原理」へ	H・ヨナス／加藤尚武監訳	四八〇〇円
テクノシステム時代の人間の責任と良心	H・ヨナス／宇佐美・滝口訳	二〇〇〇円
食を料理する―哲学的考察	H・ヨナス／山本・盛永訳	三五〇〇円
	松永澄夫	三八〇〇円
経験の意味世界をひらく―教育にとって経験とは何か	市村・早川・松浦・広石編	二五〇〇円
教育の共生体へ―ボディ・エデュケーショナルの思想圏	田中智志編	三五〇〇円
アジア・太平洋高等教育の未来像	静岡県総合研究機構／馬越徹監修	二五〇〇円
人間諸科学の形成と制度化―社会諸科学との比較研究	長谷川幸一	三八〇〇円

〒113-0023　東京都文京区向丘1-20-6
TEL 03-3818-5521　FAX 03-3818-5514　振替 00110-6-37828
Email tk203444@fsinet.or.jp　URL:http://www.toshindo-pub.com/

※定価：表示価格（本体）＋税

《未来を拓く人文・社会科学シリーズ》〈全14冊〉

東信堂

科学技術ガバナンス	城山英明 編	一八〇〇円
ボトムアップな人間関係──心理・教育・福祉・環境・社会の12の現場から	サトウタツヤ 編	一六〇〇円
高齢社会を生きる──老いる人／看取るシステム	清水哲郎 編	一八〇〇円
家族のデザイン	小長谷有紀 編	一八〇〇円
水をめぐるガバナンス──日本、アジア、中東、ヨーロッパの現場から	蔵治光一郎 編	一八〇〇円
生活者がつくる市場社会	久米郁夫 編	一八〇〇円
グローバル・ガバナンスの最前線──現在と過去のあいだ	遠藤乾 編	二三〇〇円
資源を見る眼──現場からの分配論	佐藤仁 編	二〇〇〇円
これからの教養教育──「カタ」の効用	葛西康徳・鈴木佳秀 編	二〇〇〇円
「対テロ戦争」の時代の平和構築	黒木英充 編	続刊
紛争現場からの平和構築──国際刑事司法の役割と課題て	石田勇治・遠藤乾 編	二八〇〇円
公共政策の分析視角	大木啓介 編	三四〇〇円
共生社会とマイノリティの支援	寺田貴美代	三六〇〇円
医療倫理と合意形成──治療・ケアの現場での意思決定	吉武久美子	三二〇〇円
改革進むオーストラリアの高齢者ケア	木下康仁	二四〇〇円
認知症家族介護を生きる──新しい認知症ケア時代の臨床社会学	井口高志	四二〇〇円
保健・医療・福祉の研究・教育・実践	山手茂・園田恭一・米林喜男 編	二八〇〇円
地球時代を生きる感性──EU知識人による日本への示唆	A・チェザーナ 編／代表訳者 沼田裕之	二四〇〇円

〒113-0023 東京都文京区向丘1-20-6
TEL 03-3818-5521 FAX03-3818-5514 振替 00110-6-37828
Email tk203444@fsinet.or.jp URL: http://www.toshindo-pub.com/

※定価：表示価格（本体）＋税

東信堂

比較教育学——越境のレッスン	馬越徹	三六〇〇円
比較・国際教育学（補正版）	石附実編	三五〇〇円
比較教育学——伝統・挑戦・新しいパラダイムを求めて	馬越徹・大塚豊監訳 M・ブレイ編	三八〇〇円
世界の外国人学校	末福田誠治編著	三八〇〇円
教育から職業へのトランジション——若者の就労と進路職業選択の教育社会学	藤田美津子編著	二六〇〇円
ヨーロッパの学校における市民的社会性教育の発展——フランス・ドイツ・イギリス	山内乾史編著	三八〇〇円
世界のシティズンシップ教育——グローバル時代の国民／市民形成	新井浅浩編著武藤孝典	三八〇〇円
市民性教育の研究——日本とタイの比較	平田利文編著	二八〇〇円
アメリカの教育支援ネットワーク	嶺井明子編著	四二〇〇円
アメリカのバイリンガル教育——ベトナム系ニューカマーと学校・NPO・ボランティア——新しい社会の構築をめざして	野津隆志	二四〇〇円
ドイツの教育のすべて	末藤美津子	三三〇〇円
多様社会カナダの「国語」教育（カナダの教育3）	関口礼子編著	三八〇〇円
国際教育開発の再検討——途上国の基礎教育——普及に向けて	マックス・プランク教育研究所研究者グループ編 浪田克之介・木戸・長島監訳	一〇〇〇〇円
中国大学入試研究——変貌する国家と中国の選抜	天野正治編	三四〇〇円
大学財政——世界の経験と中国の選択	小川啓一・西村幹子・北村友人編著	二四〇〇円
中国の民営高等教育機関——社会ニーズとの対応	大塚豊監訳	三六〇〇円
「改革・開放」下中国教育の動態	呂炳和監訳 成瀬龍夫監訳	三四〇〇円
中国の職業教育拡大政策——背景・実現過程・帰結——江蘇省の場合を中心に	鮑威編著	四六〇〇円
中国の高等教育拡大と教育機会の変容	阿部洋編著	五四〇〇円
中国の後期中等教育の拡大と経済発展パターン——江蘇省と広東省の比較	劉文君	五〇四八円
バングラデシュ農村の初等教育制度受容	呉琦来	三八二七円
タイにおける教育発展——国民統合・文化・教育協力	王傑	三九〇〇円
マレーシアにおける国際教育関係——教育へのグローバル・インパクト	日下部達哉	三六〇〇円
	村田翼夫	五六〇〇円
	杉本均	五七〇〇円

〒113-0023 東京都文京区向丘1-20-6
TEL 03-3818-5521　FAX 03-3818-5514　振替 00110-6-37828
Email tk203444@fsinet.or.jp　URL:http://www.toshindo-pub.com/

※定価：表示価格（本体）＋税

東信堂

〈世界美術双書〉

バルビゾン派	井出洋一郎	二〇〇〇円
キリスト教シンボル図典	中森義宗	二三〇〇円
パルテノンとギリシア陶器	中森義宗	二三〇〇円
中国の版画——唐代から清代まで	関 隆志	二三〇〇円
象徴主義——モダニズムへの警鐘	小林宏光	二三〇〇円
中国の仏教美術——後漢代から元代まで	中村隆夫	二三〇〇円
セザンヌとその時代	久野美樹	二三〇〇円
日本の南画	浅野春男	二三〇〇円
画家とふるさと	武田光一	二三〇〇円
ドイツの国民記念碑——一八一三─一九一三年	小林 忠	二三〇〇円
日本・アジア美術探索	大原まゆみ	二三〇〇円
インド、チョーラ朝の美術	永井信一	二三〇〇円
古代ギリシアのブロンズ彫刻	袋井由布子	二三〇〇円
	羽田康一	二三〇〇円

〈芸術学叢書〉

芸術理論の現在——モダニズムから	藤枝晃雄編著	三八〇〇円
絵画論を超えて	谷川渥編著	三八〇〇円
幻影としての空間——図学からみた東西の絵画	尾崎信一郎	四六〇〇円
	小山清男	三七〇〇円
美術史の辞典	P・デューロ 中森義宗・清水忠訳他	三六〇〇円
新版 ジャクソン・ポロック	中森義宗	二五〇〇円
図像の世界——時・空を超えて	小穴晶子編	二六〇〇円
バロックの魅力	藤枝晃雄	二六〇〇円
美学と現代美術の距離——アメリカにおけるその乖離と接近をめぐって	金 悠美	三八〇〇円
ロジャー・フライの批評理論——知性と感受	要 真理子	四二〇〇円
レオノール・フィニー——境界を侵犯する新しい種	尾形希和子	二八〇〇円
イタリア・ルネサンス事典	J・R・ヘイル編 中森義宗監訳	七八〇〇円
キリスト教美術・建築事典	P・マレー/L・マレー 中森義宗監訳	続刊
芸術／批評 0〜3号 藤枝晃雄責任編集		一六〇〇〜二〇〇〇円

〒113-0023 東京都文京区向丘1-20-6
TEL 03-3818-5521 FAX 03-3818-5514 振替 00110-6-37828
Email tk203444@fsinet.or.jp URL:http://www.toshindo-pub.com/

※定価：表示価格（本体）＋税